T. W. Jelinek

**Prüfung
von funktionellen metallischen Schichten**

SCHRIFTENREIHE GALVANOTECHNIK
UND OBERFLÄCHENBEHANDLUNG

Prüfung
von funktionellen metallischen Schichten

Dipl.-Ing. K. Beyer
Dipl.-Ing. H. Fensterseifer
Dipl.-Ing. (FH) U. Heuberger
Dipl.-Chem. T. W. Jelinek
Dr. H. A. Jehn
Dr. O. Klaffke
Dr. N. Nix
Dipl.-Ing. (FH) D. Ott
Dipl.-Ing. (FH) J. Pietschmann
Dr. G. Rauscher
Ing. R. Rolff

Mit 159 Abbildungen und 26 Tabellen

1. Auflage 1997

EUGEN G. LEUZE VERLAG D-88348 SAULGAU/WÜRTT.

Alle Rechte, einschließlich das der Übersetzung und der Veranstaltung einer fremdsprachlichen Ausgabe, sind den Inhabern der Verlagsrechte vorbehalten. Nachdruck und fotomechanische Wiedergabe, auch von einzelnen Seiten dieses Werkes, ohne Genehmigung verboten

Printed in Germany · Imprimé en Allemagne

1997

ISBN 3-87 480-119-5

In dieser „Schriftenreihe Galvanotechnik" erscheinen in zwangloser Folge Einzeldarstellungen zu Themen der Oberflächenbehandlung von Metallen in Buchform.

Erschienen sind folgende Bände:

1. Die Geschichte der Galvanotechnik
2. Vom Hand- und Automatenpolieren (nicht mehr lieferbar)
3. Schnellanalysenmethoden für galvanische Bäder
   (nicht mehr lieferbar, Ersatztitel: Moderne Analysen für die Galvanotechnik)
4. Die Prüfung metallischer Überzüge (nicht mehr lieferbar, Ersatztitel: Band 26)
5. Galvanische Edelmetallüberzüge
   (nicht mehr lieferbar, siehe Band 14).
6. Die galvanische Verchromung (nicht mehr lieferbar).
7. Metall-Entfettung und -Reinigung (nicht mehr lieferbar)
8. Neuzeitliches Beizen von Metallen (nicht mehr lieferbar, Ersatztitel: Band 24)
9. Die chemische Oberflächenbehandlung von Metallen
   (nicht mehr lieferbar).
10. Galvanische Überzüge aus Kupfer (nicht mehr lieferbar)
11. Galvanisieren von Kunststoffen (nicht mehr lieferbar, Ersatztitel: Band 22)
12. Die galvanische Vernicklung
13. Die analytische Untersuchung im galvanischen Betrieb (nicht mehr lieferbar)
14. Edelmetall-Galvanotechnik
15. Chemische (stromlose) Vernicklung (1. Auflage 1974)
    (nicht mehr lieferbar, Ersatztitel: Band 20)
16. Galvanisches Verzinken
17. Das Tampongalvanisieren (Band I)
18. Wasser und Abwasser (nicht mehr lieferbar, Ersatztitel: Band 23)
19. Arbeits- und Gesundheitsschutz in der Galvanotechnik
20. Funktionelle chemische Vernicklung
21. Pulse Plating
22. Kunststoff-Metallisierung
23. Wasser und Abwasser (Auflage 1992)
24. Beizen von Metallen (Auflage 1993)
25. Das Tampongalvanisieren (Band II)
26. Prüfung von funktionellen metallischen Schichten (Auflage 1997)

Satz: Eugen G. Leuze Verlag · D-88348 Saulgau
Druck: Gebrüder Edel GmbH & Co. KG · D-88348 Saulgau

Vorwort

Die Prüfung funktioneller metallischer Schichten beschränkt sich heute nicht nur auf die Feststellung, ob die untersuchten Eigenschaften den vorgegebenen Sollwerten entsprechen. Als Bestandteil der Qualitätssicherung muß sie auch Schlüsse auf die Technologie der Schichterzeugung und andere, die Qualität beeinflussende Faktoren, ermöglichen.
Neben der eigentlichen Durchführung stellen die richtige Auswahl der Prüfmethoden und die problemgerechte Interpretation der Ergebnisse immer höhere Ansprüche an Kenntnisse und Wissen über Grundlagen und Zusammenhänge. Auch die Notwendigkeit, mit neuen Verfahren und modernen rechnergestützten Geräten umzugehen, bedarf gründlicher Informationen.
Beschreibungen über die Durchführung der Prüfungen sind meist in Normen, Standards und Vorschriften festgelegt. Tiefergehende Ausführungen finden sich in der Regel nur in Veröffentlichungen in der Fachzeitschrift-Literatur.
Es bot sich daher an, das gesamte Problem in Buchform zusammenzufassen. Damit sollen vor allem auch auf Betriebsebene, wo nicht immer entsprechende personelle und sachliche Voraussetzungen geschaffen werden können, ausreichende und schnelle, notwendigerweise aber auch tiefergehende Informationen ermöglicht werden.
Der Breite der Prüfprobleme entsprechend, die u. a. chemische, physikalische und mechanisch-technologische sind, wurden die einzelnen Verfahren von Fachleuten ausgearbeitet, die auf diese besonders spezialisiert sind.
Für die Hilfe bei der Erstellung des Konzeptes, der Auswahl der Co-Autoren und der Durchsicht der Beiträge sei Herrn *Dr. Hermann A. Jehn* besonderer Dank gesagt.

Steinheim a. d. Murr, Januar 1997
T. W. Jelinek

Die Autoren der einzelnen Kapitel

Die redaktionelle Bearbeitung lag bei Dipl.-Chem. T. W. Jelinek (Herausgeber)

Buchkapitel		Autor
1	Einführung	Dipl.-Chem. T. W. Jelinek
2.1	Ermittlung der stofflichen Beschaffenheit	Dipl.-Chem. T. W. Jelinek
2.2	Messung der Dichte von galvanisch und chemisch reduktiv abgeschiedenen Metallfolien	Ing. R. Rolff
2.3	Mikroskopische Untersuchung	Ing. R. Rolff
3	Bestimmung der Schichtdicke	Dr. N. Nix
4.1	Visuelle Prüfung galvanischer Schichten	Dipl.-Chem. T. W. Jelinek
4.2	Rauheitsprüfung	Dipl.-Ing. (FH) U. Heuberger
4.3	Glanz- und Reflexionsmessung an Oberflächen	Dipl.-Ing. H. Fensterseifer
5	Poren- und Rißprüfung	Dipl.-Ing. K. Beyer
6	Prüfung der Korrosionsbeständigkeit	Dipl.-Ing. K. Beyer
7	Messung von Eigenspannungen	Dipl.-Ing. (FH) J. Pietschmann
8	Bestimmung der Härte	Dipl.-Ing. (FH) D. Ott; Dr. H. A. Jehn
9	Messung von Zugfestigkeit und Duktilität	Ing. R. Rolff
10	Messung der Verschleißfestigkeit	Dr. O. Klaffke
11	Prüfung der Haftfestigkeit	Dr. H. A. Jehn
12	Messung des elektrischen Widerstandes	Ing. R. Rolff
13	Prüfung an anodisch erzeugten Oxidschichten auf Aluminium	Dr. G. Rauscher
14	Statistische Qualitätskontrolle	Dipl.-Ing. (FH) D. Ott
15	Anhang	Dipl.-Chem. T. W. Jelinek

Inhaltsverzeichnis

1	Einführung	15
2	Ermittlung der stofflichen Beschaffenheit	20
	2.1 Identifizierung von metallischen Schichten	20
	2.1.1 Qualitative Untersuchung	20
	2.1.1.1 Tüpfelanalyse	20
	2.1.1.2 Prüfpapiere	22
	2.1.1.3 Instrumentelle Analysen	24
	2.1.2 Quantitative Untersuchung	24
	2.2 Messung der Dichte von galvanisch und chemisch-reduktiv abgeschiedenen Metallfolien	25
	2.2.1 Messen von Länge, Breite und Dicke der Folie	25
	2.2.2 Hydrostatische Methode	25
	2.2.3 Messung mit dem Pyknometer	28
	2.2.4 Gasvergleichsmethode	30
	2.2.5 Zusammenfassung	31
	2.3 Mikroskopische Untersuchungen	32
	2.3.1 Das Lichtmikroskop	32
	2.3.1.1 Optik	33
	2.3.1.2 Belichtung	34
	2.3.1.3 Photographieren	34
	2.3.2 Das Rasterelektronenmikroskop (REM)	34
	2.3.3 Das Tunnelmikroskop	38
	2.3.4 Probenvorbereitung	40
	2.3.4.1 Herausarbeiten der Probe	40
	2.3.4.2 Einbetten der Probe	44
	2.3.4.3 Schleifen und Polieren der Probe	45
	2.3.4.4 Kontrastieren	47
	2.3.4.5 Elektrolytisches Ätzen	48
	2.3.4.6 Bedampfen der Oberfläche	51
	2.3.5 Porenbestimmung mit dem Mikroskop	51
	2.3.6 Zusammenfassung	52
	Literatur zu Kapitel 2	52

3	**Bestimmung der Schichtdicke**		54
	3.1	Schichtdicke als Qualitätsmerkmal	54
		3.1.1 Der Begriff „Schichtdicke"	55
	3.2	Normen	57
	3.3	Auswahl der Meßverfahren nach den Werkstoffkombinationen	57
	3.4	Zerstörungsfreie Verfahren	58
		3.4.1 Wägemethode	58
		3.4.2 Dickenunterschied vor und nach der Abscheidung	59
		3.4.3 Haftkraftprinzip	59
		3.4.4 Elektromagnetische Verfahren	61
		3.4.4.1 Magnetinduktives Verfahren	61
		3.4.4.2 Kompensationsverfahren	67
		3.4.4.3 Wirbelstromverfahren	70
		3.4.4.4 Kombinationsgeräte - Datenspeicher	71
		3.4.4.5 Rand- und Krümmungseffekte	73
		3.4.5 Elektrische Verfahren	74
		3.4.5.1 Leitfähigkeitsverfahren	74
		3.4.5.2 Kapazitives Verfahren	76
		3.4.5.3 Thermoelektrisches Verfahren	77
		3.4.6 Radioaktive Verfahren	78
		3.4.6.1 Beta-Rückstreu-Verfahren	79
		3.4.6.2 Röntgenfluoreszenz-Verfahren	83
		3.4.7 Schwingquarzverfahren	86
	3.5	Zerstörende Verfahren	88
		3.5.1 Mikroskopische Schichtdickenmessung	88
		3.5.1.1 Schräg- und Querschliff	88
		3.5.1.2 Einschliff	89
		3.5.1.3 Tiefenschärfe	91
		3.5.1.4 Lichtschnittverfahren	91
		3.5.1.5 Interferometrisches Verfahren	93
		3.5.2 Differenzdickenmessung mit dem Taster	95
		3.5.3 Profilometrisches Verfahren	96
		3.5.4 Verfahren mittels Ablösung	97
		3.5.4.1 Gravimetrisches und maßanalytisches Verfahren	97
		3.5.4.2 Coulometrisches Verfahren	99
		3.5.4.3 Strahl-, Tropf- und Tüpfelverfahren	101
	Literatur zu Kapitel 3		102
4	**Prüfung der Oberflächenbeschaffenheit**		103
	4.1	Visuelle Prüfung galvanischer Schichten	104
		4.1.1 Beurteilungskriterien	104
		4.1.2 Durchführung der visuellen Prüfung	104
		4.1.3 Anwendung der visuellen Prüfung	105

	4.2	Rauheitsprüfung	106
		4.2.1 Oberflächengestalt	106
		4.2.2 Erfassung von Gestaltabweichungen	107
		4.2.3 Berührende Tastsysteme	108
		4.2.4 Berührungsfreie Tastschnittsysteme	110
		4.2.5 Vor- und Nachteile des Tastschnittverfahrens	112
		4.2.6 Weitere Verfahren zur Oberflächenerfassung	113
		4.2.7 Auswertung eines Tastschnittes - Kennwerte für Gestaltabweichungen	114
	4.3	Glanz- und Reflexionsmessung an Oberflächen	117
		4.3.1 Glanz als Qualitätsmerkmal	117
		4.3.2 Wie wird Glanz wahrgenommen?	118
		4.3.3 Das Reflexionsverhalten von Oberflächen	119
		4.3.4 Reflektometer zur Glanzmessung	122
		4.3.5 Messung von Glanzschleier (Haze)	124
		4.3.6 Meßpraxis	125
		4.3.7 Zusammenfassung	126
	Literatur zu Kapitel 4		126
5	**Poren- und Rißprüfung**		**127**
	5.1	Definition	127
	5.2	Grundlagen der Porenbestimmung	130
	5.3	Methoden zur Porenbestimmung	131
		5.3.1 Tauchverfahren	131
		5.3.1.1 Ferroxylprobe	131
		5.3.1.2 Tauchen in Kupfersulfatlösung	132
		5.3.1.3 Tauchen in Wasserstoffperoxid	132
		5.3.1.4 Tauchen in oxidische Kochsalzlösung	132
		5.3.1.5 Heißwasserprüfung	132
		5.3.1.6 Tauchen in Polysulfidlösung	132
		5.3.1.7 Tauchen in siedende Salpetersäure	133
		5.3.1.8 Tauchen in Säuregemische	133
		5.3.1.9 Lösungen mit organischen Reagenzien	133
		5.3.2 Benetzungsverfahren	134
		5.3.3 Auflegen von getränktem Filterpapier	134
		5.3.4 Elektrochemische Verfahren	134
		5.3.4.1 Elektrochemische Filterpapier-Methode	134
		5.3.4.2 Fotopapier-Methode	135
		5.3.4.3 Gelmethode	135
		5.3.4.4 Beispiel der Porenprüfung auf galvanisch abgeschiedenen Goldüberzügen	135
		5.3.5 Chemische Prüfung in der Gasatmosphäre	135
	5.4	Porennachweis für verschiedene Kombinationen Grund-/Schichtmetall	136
	Literatur zu Kapitel 5		137

6	**Prüfung der Korrosionsbeständigkeit**		138
	6.1	Korrosionsschutz durch galvanische Überzüge	138
		6.1.1 Begriffe	138
		6.1.2 Allgemeines zur Korrosionsbeständigkeit	140
	6.2	Kurzzeitprüfungen	141
		6.2.1 Kondenswasserklimate	141
		6.2.2 Kondenswasser-Wechselklima mit schwefeldioxidhaltiger Atmosphäre	142
		6.2.3 Sprühnebelprüfungen mit verschiedenen Natriumchloridlösungen nach DIN 50021	144
		6.2.4 Modifiziertes Corrodkote-Verfahren	146
		6.2.5 Prüfklimate für elektrotechnische Bauteile mit Edelmetallkontakten	147
		6.2.6 Korrosionsprüfungen in künstlicher Atmosphäre mit sehr niedrigen Konzentrationen von Schadgasen	147
		6.2.6.1 Prüfverfahren	149
	6.3	Kombinierte Prüfungen	150
	6.4	Umweltsimulation	152
		6.4.1 Beschleunigtes Korrosionsverfahren für komplette Fahrzeuge (EK II)	153
	6.5	Freibewitterung	153
7	**Messung von Eigenspannungen**		156
	7.1	Allgemeines	156
		7.1.1 Messung der Eigenspannungen	157
		7.1.2 Messung der Eigenspannungen 1. Art	157
		7.1.2.1 Meßprinzip der Methode des biegsamen Streifens	157
		7.1.2.2 Meßprinzip der Streifendehnmethode	159
	7.2	Beschreibung der verschiedenen Meßmethoden	160
		7.2.1 Das Stressometer	160
		7.2.2 Das Spiralkontraktometer	161
		7.2.3 Das Streifenkontraktometer nach *Hoar* und *Arrowsmith*	161
		7.2.4 Der Stalz-o-mat	162
		7.2.5 Das Längenkontraktometer	164
	Literatur zu Kapitel 7		165
8	**Bestimmung der Härte**		166
	8.1	Vorbemerkungen	166
		8.1.1 Definition der Härte	166
		8.1.2 Übersicht über die einzelnen Härteprüfverfahren	166
	8.2	Die Vickershärteprüfung im Mikro- und Kleinlastbereich	169
		8.2.1 Grundsätzliches	169
		8.2.1.1 Abhängigkeit der Härte von der Prüfkraft	169

		8.2.1.2	Materialdicke und Eindringtiefe des Eindruckes 170
		8.2.1.3	Einfluß der Einwirkdauer der Prüfkraft 170
		8.2.1.4	Ausmeßbarkeit der Eindruckdiagonale 171
	8.2.2	Proben und Probenvorbereitung 172
	8.2.3	Bemerkungen zur *Knoop*-Härteprüfung 172
	8.2.4	Zusammenstellung der Randbedingungen für die Härteprüfung nach *Knoop* und *Vickers* 172
8.3	Härteprüfung mit Messung der Eindringtiefe unter Prüflast 173
	8.3.1	Universalhärteprüfung 173
	8.3.2	Weitere Prüfverfahren 175
8.4	Härte und Schichteigenschaften 176
Literatur zu Kapitel 8 177

9 Messen von Zugfestigkeit und Duktilität 178

9.1	Bedeutung für galvanische Schichten 178
9.2	Meßmethoden 183
	9.2.1	Messung an Folien 185
		9.2.1.1	Herstellung der Folien 185
		9.2.1.2	Der Zugversuch 186
		9.2.1.3	Der Biegeversuch 188
		9.2.1.4	Der Wölbungsversuch 188
	9.2.2	Messung an beschichteten Metall- oder Kunststoffolien 195
		9.2.2.1	Der Zugversuch 196
		9.2.2.2	Der Biegeversuch 197
		9.2.2.3	Der Drahtkegelversuch 198
		9.2.2.4	Der Faltversuch 200
		9.2.2.5	Messung der Bruchdehnung durch Wölben der Prüfschicht 200
		9.2.2.6	Messung der Dehnbarkeit bei höheren Temperaturen 206
	9.2.3	Zusammenfassung 208
Literatur zu Kapitel 9 208

10 Messung der Verschleißfestigkeit 209

10.1	Tribologische Grundbegriffe 209
10.2	Verschleißprüfung nach DIN 50322 211
10.3	Spezielle Verfahren der Verschleißprüfung 213
Literatur zu Kapitel 10 214

11 Prüfung der Haftfestigkeit 216

11.1	Allgemeines 216
11.2	Qualitative Tests 217
	11.2.1	Reiben (Preßglänzen) 217

	11.2.2 Kugelpolieren (Trommeln)	218
	11.2.3 Hämmern	218
	11.2.4 Kugelstrahlen	219
	11.2.5 Biegeprüfungen, Wickeltest	219
	11.2.6 Feilprobe und Schleifprobe	220
	11.2.7 Anreißversuch	220
	11.2.8 Wärmebehandlung	220
	11.2.9 Klebeband (Scotch tape)-Test	222
	11.2.10 Tiefungs- und Eindrucktests	222
	11.2.11 Kathodische Beladung	223
11.3	Quantitative Prüfungen	224
	11.3.1 Abzugsversuch	224
	11.3.2 Abschältest	228
	11.3.3 Schertests	229
	11.3.4 Ritztest	231
	11.3.5 Weitere quantitative Tests	233
Literatur zu Kapitel 11		233

12 Messung des elektrischen Widerstandes 235
- 12.1 Meßmethoden 235
  - 12.1.1 Das Wirbelstromverfahren 235
  - 12.1.2 Messen nach dem Ohm'schen Gesetz 236
  - 12.1.3 Messen nach dem Gesetz von Matthiessen 239
- Literatur zu Kapitel 12 243

13 Prüfungen an anodisch erzeugten Oxidschichten auf Aluminium 244
- 13.1 Schichtdickenmessungen von Aluminiumoxid-Schichten 244
  - 13.1.1 Wirbelstromverfahren *DIN 50984, ISO 2360* 244
  - 13.1.2 Lichtschnittmikroskop *DIN 50948, ISO 2128* 245
  - 13.1.3 Lichtmikroskopische Ausmessung an Schliffen *DIN 50950, ISO 1463* 246
- 13.2 Messung des Scheinleitwertes *DIN 50949* 247
  - 13.2.1 Besonderheiten bei kaltimprägnierten Teilen 248
- 13.3 Farbtropfentest *DIN 50946, ISO 2143* mit Pre-dip 249
- 13.4 Bestimmung des Masseverlustes *DIN 50899, ISO 3210* 250
- 13.5 Lichtechtheitsprüfung *ISO 2135* 252
- Literatur zu Kapitel 13 253

14 Statistische Qualitätskontrolle 254
- 14.1 Ziele der statistischen Qualitätskontrolle 254
- 14.2 Aufgabengebiet 255
- 14.3 Qualitätskontrolle 255
  - 14.3.1 Festlegung der Prüfbedingungen 257
    - 14.3.1.1 Meßverfahren 257

		14.3.1.2 Regeln für die Entnahme von Prüfstücken und Festlegung der Meßstelle 257
	14.4	Grundbegriffe 257
		14.4.1 Meßwerte, Fehlerarten 257
		14.4.2 Stichprobe, Grundgesamtheit 258
		14.4.3 Statistische Sicherheit, Irrtumswahrscheinlichkeit, Toleranzbereiche 258
	14.5	Datenaufbereitung 259
	14.6	Statistische Verfahren 259
		14.6.1 Verteilungsformen 259
		14.6.2 Primäre statistische Kennwerte 262
		14.6.3 Mittelwert und Standardabweichung bei normalverteilten Meßwerten 262
	14.7	Anwendung statistischer Verfahren in der Qualitätskontrolle 264
		14.7.1 Kontrollkarten 264
		14.7.2 Prüfpläne für eine Gut/Schlecht-Prüfung 266
	14.8	Weitere Anwendungen statistischer Verfahren 266
		14.8.1 Prüfverteilungen 266
		14.8.2 Ausreißertests 267
		14.8.3 Korrelation und Regression 268
		14.8.4 Varianzanalyse 268
	14.9	Schlußbemerkungen 269
15	Anhang 270
	15.1	DIN-, ISO- und ASTM-Normen zur Prüfung metallischer Schichten 270
	15.2	Rauheitsänderungen durch Aufbringen von Oberflächenschutzschichten 279
	15.3	Chemische Ablöseverfahren für Schichtmetalle von verschiedenen Grundmetallen 280
	15.4	Elektrolytische Ablöseverfahren für Schichtmetalle von verschiedenen Grundmetallen 282
	15.5	Lineare Ausdehungskoeffizienten einiger Metalle 283
	15.6	Umrechnung von Zoll (inch) in µm 283
	15.7	Umrechnung von µm in g/cm^2 für die wichtigsten Schichtmetalle 284
	15.8	Hersteller- und Lieferfirmen von Geräten zur Kontrolle metallischer Schichten 284

Stichwortverzeichnis 286

1 Einführung

Funktionelle metallische Schichten verleihen den Oberflächen vieler Bauteile im Maschinen- und Fahrzeugbau, in der Elektrotechnik-, Elektronik und in zahlreichen anderen Industriezweigen Eigenschaften, die deren Betriebs- und Gebrauchseignung nicht nur verbessern, sondern oft schlechthin ermöglichen. Sie sind auch geeignet, die gewünschten Funktionen der Bauteile und damit die Lebensdauer vieler Gebrauchsgüter über einen langen Zeitraum sicherzustellen. *Tabelle 1.1* zeigt an Beispielen aus der Praxis einige Oberflächeneigenschaften, die durch galvanische Schichten erzielt oder verbessert werden können.

Tabelle 1.1: Durch metallische Schichten erreichbare oder beeinflußbare funktionelle Eigenschaften

Eigenschaft	Anwendungszweck	Beispiel
Farbe	ästhetisches Aussehen	vermessingte Leuchter
Glanz	dekoratives Aussehen, Reflexionsvermögen	verchromte Messingarmaturen, versilberte Spiegel
Härte/ Verschleißfestigkeit	Erhöhung der Standzeit	hartverchromte oder stromlos vernickelte Werkzeuge
Gleitfähigkeit	Verbesserung der Trockenlaufeigenschaften	Pb-Sn-Cu-Legierung auf Gleitlagerschalen
Chemische Beständigkeit	Schutz gegen Chemikalieneinwirkung	Bleizinn-Schicht als Ätzresist bei gedruckten Schaltungen
Korrosionsbeständigkeit	Schutz gegen atmosphärische Korrosion	Verzinken und Chromatieren von Schrauben und Muttern
Elektrische Leitfähigkeit	Leitung des elektrischen Stromes auf der Oberfläche eines Nichtleiters	Verkupferte Leiterbahnen auf Leiterplatten
Wärmeleitfähigkeit	Verbesserte Wärmeübertragung	Verkupferte Topfböden für Elektroherde
Zerspanbarkeit	Formgebung der Oberfläche durch spanendes Bearbeiten	Kupferschichten auf Tiefdruckzylindern
Lötbarkeit	Löten ohne aggressive Flußmittel	Zinn/Bleischicht auf Leiterbahnen
Haftfähigkeit	Verbesserung der Haftung	Messingschichten auf Reifeneinlegedrähten
Schmierfähigkeit	Erleichterung der Verformung	Verkupfern beim Drahtziehen
Diffusionseigenschaften	Verhindern der Diffusion	Nickel- oder stromlos abgeschiedene Co-P-Diffusionssperrzwischenschicht auf vergoldeten Kontakten

Tabelle 1.2: Wichtige funktionelle Schichteigenschaften

	Cadmium	Chrom	Kupfer	Kupferlegierungen	Gold und Legierungen	Blei	Blei-Zinn	Nickel (elektrolyt.)	Nickel (stromlos)	Ni- und Co-Dispersionsüberzüge	Metalle der Pt-Gruppe	Silber	Zinn	Zinn-Legierungen	Zink	Typische Anwendungen
Verschleißfestigkeit		●						●	●	●						Hydraulische Maschinen und Vorrichtungen
Leitfähigkeit			●	●	●							●				Elektrische und elektronische Einrichtungen
Korrosionsbeständigkeit	●	●				●	●	●	●		●		●	●	●	Automobilindustrie, Haushaltswaren, Baubedarf, Verbindungsteile
Dekoratives Aussehen		●		●	●			●	●			●	●	●	●	Schmuck- und Gebrauchsgegenstände, Möbelbeschläge, Armaturen
Kontaktwiderstand					●							●				Elektrische Kontakte
Antihaft-Oberfläche		●														Kunststoff-Spritzformen
ölabweisend		●														Hydraulische Einrichtungen
Haftung auf Gummi				●												Reifenherstellung
Schmierfähigkeit	●					●	●						●	●		Lager, reibende Flächen
Lötbarkeit	●		●	●	●	●	●	●	●				●	●		Elektronische Industrie, Fertigung
Reparatur von Teilen	●	●						●								Maschinenbau

Zur Erfüllung dieser Aufgabe müssen die Schichten ein bestimmtes Verhalten aufweisen, das sowohl die Anforderungen an die Eigenschaften der Bauteiloberfläche als auch an deren Belastungen durch äußere anwendungsgegebene Einwirkungen berücksichtigt. Dabei stellen die oft sehr komplexen Verhältnisse an die Variabilität der Schichten und Überzüge hohe Anforderungen. Dies ist der Grund dafür, daß auf diesem Gebiet besonders elektrolytisch und stromlos abgeschiedene Überzüge der funktionellen Galvanotechnik große Bedeutung erlangt haben.

In der *Tabelle 1.2* sind einige wichtige funktionelle Eigenschaften der technisch wichtigsten elektrolytisch und chemisch aufgebrachten Schichten aufgeführt.

Das Verhalten funktioneller Überzüge hängt von ihren Eigenschaften ab. Dabei geht es nicht nur um Einzeleigenschaften wie Schichtdicke, Härte, Korrosionsbeständigkeit, Verschleißfestigkeit, Gleiteigenschaften, elektrische Leitfähigkeit und andere, sondern um Eigenschaftsprofile, die mehrere dieser Eigenschaften umfassen. Besonders für den Anwendungsbereich der elektrolytisch oder stromlos abgeschiedenen Überzüge ist es typisch, daß die Eignung nahezu immer auf die Kombination, gegenseitige Ergänzung oder das Zusammenwirken mehrerer Eigenschaften zurückzuführen ist.

Die funktionelle Galvanotechnik beruht daher auf Verfahren, die es ermöglichen, Schichten mit unterschiedlichen Eigenschaften und Eigenschaftskombinationen abzuscheiden. Wegen der in der Regel wesentlichen Bedeutung der Schichten für die Funktion der Erzeugnisse, müssen die Verfahren alle wesentlichen Kriterien der Technologien in der metallver- und -bearbeitenden Industrie gleichermaßen erfüllen. Dies bedeutet vor allem, daß es möglich sein muß, Schichten mit präzise definierbaren Eigenschaften selektiv, steuerbar, reproduzierbar und qualitätsgesichert zu erzeugen. Die Forderung nach gesicherter Qualität schließt auch ein, daß die Eigenschaften bewertbar und mit Hilfe geeigneter Prüfverfahren quantifizierbar sein müssen.

Es war deshalb eine der Voraussetzungen der praktischen Anwendung der funktionellen Galvanotechnik, parallel zu den Schichterzeugungsverfahren, auch geeignete Untersuchungs- und Prüfmethoden auszuarbeiten und die zu ihrer Durchführung benötigten Geräte und Hilfsmittel zu entwickeln. Für die wichtigsten Eigenschaften sind die Methoden heute meist in nationalen und internationalen Normen festgelegt

Die untersuchten Eigenschaften

Bei der Auswahl der Eigenschaften, deren Prüfungen beschrieben werden sollten, wurden die wichtigsten Kriterien berücksichtigt, die im Rahmen der Qualitätssicherung in der Regel untersucht werden müssen. Spezielle Anwendungen beispielsweise in der Elektronik, der Luft- und Raumfahrt, der Kerntechnik und auf anderen Gebieten, bei denen spezifische Oberflächeneigenschaften - und damit Prüfverfahren - erforderlich sind, konnten im Rahmen dieses Buches nicht berücksichtigt werden. In solchen Fällen sind es meist Entwicklungsvorgaben oder unternehmensinterne Normen, auf die zurückgegriffen werden muß.

Aus diesem Blickpunkt ergab sich folgende Gliederung:

a) Charakterisierung der Oberfläche und der Schicht
- Aussehen *(s. Kap. 4.1)*
- Dichte *(s. Kap. 2.2)*
- Struktur (s. Kap. 2.3)
- Rauheit *(s. Kap. 4.2)*
- Glanz *(s. Kap. 4.3)*

b) Schichtdicke *(s. Kap. 3)*

c) Mechanisch-technologische Eigenschaften
- Eigenspannungen *(s. Kap. 7)*
- Härte *(s. Kap. 8)*
- Zugfestigkeit *(s. Kap. 9)*
- Verschleißfestigkeit *(s. Kap. 10)*

d) Korrosionsverhalten
- Poren und Risse *(s. Kap. 5)*
- Korrosionsbeständigkeit *(s. Kap. 6)*

e) Elektrische Eigenschaften
- Elektrischer Widerstand *(s. Kap. 12)*

Diese Gliederung ermöglicht es dem Anwender der Prüfmethoden solche zu selektieren, die neben den Kriterien der konkreten Problemstellung vor allem zwei Aspekte erfüllen.

Erstens sollen sie unter den gegebenen Voraussetzungen ohne unzumutbaren und unverhältnismäßig hohen Aufwand realisierbar sein. Zweitens sollen sie die Untersuchung unter präzise definierten Bedingungen ermöglichen und dadurch die problemlose Reproduktion in einer anderen Prüfstelle, beispielsweise beim "Abnehmer" der galvanischen Schichten, gewährleisten.

Die Gliederung kommt auch den Anwendern funktioneller Schichten, also den Entwicklern, Konstrukteuren, Verfahrenstechnikern und Planern entgegen. Diese sind zwar in erster Reihe an den Verhaltens-, d. h. Systemeigenschaften wie etwa an der Korrosionsbeständigkeit oder dem tribologischem Verhalten interessiert. Die einzelnen Schichteigenschaften wie Härte, Duktilität, Glanz u. a. sind für sie soweit wichtig, als sie die Systemeigenschaften beeinflussen. Die dadurch oft sehr komplexen gegenseitigen Zusammenhänge schlagen sich selbstverständlich auch bei der Wahl der für die einzelnen Fälle aussagekräftigen Prüfverfahren nieder.

Die Prüfmethoden

Obwohl bei der Auswahl der Prüfmethoden Wert darauf gelegt wurde, möglichst viele Verfahren einzubeziehen, wurde besonders darauf geachtet, möglichst einfach anwendbare und erprobte Verfahren zu beschreiben. Neben Verfahren auf der Grundlage modernster Gerätschaften werden deshalb in vielen Fällen auch solche aufgeführt, die mit geringerem technischem Aufwand verwertbare Ergebnisse geben. Damit soll vor allem kleineren und kleinen Betrieben entgegengekommen werden, die heute ebenfalls Qualitätssicherung und Prüfung betreiben müssen und eventuell bereit sind, auch einen höheren personellen Aufwand in Kauf zu nehmen.

Besonderheiten der Schichtprüfung

Bei der Prüfung von metallischen Schichten ist der Unterschied zwischen dem Prüfungsergebnis und seiner Aussagekraft eines der wichtigsten Kriterien, die bei der Auswahl und Durchführung der Prüfungen beachtet werden muß. Obwohl sich die Ergebnisse der meisten Methoden zahlenmäßig verhältnismäßig eindeutig ausdrücken lassen, sind sie in ihrer Aussagefähigkeit oft sehr unterschiedlich. Besonders wenn die Prüfergebnisse - wie fast immer - zu Vergleichszwecken verwendet werden sollen, ist bei der Interpretation besondere Vorsicht geboten.

Grund ist vor allem der Umstand, daß die metallischen Schichten auf dem Grundwerkstoff haften und mit diesem einen Materialverbund bilden. Werden die Prüfungen - wie in aller Regel - an haftenden Schichten vorgenommen, so ist ein Einfluß des Grundmaterials niemals zu vermeiden. Neben der Art des Grundmaterials spielen dessen Eigenschaften, der Zustand seiner Oberfläche, die Art seiner Ver- und Bearbeitung sowie zahlreiche andere Umstände eine Rolle. Besonders bei der Prüfung der mechanischen Eigenschaften und in allen Fällen, in denen die Prüfbedingungen auch das Grundmaterial belasten ist zu beachten, daß die Schichten um Größenordnungen dünner sind als das Substrat. So müssen die durch Rißbildung bedingte ungenügende Korrosionsbeständigkeit oder Festigkeit eines Metallüberzuges nicht auf diesen selbst zurückzuführen sein, sondern können vom Verhalten des Grundmaterials als Folge einer thermischen oder mechanischen Beanspruchung oder auch der Alterung abhängen.

Verhindern lassen sich Fehlinterpretationen dadurch, daß nur Prüfungen verglichen werden, wenn die Schichten auf demselben Grundmaterial und - was ebenfalls von besonderer Wichtigkeit ist - mit denselben Arbeitsparametern, insgesamt also streng reproduzierbar abgeschieden werden. Nichtbeachtung dieser Maßnahmen kann besonders bei der Prüfung zur Endkontrolle im galvanischen Betrieb oder der Eingangskontrolle beim Anwender schwerwiegende Folgen haben. Da es nicht immer einfach ist, reproduzierbare Bedingungen mit einem ausreichend engen Spielraum zu gewährleisten, kann nicht oft genug auf die Notwendigkeit einer umfassenden Festlegung der Prüf- und Interpretations-, d. h. Abnahmebedingungen zwischen Hersteller und Abnehmer hingewiesen werden.

Eine weitere Besonderheit, die bei der Interpretation der Prüfungsergebnisse beachtet werden muß ist der Umstand, daß diese nicht unbedingt das gewünschte Praxisverhalten wiedergeben müssen. Dies ist besonders bei der Korrosionsbeständigkeit und Verschleißfestigkeit der Fall. Bei diesen Systemeigenschaften sind das belastende Medium und die Art, in welcher es einwirkt, dominierende Faktoren, die durch die Art und Parameter der Prüfungen meist nicht oder nur ungenügend simuliert werden. In solchen Fällen können die Prüfergebnisse wohl bestätigen, daß die Schichten unter bestimmten Bedingungen hergestellt worden sind, aber nur eine unmittelbare Aussage über ihr Praxisverhalten machen. Eine Nichtbeachtung dieser Tatsache kann schwerwiegende Folgen haben.

2 Ermittlung der stofflichen Beschaffenheit

Zur Ermittlung der stofflichen Beschaffenheit eines metallischen Überzuges gehören seine Identifizierung, die Bestimmung der Dichte und der Struktur.

2.1 Identifizierung von metallischen Schichten

2.1.1 Qualitative Untersuchung

2.1.1.1 Tüpfelanalyse

Die Tüpfelanalyse besteht aus einem Trennungsgang, bei dem die einzelnen Schichtmetalle stufenweise identifiziert werden.

Auf die zu identifizierende Schicht wird mit einer Pipette ein Tropfen Salpetersäure (1 : 1) aufgebracht und 2 Minuten einwirken gelassen. Dann wird die Fläche unter dem Tropfen beurteilt. Wenn weiter geprüft werden soll, wird der erste Tropfen gut abgespült, eventuell mit einem nassen sauberen Tuch abgerieben und ein Tropfen der nächsten Prüflösung aufgebracht. Besteht ein Überzug aus mehreren Schichten, wird zuerst die erste Schicht identifiziert. Dann wird diese an einer geeigneten Stelle der Oberfläche entfernt (mit der geeigneten Prüflösung abgelöst oder mechanisch abgeschliffen). Danach geht man wieder nach dem Trennungsgang vor.

Die untersuchte Oberfläche muß sauber und fettfrei sein. Eine Lackbeschichtung wird mit der entsprechenden Verdünnung abgewaschen, die zu prüfende Stelle mit einem nassem, sauberen Tuch und Wiener Kalk gereinigt.

Benötigte Chemikalien
Salpetersäure/Wasser 1 : 1
10 %ige Natriumhydroxidlösung
Salzsäure conc.
20 Vol. % Schwefelsäure
1 % Dimethylglyoxim-Lösung in 95 %igem Ethylalkohol
10 %ige Natriumsulfidlösung
Destilliertes Wasser
Ammoniak conc.

Trennungsgang
Die Schicht wird von der Salpetersäure (1 : 1) nicht angegriffen.

Mögliche Schichtwerkstoffe: Aluminium, Chrom, Gold, Metalle der Platingruppe (Palladium, Platin, Ruthenium, Rhodium).

- a) Gold: Eine farbige Oberfläche, die von der Salpetersäure (1 : 1) nicht angegriffen wurde, besteht aus Gold oder einer Goldlegierung.
- b) Aluminium: Die Salpetersäurelösung wird abgewaschen und es wird ein Tropfen einer Natriumhydroxid-Lösung aufgebracht. Wird die Oberfläche angegriffen, deutet dies auf Aluminium hin.
- c) Chrom: Die Salpetersäurelösung wird abgespült. Bei Einwirkung eines Tropfens konzentrierter Salzsäure entsteht eine grüne Lösung.
- d) Metalle der Platingruppe: Wird das Metall weder von Salpetersäure (1 : 1) noch Salzsäure angegriffen, deutet dies auf ein Metall der Platingruppe hin.

Die Schicht wird von der Salpetersäure (1 : 1) angegriffen.

- a) Die Lösung ist blau oder grün
  Mögliche Schichtwerkstoffe: Kupfer, Kupferlegierungen, Nickel
- – Kupfer und Kupferlegierungen: Die blaue Lösung wird durch Erhitzen getrocknet, der verbleibende Rest wird in ein kleines Becherglas überführt und mit 1 ml 20 Vol. %iger Schwefelsäure versetzt. Nach Auflösen verdünnt man mit destilliertem Wasser auf 100 ml. Überzieht sich ein eingehängter, vorher gut gereinigter Eisennagel nach 4 Stunden mit einer roten Schicht, deutet dies auf Kupfer oder eine Kupferlegierung hin.
- – Nickel: Die Lösung wird in ein Becherglas gespült und durch Zugabe von Ammoniak alkalisch gemacht (Lackmuspapier). Dann wird etwa 1 ml einer Lösung von 1 % Dimethylglyoxim in 95 %igem Ethylalkohol zugesetzt. Eine rötliche oder rotbraune Ausfällung deutet auf Nickel hin.
- b) Die Lösung ist weiß oder trüb
  Möglicher Schichtwerkstoff: Zinn
  - – Zinn: An einer anderen Stelle der Oberfläche wird der Überzug in Salzsäure conc. aufgelöst. Die Lösung wird in ein Proberöhrchen überspült und mit Kakothelin versetzt. Bei Anwesenheit von Zinn geht die gelbe Farbe in eine rötlich violette Färbung über.
- c) Die Lösung ist farblos
  Mögliche Schichtwerkstoffe: Cadmium, Blei, Silber, Zink
  - – Zink: Die Lösung wird in ein Proberöhrchen überspült und mit konzentriertem Ammoniak alkalisch gestellt (Lackmuspapier). Es werden einige Tropfen einer 10 %igen Lösung von Natriumsulfid zugesetzt. Eine weiße Fällung deutet auf die Anwesenheit von Zink hin.
  - – Cadmium: Die Lösung wird in ein Proberöhrchen überspült und mit konzentriertem Ammoniak alkalisch gestellt (Lackmuspapier). Dann werden einige Tropfen einer 10 %igen Natriumsulfid-Lösung zugesetzt. Eine gelbe Fällung deutet auf Cadmium hin.
  - – Silber: Die Lösung wird in ein Proberöhrchen überspült und es wird 10 %ige Natriumhydroxid-Lösung bis zur alkalischen Reaktion (Lackmuspapier) zugesetzt. Eine schwarzbraune Färbung deutet auf Silber hin.
  - – Blei: Die Lösung wird in ein Proberöhrchen überspült und mit einer 10 %igen Natriumhydroxid-Lösung bis zur alkalischen Reaktion versetzt (Lackmuspapier). In Abwesenheit von Cadmium und Zink deutet ein weißer Niederschlag auf Blei hin.

2.1.1.2 Prüfpapiere

Die meisten Überzugsmetalle können mit Hilfe von Prüfpapieren, die man befeuchtet und aufquetscht, zerstörungsfrei erkannt werden.

Filterpapierstreifen (z. B. *Schleicher & Schüll* Nr. 595) werden mit einem Spezialreagenz für das nachzuweisende Metall getränkt und getrocknet. Die so präparierten Papiere taucht man, je nach Art des Metalles, in Wasser, verdünnten Ammoniak, verdünnte Säurelösung oder in ein organisches Lösungsmittel und legt sie auf die entfettete Metalloberfläche auf. Nach einigen Minuten tritt eine Farbänderung auf, aus der auf die Art des Metalles geschlossen werden kann. Da bereits außerordentlich geringe Mengen des Metalles genügen, um den Farbumschlag herbeizuführen, sind die Nachweise praktisch zerstörungsfrei. Wenn Legierungen vorliegen, ist es möglich, deren Bestandteile nebeneinander nachzuweisen, z. B. Kupfer, Nickel und Zink in Neusilber.

Nachweispapier für Aluminium

Herstellung: Die Präparierung erfolgt durch Tauchen der Papierstreifen in 2,5 %ige Sodalösung, die 0,1 %ig Chinalizarin (1,2,5,8-Tetraoxianthrachinon) enthält. Anschließend wird getrocknet.

Farbe: Die Papiere sind blauviolett.

Anwendung: Das Nachweispapier wird mit destilliertem Wasser befeuchtet und auf die zu prüfende Stelle aufgelegt. Nach etwa 5 Minuten wird es entfernt und in feuchtem Zustand mit 100 %iger Essigsäure übergossen. An der Auflagestelle tritt eine weinrote Färbung auf, während der übrige Teil des Papiers gelblich wird.

Anmerkungen: Verbleibt das Nachweispapier 10 bis 20 Minuten auf dem Aluminium, so ist die Rotfärbung schon ohne Essigsäurebehandlung erkennbar.

Auf Zn, Cd, Ni, Mg, Ag, Cu, Fe bleibt eine Rotfärbung aus. Nach Übergießen mit Essigsäure ist das Papier gleichmäßig gelb.

Nachweispapier für Cadmium

Herstellung: Die zur Präparierung der Papiere dienende Lösung wird durch Auflösen von 0,1 g Dithizon in 100 ml Tetrachlorkohlenstoff und anschließende Filtration hergestellt. Die Lösung ist tiefgrün gefärbt. Sie ist nicht unbegrenzt haltbar, und es empfiehlt sich, für jede Präparation einen neuen Ansatz zu verwenden.

Farbe: grün- bis braungrau.

Anwendung: Das Nachweispapier wird in Cyclohexanon getaucht, wobei es wieder die ursprüngliche kräftig-grüne Farbe annimmt, und auf die zu prüfende Stelle aufgelegt. Bei Vorliegen von Cadmium ist nach spätestens 5 Minuten eine Orange-Färbung aufgetreten.

Anmerkungen: Die Dithizon-Nachweise sind außerordentlich empfindlich, so daß peinlich sauber gearbeitet werden muß. Beispielsweise dürfen die zu prüfende Fläche und das Prüfpapier nicht mit dem Finger berührt werden, da sonst die Zinkreaktion auftritt. Bei Beachtung der nötigen Vorsicht ist die Reaktion aber eindeutig. Eine Verwechslung mit Blei oder Zink (in dem einen Fall ziegelrot, in dem anderen kirschrot) läßt sich sicher vermeiden, wenn man einen Vergleichsversuch mit einer Testprobe ausführt. Das Nachweispapier ist auch für chromatierte Cadmiumoberflächen geeignet.

Die Haltbarkeit des Dithizon-Papiers ist begrenzt, da das Reagenz allmählich absublimiert. Wenn beim Tauchen in Cyclohexanon keine satte Grünfärbung entsteht, empfiehlt es sich, das Nachweispapier frisch vorzubereiten.

Nachweispapier für Kupfer

Herstellung: Die Präparation erfolgt durch Tauchen des Papiers in eine 10 %ige wäßrige Lösung von Natriumdiethyldithiocarbamat und anschließendes Trocknen.
Farbe: farblos.
Anwendung: Das Nachweispapier wird kurz in Wasser getaucht, zwischen Filterpapier eben ausgedrückt, in halbfeuchtem Zustand in Cyclohexanon getaucht und auf den Prüfling gelegt. Es tritt eine gelbbraune Färbung auf.
Anmerkung: Das Nachweispapier eignet sich auch für die Feststellung von Kupfer in seinen Legierungen, z. B. Messing und Neusilber.

Nachweispapier für Nickel

Herstellung: Die Präparation erfolgt durch Tauchen des Papiers in eine Lösung von 1 g Dimethylglyoxim in 100 ml Alkohol; anschließend wird getrocknet.
Farbe: farblos.
Anwendung: Die Reaktionsfähigkeit der Nickeloberflächen ist, je nach der Glätte und der Art des zur Abscheidung verwendeten Nickelbades, verschieden. Vielfach genügt es, das Nachweispapier, mit Wasser befeuchtet, auf die zu prüfende Fläche aufzulegen, um bei Gegenwart von Nickel in einigen Minuten eine leichte Rotfärbung zu erhalten. Da das Reaktionsprodukt vorwiegend auf der Metalloberfläche selbst entsteht, ist es zweckmäßig, die Auflagestelle nachträglich mit einem Wattebausch abzureiben, der sich dann deutlich rot färbt. Eine raschere und deutlichere Färbung des Nachweispapieres erhält man, wenn man es mit 5 %iger Ammoniaklösung befeuchtet, der man 3 g Netzmittel/l zugesetzt hat.
Anmerkung: Galvanische Nickelüberzüge, die geringe Mengen Zink enthalten, reagieren mit dem Nachweispapier besonders stark. Schon Nickelüberzüge, die nur wenige dick und noch unsichtbar sind, lassen sich nachweisen. Das Papier eignet sich auch zur Feststellung von Nickel in Neusilber.

Nachweispapier für Silber

Herstellung: Die Präparation erfolgt in 2 Stufen. Zunächst wird in der Lösung A getränkt und anschließend getrocknet. Sodann tränkt man in der Lösung B und trocknet abermals.
Lösung A: 0,3 g p-Dimethylaminobenzylidenrhodanin/1 Methanol.
Lösung B: 67 g Kaliumcyanoferrat (II) + 1,3 g Kaliumcyanoferrat (III)/l destilliertes Wasser.
Farbe: orange.
Anwendung: Man taucht den Streifen des Nachweispapiers zur Hälfte in 5 %ige Ammoniaklösung, der 3 g/l Netzmittel zugesetzt wurden und legt ihn auf die zu prüfende Oberfläche auf. Nach einigen Minuten tritt bei Gegenwart von Silber Rotfärbung auf, die am besten im Vergleich mit dem unbehandelten Papier zu erkennen ist. Nach dem Trocknen des Papiers ist die Farbänderung weniger deutlich. Sie läßt sich aber durch Befeuchten mit Wasser wieder hervorrufen.

Nachweispapier für Zink

Herstellung: Wie bei Cadmium beschrieben.
Farbe: grün- bis braungrau.

Anwendung: Das Nachweispapier wird in Cyclohexanon getaucht, wobei es wieder die ursprünglich kräftig-grüne Farbe annimmt, und auf die zu prüfende Stelle aufgelegt. Bei Gegenwart von Zink tritt nach spätestens 5 Minuten eine kräftige kirschrote Färbung auf.

Anmerkungen: Die Dithizon Nachweise sind außerordentlich empfindlich, so daß sorgfältig geprüft werden muß, ob die Vortäuschung von Zinkmetall durch zinkhaltige Verunreinigungen ausgeschlossen ist. Beispielsweise dürfen die zu prüfende Fläche und das Nachweispapier nicht mit dem Finger berührt werden, da sonst bereits die Zinkreaktion auftritt. Bei Beachtung der nötigen Vorsicht ist die Reaktion aber eindeutig. Eine Verwechslung mit Blei oder Cadmium (in dem einen Fall ziegelrot, im anderen orange) läßt sich sicher vermeiden, wenn man einen Versuch mit einer Testprobe durchführt. Das Nachweispapier ist auch für chromatierte Zinkoberflächen, sowie für den Nachweis von Zink in seinen Legierungen (Messing, Neusilber) geeignet. Über die Haltbarkeit des Dithizon-Papiers siehe Beschreibung für Cadmium.

Nachweispapier für Zinn

Herstellung: Die Präparation erfolgt durch Tauchen des Papiers in eine wäßrige Lösung von 0,01 g/l Methylenblau und anschließendes Trocknen.

Farbe: blaßblau.

Anwendung: Zum Nachweis von Zinn wird der Reagenzpapierstreifen in n/10 Salzsäure getaucht und auf die zu prüfende Stelle aufgelegt. Nach einer Einwirkungsdauer von etwa 10 - 15 Minuten läßt man ihn trocknen. Bei Vorliegen von Zinn ist das Papier nach dem Trocknen entfärbt.

Anmerkung: Im feuchten Zustand läßt sich der Farbumschlag nicht so gut beobachten.

2.1.1.3 Instrumentelle Analysen

Neben den beschriebenen, verhältnismäßig einfachen Verfahren zur Identifizierung der Schichten können selbstverständlich auch Analysiergeräte angewandt werden. Im allgemeinen wird man jedoch für diese Aufgaben einfachere Verfahren vorziehen und Geräte nur dann einsetzen, wenn diese ohnehin aus anderen Gründen zur Verfügung stehen. Neben anderen sind vor allem folgende Verfahren und Geräte beim Identifizieren von Schichten anwendbar:

- Atomabsorptionsspektralanalyse
- Flammenemissions-Spektroskopie
- Emissionsspektralanalyse
- Röntgenfluoreszenzspektralanalyse

Zur Feststellung der Schichtzusammensetzung mittels Röntgenfluoreszenzanalyse können oft auch Schichtdickenmeßgeräte, die auf dieser Grundlage arbeiten, eingesetzt werden.

2.1.2 Quantitative Untersuchung

Die quantitative Analyse kann zur Ermittlung der Legierungszusammensetzung oder der Menge von Verunreinigungen notwendig sein. Sie erfolgt in der Regel nach gebräuchlichen Verfahren der Analytischen Chemie, nachdem die Schichten chemisch oder elektrolytisch von ihrer Unterlage abgelöst sind.

Beschreibungen von Verfahren für die quantitative Analyse von Legierungsschichten sind ausführlich in Buchform zusammengefaßt [1].

2.2 Messung der Dichte von galvanisch oder chemisch-reduktiv abgeschiedenen Metallfolien

Die Dichte ist der Quotient aus Masse und Volumen. Beide Eigenschaften müssen möglichst genau bestimmt werden, um aussagekräftige Werte zu erhalten. Bei Schichten, die von ihrer Unterlage abgelöst wurden, ist dies allerdings verhältnismäßig schwierig. Da die Fläche aus praktischen Gründen nur beschränkt groß gewählt werden kann, vergrößert man deshalb das Volumen der Probe durch die Abscheidung möglichst großer Schichtdicken.

Die zu messenden Schichten werden in Form von Folien auf einer der folgenden Unterlagen abgeschieden:

- Edelstahlbleche
- Mit NiP außenstromlos beschichtete hochglänzende Kupferbleche
- Hochglanzvernickelte Messingbleche mit einer dünnen Arsenschicht
- Kunststoffplättchen aus ABS

In den ersten drei Fällen ist es möglich, die Folien mechanisch vom Untergrund zu trennen. Beim Kunststoff wird dieser in einem Soxhlet-Extraktionsapparat in einem geeigneten Lösemittel aufgelöst.

Die eigentliche Dichtebestimmung erfolgt nach einem der folgenden Verfahren:

- Messen der Länge, Breite und Dicke der Folie
- Bestimmung nach der hydrostatischen Methode
- Bestimmung mit dem Pyknometer
- Messen im Gasvergleichsgerät

2.2.1 Messen von Länge, Breite und Dicke der Folie

Die Dicke der Folie wird mit einem mechanischen Mikrometer bestimmt. Soll eine Genauigkeit von 1 % erreicht werden, so muß die Folie bei Mikrometern mit einer Auflösung von 1 µm mindestens 0,1 mm dick sein. Bei Gold mit der Dichte von 19,3 bedeutet Genauigkeit dieser Größenordnung, daß man mit diesem Verfahren eine Dichte im Bereich von 19,3 ± 0,2 Dichteeinheiten findet. Wie bei der Dicke ist auch die Genauigkeit bei der Messung von Breite und Länge mit ähnlichen Fehlern behaftet, so daß man letztlich auf einen Gesamtfehler von ± 0,6 Dichteeinheiten kommt, mit dem gerechnet werden muß.

Zu beachten ist auch, daß die Schichtverteilung bei galvanisch erzeugten Schichten nicht einheitlich ist, sondern an den Rändern eine dickere Schicht abgeschieden wird. Dieser Randeffekt läßt sich vermeiden, wenn die Probefolie aus der Mitte eines größeren beschichteten Bleches herausgeschnitten wird.

Die Bestimmung des Gewichtes ist zwar mit einer viel höheren Genauigkeit möglich, dies hat aber kaum Einfluß auf die Genauigkeit des gefundenen Dichtewertes.

2.2.2 Hydrostatische Methode

Die hydrostatische Methode beruht auf der Messung des hydrostatischen Auftriebs, den feste Körper in einer Flüssigkeit erfahren. Das Volumen der verdrängten Flüssigkeit entspricht dem Volumen des eingetauchten festen Körpers.

Zur Bestimmung der Dichte von metallischen Schichten kann die Methode nach zwei Varianten durchgeführt werden:

- Bestimmung an einer von der Unterlage abgelösten Folie
- Messung an einer auf einer dünnen Unterlage haftenden Schicht

Messung mit einer abgelösten Folie

Diese Art der Messung ist nur möglich, wenn die dünne Folie ausreichend stabil ist, um sich am Waagebalken der hydrostatischen Waage *(Abb. 2.1)* befestigen zu lassen.

Zur Bestimmung wird die Folie zweimal gewogen, wobei sie zuerst in der Luft hängt, und bei der zweiten Wägung in eine Flüssigkeit taucht. Als Flüssigkeit können Wasser oder besser organische Lösemittel wie Dibromethan (Dichte = 2,26) oder Tetrabromethan (Dichte = 2,96)

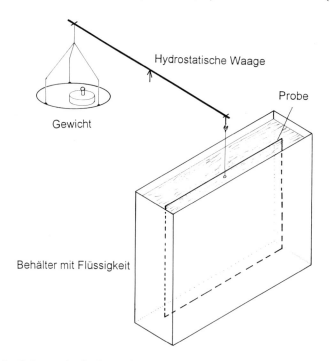

Abb. 2.1: Schema der hydrostatischen Waage. Das Blech darf auch bei geringer Schieflage nicht an die Behälterwand stoßen

verwendet werden. Der Vorteil gegenüber Wasser besteht darin, daß das Gewicht der verdrängten Flüssigkeit geringer ist und daß keine Luftbläschen an der Folie hängen bleiben. Wird in Wasser gewogen, so müssen die Luftbläschen unbedingt beseitigt werden.

Da die größte Folie, die an einer hydrostatischen Waage befestigt werden kann, eine Fläche von etwa 1 dm² hat, so beträgt das verdrängte Flüssigkeitsverhältnis bei einer Foliendicke von 100 µm dann 0,01 · 100 ml. Dieses Volumen entspricht bei der Verwendung von Tetrabromethan einem Auftrieb von 2,96 g durch die verdrängte Flüssigkeit.

Berechnung:

$$D = \frac{M_L}{M_L - M_F} \times d \qquad \text{Gl. <2.1>}$$

Darin bedeuten

M_L = Gewicht der Folie in Luft
M_F = Gewicht der Folie in Flüssigkeit
d = Dichte der Flüssigkeit
D = Dichte der Metallfolie

Beispiel

Bei einer Goldfolie seien

M_L = 19,3 g
M_F = 16,34 g
d = 2,96 g

Man erhält dann

$$D = \frac{19,3}{19,3 - 16,34} \times 2,96 = 19,3$$

Der Fehler, den man bei dieser Berechnung berücksichtigen muß, hängt von der Genauigkeit der Waage ab, die bei einem gutem Gerät etwa 0,1 mg beträgt. Bei dem oben beschriebenen Beispiel betragen danach die größte bzw. kleinste Dichte

$$D_{max} = \frac{19,3 \pm 0,0001}{(19,3 \pm 0,0001) - (16,34 \pm 0,0001)} \times 2,96 = 19,3014$$

bzw. D_{min} = 12,2999, entsprechend einem Fehler von 0,0001 Dichteeinheiten. Diese Genauigkeit ist für die meisten technischen Zwecke ausreichend.

Die Dichte (d) der Flüssigkeit kann mit Hilfe der gleichen Waage um so vieles genauer bestimmt werden, daß dieser Fehler vernachlässigt werden kann. Man muß aber darauf achten, daß die Temperatur der Flüssigkeit bei allen Messungen die gleiche ist.

Messung an einer Schicht auf einem dünnen Substrat

Bei diesem Verfahren muß das Substrat (meist ein dünnes Metallplättchen) vor dem Beschichten sowohl in der Luft, als auch in der Flüssigkeit gewogen werden. Durch anhaftende Luftbläschen entstehende Fehler können dabei vermieden werden, wenn das Plättchen vor dem Beschichten in die Flüssigkeit getaucht und danach in Luft und Flüssigkeit gewogen wird. Ebenso wird es nach dem Beschichten zuerst in die Flüssigkeit getaucht, um erst danach in Luft und Flüssigkeit gewogen zu werden.

Aus den vier Wägungen berechnet man die Dichte nach folgender Formel:

$$D = \frac{\text{Gewicht der Schicht}}{\text{Auftrieb der Schicht}} \times d \qquad \text{Gl. <2.2>}$$

M_1 = Gewicht des Substrats in Luft

M_2 = Gewicht des Substrats in Flüssigkeit
M_3 = Gewicht des Substrats + Schicht in Luft
M_4 = Gewicht des Substrats + Schicht in Flüssigkeit

Gewicht der Schicht = $M_3 - M_1$ ... Gl. <2.3>

Auftrieb der Schicht = $(M_3 - M_4) - (M_1 - M_2)$ ... Gl. <2.4>

Die Dichte (D) ist das Verhältnis von Gewicht und Auftrieb multipliziert mit der Dichte (d) der verdrängten Flüssigkeit.

$$D = \frac{M_3 - M_1}{(M_3 - M_4) - (M_1 - M_2)} \times d \quad \text{Gl. <2.5>}$$

Beispiel

Bei der Dichtemessung eines 5 µm dicken Goldüberzuges auf einem Nickelplättchen von 0,5 mm Dicke werden folgende Werte gemessen:

M_1 = 45,5000 g
M_2 = 30,7000 g
M_3 = 49,3600 g
M_4 = 33,9680 g
d = 2,96

Die Dichte wird nach Gleichung Gl. <2.5> berechnet:

$$D = \frac{49,3600 - 45,5000}{(49,3600 - 33,9680) - (45,5000 - 30,7000)} \times 2,96 = 19,299$$

2.2.3 Messung mit dem Pyknometer

Das Pyknometer ist ein Glasgefäß zur Ermittlung der Dichte von Flüssigkeiten und kleinen, festen Körpern mit einem äußerst genau bestimmten Volumen von 10 - 50 ml *(s. Abb.2.2)*.

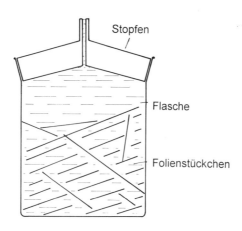

Abb. 2.2: Schematische Darstellung eines Pyknometers. Das Gefäß soll etwa zu 20 % mit Folienstückchen gefüllt sein

Zur Bestimmung der Dichte einer Metallfolie wählt man bevorzugt Pyknometer von 10 ml Inhalt, damit die Differenz zwischen dem Volumen der Folie und dem Inhalt des Pyknometers nicht zu groß ist [4].

Das leere Gefäß wird zuerst (immer gemeinsam mit dem Deckel) gewogen. Dann werden so viele Folienstückchen wie möglich eingebracht und es wird erneut gewogen. Das Gefäß wird nun bis zur Markierung mit Flüssigkeit gefüllt und erneut gewogen. Die Temperatur soll bei dieser Wägung möglichst konstant gehalten werden, da sich sonst das Flüssigkeitsvolumen ändern kann.

Die Dichte der Flüssigkeit kann mit demselben Pyknometer bestimmt werden, auch dabei ist aber auf Temperaturkonstanz zu achten.

Die Berechnung der Dichte der Metallfolie erfolgt (bei einem Pyknometer von 10 ml Inhalt) nach folgenden Gleichungen:

$$D = \frac{M_{PM} - M_P}{V_M} \qquad \text{Gl. <2.6>}$$

$$V_M = 10 - \frac{M_{PMF} - M_P}{d} \qquad \text{Gl. <2.7>}$$

$$D = \frac{M_{PM} - M_P}{10 - (M_{PMF} - M_{PM})/d} = \frac{M_{PM} - M_P}{10d - M_{PMF} + M_{PM}} \times d \qquad \text{Gl. <2.8>}$$

D = Dichte der Metallprobe
M_P = Gewicht des leeren Pyknometers
M_{PM} = Gewicht des Pyknometers + Metallprobe
M_{PMF} = Gewicht des Pyknometers + Metallprobe + Auffüllflüssigkeit
d = Dichte der Auffüllflüssigkeit
V_M = Volumen der Metallfolie

Beispiel:

Mit einer Goldfolie werden folgende Werte ermittelt:

M_P = 15 g
M_{PM} = 34,3 g
M_{PMF} = 60,94
d = 2,96

Danach ergibt sich die Dichte zu:

$$D = \frac{34,3 - 15}{29,6 - 60,94 + 34,3} \times 2,96 = 19,3$$

Der zu berücksichtigende Fehler hängt auch in diesem Fall von der Wägegenauigkeit ab, die wieder mit 0,1 mg angenommen werden soll. Für eine Goldfolie von 1 ml ergibt sich dann die größtmögliche Dichte zu

$$D_{max} = \frac{34,3 + 0,0001 - 15 + 0,0001}{29,6 - 60,9401 + 34,3001} \times 2,96 = 19,3002$$

und die kleinstmögliche zu $D_{min} = 19,299$. Der Fehler entspricht ±0,0015 Dichteeinheiten.

Die Arbeit mit dem Pyknometer ist nicht ganz einfach, da das Einfüllen von 1 - 2 ml Metallfolie, die zu diesem Zweck in Stücke geschnitten werden muß, viel Zeit beansprucht. Auch ist beim Füllen des Pyknometers darauf zu achten, daß keine Luftbläschen zwischen den Folienstückchen hängen bleiben, da dies das Ergebnis verfälscht.

2.2.4 Gasvergleichsmethode

Diese Methode beruht auf dem Gesetz von *Boyle*, das besagt, daß das Produkt von Druck und Volumen bei einem idealen Gas konstant ist:

$$P \times V = \text{const.}$$

Ändert sich einer der Faktoren, so muß sich der zweite ebenfalls entsprechend ändern, um den konstanten Wert des Produktes wieder zu erreichen. Die Dichtebestimmung anhand dieses Gesetzes wird in einem der von zwei Kolben verschlossenen Zylindern von gleichem Durchmesser und Volumen durchgeführt *(Abb. 2.3)*. In einen der Zylinder wird die Probe gelegt, meist eine in kleine Stückchen zerschnittene Folie. Dadurch wird das Volumen dieses Zylinders kleiner und es entsteht beim Eindrücken der Kolben als Ausgleich eine Druckdifferenz, die an einem Differentialmanometer hoher Präzision abgelesen werden kann. Um die Druckdifferenz zu beseitigen, muß das Volumen auch in dem ande-

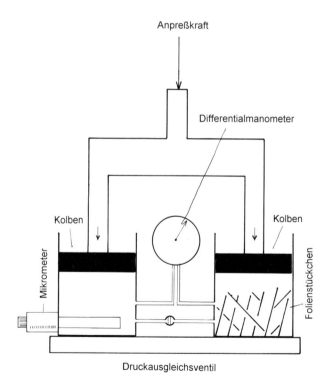

Abb. 2.3: Schematische Darstellung eines Gerätes zur Messung der Dichte nach der Gasvergleichsmethode

ren Zylinder verkleinert werden. Dies geschieht durch Einschrauben einer kalibrierten Spindel mit Hilfe einer Mikrometerschraube solange, bis am Manometer keine Druckdifferenz mehr festzustellen ist. Diesen Vorgang führt man mehrmals bei wiederholtem Erhöhen und Absenken des Druckes (jeweils durch eine Bewegung der Kolben in beiden Zylindern) solange durch, bis das Differenzmanometer auf einem konstanten Wert stehen bleibt.

Das Volumen der Probe ergibt sich dann aus folgender Berechnung:

$$V = \frac{\text{Weglänge des Mikrometers} \times \pi \, d^2}{4} \qquad \text{Gl. <2.9>}$$

und die Dichte aus folgender Gleichung:

$$D = \frac{\text{Gewicht der Probe}}{V}$$

Die Eichung des Gerätes wird durch den gleichen Vorgang wie bei der Dichtebestimmung vorgenommen, jedoch ohne Folie. Die Eicheinstellung des kalibrierten Stabes (die am Mikrometer gemessene Weglänge) wird als Nullstellung von der Ablesung der bei vorhandener Probe gefundenen Weglänge abgezogen.

Durch hohe Präzision des Gerätes wird eine Volumengenauigkeit von 0,001 ml erreicht, was bei einem Volumen der Folie von 1 ml einer Genauigkeit von 0,01 % entspricht; beim Gold wären das 0,019 Dichteeinheiten, entsprechend einem Bereich von 19,281 bis 19,319 Dichteeinheiten.

Das Verfahren des Gasvergleiches ist nicht so genau wie die hydrostatische Methode, für die Betriebskontrolle reicht es aber meist aus. Die Genauigkeit des Druckgleichgewichtes ist mit den heute benützten elektronischen Differentialdruckumformern (transducer) um vieles besser als bei der mechanischen Volumenmessung, so daß eventuelle Fehler vernachlässigt werden können.

2.2.5 Zusammenfassung

Zur Bestimmung der Dichte von Schichten hat sich in der Praxis vor allem die hydrostatische Methode unter Anwendung eines Substrates auf einem Nickelplättchen bewährt. Da in jedem Labor eine analytische Waage zur Verfügung steht, die sich ohne viel Umbau als hydrostatische Waage benutzen läßt, lohnt der Aufwand für ein Gasvergleichsgerät nur selten. Die Messung mit dem Pyknometer ist wegen der Gefahr der Luftbläschen nicht zu empfehlen. Die Methode durch Messen der Abmaße ist meist zu ungenau.

Die meisten Geräte zur Messung der Schichtdicke beruhen auf der Bestimmung der Masse der Schicht, das heißt die Dichte des Schichtwerkstoffes geht in die Berechnung ein. Üblicherweise setzt man aus der Literatur entnommene Dichtewerte für das kompakte Metall ein. Diese stimmen jedoch nicht immer mit den Dichtewerten für galvanisch oder anders abgeschiedene Schichten überein. Daher können sich Unterschiede in der gemessenen Dicke ergeben. Zumindest bei wertvollen Metallen, wie Gold, sollte man daher die Arbeit nicht scheuen, die effektive Dichte mit Hilfe einer der beschriebenen Methoden zu bestimmen.

2.3 Mikroskopische Untersuchungen

Schon bald nach der Konstruktion des ersten Mikroskops durch *van Leeuwenhoek* um das Jahr 1860 wurde es auch zur Untersuchung dünner Metallschichten eingesetzt. Wegen der Undurchlässigkeit der Metallschichten gewann vor allem das Auflichtmikroskop Bedeutung. Da Tiefenschärfe und Vergrößerungsmöglichkeiten die steigenden Ansprüche bei der Schichtuntersuchung nicht erfüllen konnten, fanden später das Rasterelektronenmikroskop und in letzter Zeit auch das Raster-Tunnelmikroskop Anwendung.

Mikroskopische Untersuchungen an dünnen Metallschichten dienen der Bestimmung der Schichtdicke, der Bestimmung der Porosität, der Untersuchung des Gefüges - und heute in verstärkten Maße - der Fehleranalyse. Zur Schichtdickenbestimmung wird das Mikroskop nur eingesetzt, wenn zerstörende Verfahren verwendet werden können; wegen der erzielbaren Genauigkeit hat es heute für die Entwicklung und als Schiedsverfahren Bedeutung.

2.3.1 Das Lichtmikroskop

Das Lichtmikroskop beruht auf der Vergrößerung der untersuchten Oberfläche durch zwei Glaslinsen. Mit Hilfe der direkt vor dem Objekt liegenden Linse, dem Objektiv, wird ein stark vergrößertes virtuelles Bild durch eine zweite Linse, das Okular, weiter vergößert und kann mit dem Auge betrachtet werden. Der Strahlengang im Lichtmikroskop ist in *Abb. 2.4* dargestellt. Bei modernen Mikroskopen besteht die Möglichkeit, die Vergrößerung mit Hilfe einer zwischen dem Objektiv und Okular liegenden weiteren Linse, dem sogenannten Zoom-Zwischenstück, fließend zu gestalten. Die Gesamtvergrößerung wird dann durch das Produkt der Vergrößerungen von Objektiv, Zoom-Linse und Okular bestimmt.

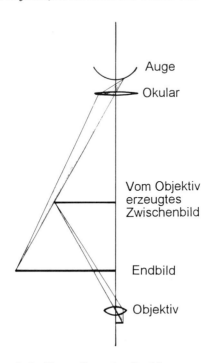

Abb. 2.4: Schematische Darstellung des Strahlenganges im Lichtmikroskop

Das Mikroskop ist ein in der Technik, Entwicklung, und Forschung so allgemein benutztes Instrument, daß sich hier umfassendere Beschreibungen erübrigen und notwendigenfalls auf die Literatur zurückgegriffen werden kann.

2.3.1.1 Optik

In der bei der Untersuchung von Metallschichten nahezu ausnahmslos benutzten Auflichtmikroskopie ist der Kontrast fast immer gering. Deswegen ist es notwendig, gute Objektive mit nicht zu starker Vergrößerung und nach Möglichkeit mit Farbkorrektur einzusetzen. Üblich sind Objektive mit 5 - 40facher Vergrößerung, in Ausnahmefällen kann auch ein für die Lupenmikroskopie verwendetes Objektiv mit zweifacher Vergrößerung ausreichen. Für verschiedene Zwecke ist auch die Stereomikroskopie hilfreich, allerdings sind ihre Vergrößerungsmöglichkeiten auf maximal 100fach begrenzt.

Das Okular wird für die Beobachtung mit dem Auge an die gewölbte Oberfläche der Netzhaut angepaßt, Seine Vergrößerung soll zwischen 5fach und 15fach liegen, bei stärkerer Vergrößerung wird die Auflösung des Bildes nicht besser. Sollen Objekte photographiert werden, ist ein Photookular zu benützen, welches das Bild auf die flache Ebene des Negativs projiziert.

Zur Längenmessung an im Mikroskop sichtbaren Proben stehen Meßokulare unterschiedlicher Ausführung zur Verfügung. Das einfachste Meßokular besitzt eine Strichskala, unter der das zu messende Objekt mittels eines in der X-Y-Achse verstellbaren Drehtisches bewegt werden kann. Anfang und Ende der zu messenden Strecke werden auf der Skala abgelesen, die Länge wird durch Subtraktion der Skalenteile bestimmt. Die Skaleneinteilung muß von Zeit zu Zeit mit Hilfe eines Objektmikrometers geeicht werden. Das Objektmikrometer besteht aus einem Objektglas, auf dem 100 Striche pro 0,01 mm aufgebracht sind.

Für Reihenuntersuchungen eignen sich besser Meßokulare mit einem verschiebbaren Strich, der über das Gesichtsfeld verschoben werden kann. Solche Geräte sind in der Regel mit einem Rechner ausgestattet. Der Strich wird zuerst an den Anfang der Meßstrecke geführt und der elektronische Zähler auf Null gestellt. Danach wird der Strich bis zum Ende der Meßstrecke verschoben und der Zähler abgelesen. Der Eichwert des Objektmikrometers wird in den Rechner des Gerätes eingegeben, so daß die angezeigten Zahlen direkt die wirkliche Länge anzeigen. Enthält die Software ein Wahrscheinlichkeitsprogramm, können auf einem Drucker nicht nur die einzelnen Meßwerte, sondern auch der Mittelwert, die Streuung und die Anzahl der Messungen ausgedruckt werden.

Die Streuung der Meßwerte ist nach *DIN 50 950* bei dem gleichen Beobachter und dem gleichen Mikroskop durch die Standardabweichung s= 0,3 µm, bei mehreren Beobachtern und Mikroskopen mit s = 0,8 µm zu berücksichtigen *(s. Abb. 2.5)*.

Durch die Wellenlänge des benutzten Lichtes und die Abweichungen in Objektiven und Mikroskopen bedingt, können Längen von weniger als 1 µm nicht mehr gemessen werden. Dieser Umstand ist für die Härtemessung mit dem Mikroskop sehr wichtig, da die Streuung der gemessenen Längenwerte die tatsächliche Streuung der Härtewerte

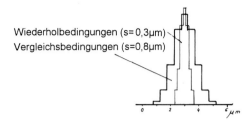

Abb. 2.5: Histogramm der Schichtdickenmessung an einer Probe: bei gleichem Mittelwert streuen die Werte beträchtlich

verschleiert. Auch bei der Anwendung der mikroskopischen Messung in Schiedsfällen sollte die Tatsache der Streuung entsprechend berücksichtigt werden.

2.3.1.2 Belichtung

Bei den Auflichtmikroskopen wird das Licht über einen halbdurchlässigen Spiegel, der sich zwischen Objektiv und Okular befindet, auf das Objekt geworfen. Um scharfe Bilder zu erhalten, müssen starke Lichtquellen verwendet werden; es sind Lampen von 250 W und mehr zu empfehlen. Dadurch sind beim Photographieren kurze Belichtungszeiten möglich, und es wird ein Verwackeln der Aufnahme verhindert. Außerdem können kleinere Blendenzahlen verwendet werden, wodurch die Tiefenschärfe besser wird. Aber auch in solchen Fällen ist die Tiefenschärfe bei Lichtmikroskopen viel geringer als bei Elektronenmikroskopen.

2.3.1.3 Photographieren

Das umständliche Arbeiten in der Dunkelkammer kann man sich ersparen, wenn man Polaroid-Sofortbild-Photomaterial benutzt. Die dazu notwendige Kamera wird auf dem Okular des Mikroskops befestigt. Mit Polaroidfilmen können sehr feinkörnige Negative oder sehr gute Farbbilder gemacht werden. Die Letzteren lassen sich ausgezeichnet zu Diapositiven verarbeiten.

Möglich ist es auch, eine Fernsehkamera an das Mikroskop zu montieren und die Bilder dann auf dem Bildschirm zu beobachten. Das Absuchen der Objekte nach Fehlern oder bestimmten Stellen wird dadurch sehr erleichtert und beschleunigt. Wird ein Videorecorder angeschlossen, kann man sogar auf das Photographieren verzichten und mehrere Bilder mit einem erläuternden Text, beispielsweise über den Hergang der Fehlersuche ergänzen. Auch die Möglichkeit des Überspielens des Bildes zu einem Kunden oder Lieferanten ist dadurch gegeben.

2.3.2 Das Rasterelektronenmikroskop (REM)

Das Rasterelektronenmikroskop arbeitet nicht mit Lichtstrahlen, sondern mit einem scharf gebündelten sehr dünnen Elektronenstrahl, mit dem die Oberfläche abgetastet wird. Wenn der Elektronenstrahl zum Zeitpunkt t an einer bestimmten Stelle des Objektes einfällt, erzeugt er an der Oberfläche Elektronen *(Abb. 2.6)*. Diese werden durch einen Elektronendetektor abgesaugt; sie erzeugen am Detektor eine elektrische Spannung.

Diese Spannung am Detektor wird verstärkt und steuert die Helligkeit eines entsprechenden Punktes auf dem Bildschirm.

Mikroskopische Untersuchungen

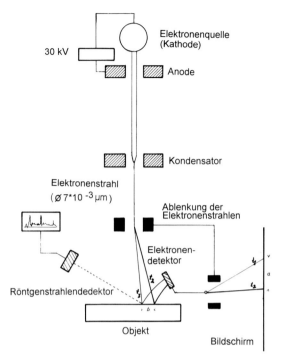

Abb. 2.6: Schematische Darstellung des Rasterelektronenmikroskops (REM)
Beispiel: $V = a/b$; $a = 1$ cm, $b = 1$ µm; $V = 10000$fache Vergrößerung

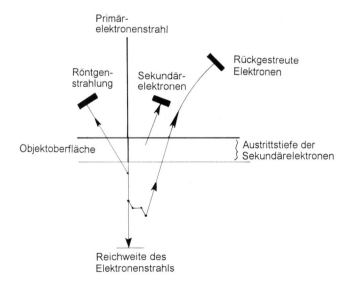

Abb. 2.7: Schematische Darstellung der beiden aus der Objektivoberfläche bei Bestrahlung mit einem primären Elektronenstrahl austretenden Elektronenarten

Nach kurzer Zeit wird der Elektronenstrahl zu einer anderen Stelle der untersuchten Oberfläche abgelenkt. Gleichzeitig wird der zum Bildaufbau benötige Sekundärstrahl auf dem Bildschirm um einen viel größeren Betrag abgelenkt. Durch den auf der Oberfläche entstehenden Elektronenausstoß wird an einer entsprechenden Stelle des Bildschirms ein Punkt entsprechender Helligkeit erzeugt. Dadurch wird das Bild vergrößert, wobei die Vergrößerung dem Quotienten zwischen der Ablenkung von Punkt 1 zu Punkt 2 auf dem Bildschirm und der Ablenkung zwischen dem Elektronenstrahl von Punkt 1 zu Punkt 2 auf der untersuchten Oberfläche entspricht. Durch Änderung des Ablenkungsverhältnisses der zum Abtasten und zum Bildaufbau verwendeten Elektronenstrahlen läßt sich die Vergrößerung steuern.

Im REM tastet der Elektronenstrahl auf diese Weise nacheinander 6 Millionen Stellen auf der untersuchten Oberfläche ab. Auf dem nachleuchtenden Bildschirm entsteht auf diese Weise aus der gleichen Anzahl von Punkten ein Bild der Oberfläche.

Beim Elektronenbeschuß werden zwei Arten von Elektronen erzeugt, die rückgestreuten (RE) und die Sekundärelektronen (SE). Sie werden von getrennten Detektoren aufgefangen und können dadurch beide zum Bildaufbau auf dem Monitor genutzt werden *(Abb. 2.7)*. Mit den SE-Elektronen können Reliefs der Oberfläche sichtbar gemacht werden, mit den RE-Elektronen werden auch Schichten aus unterschiedlichen Metallen festgestellt, z. B. von Gold auf Nickel *(Abb. 2.8)*. Durch Änderung der Beschleunigung des Elektronenstrahls kann man die Energie der auf die Oberfläche auffallenden Elektronen regeln. Bei genügend hoher Beschleunigungsenergie (> 20 kV) werden nicht nur Elektronen aus der Oberfläche des Objektes gelöst, sondern es entsteht zusätzlich Röntgenstrahlung. Diese wird aufgefangen und aus dem Spektrum ihrer Wellenlängen kann abgeleitet werden, welche Elemente - eventuell als Verunreinigungen - auf der Oberfläche vorhanden sind. Wenn es sich nicht um zu kleine Mengen handelt, können die Verunreinigungen oder eine Legierungszusammensetzung auch quantitativ erfaßt werden. Die quantitative Bestimmung von Palladium in der Bohrung einer Leiterplatte ist aus dem genannten Grund jedoch nicht möglich.

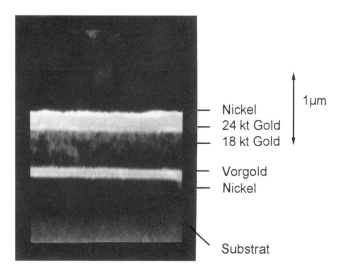

Abb. 2.8: Aufnahme von drei Goldschichten auf einem vernickelten Substrat. Die obere Schutzschicht besteht aus Nickel

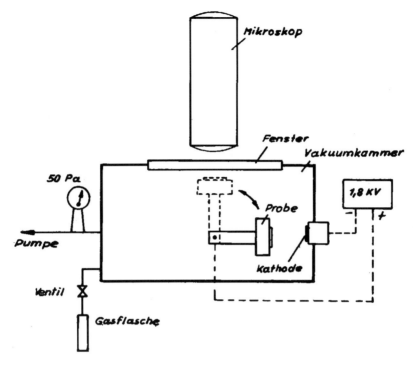

Abb. 2.9: Schematische Darstellung eines Gerätes zum Bedampfen der Probe mit Metallionen

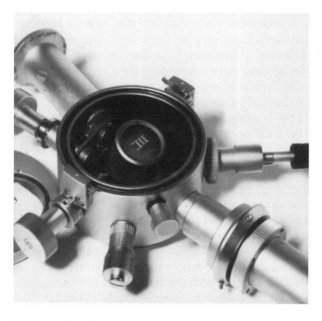

Abb. 2.10: Abbildung eines Gerätes zum Bedampfen der Probe mit Metallionen

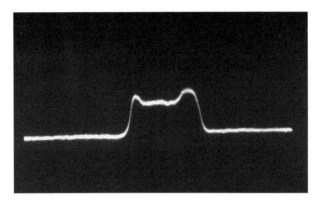

Abb. 2.11: Darstellung der Gold-Nickel-Schichten wie in *Abb. 2.8*, jedoch mit Hilfe eines Y-Moduls. Die Schichtdicken können auf der Abszisse ausgemessen werden. Die Höhen auf der Koordinate kennzeichnen die Metallart, in diesem Falle Gold

Beim Arbeiten mit dem REM müssen die zu untersuchenden Flächen noch besser gereinigt werden als bei der Lichtmikroskopie, da das Abtasten mit den Elektronenstrahlen im Hochvakuum stattfindet. Kunststoffoberflächen müssen vor dem Untersuchen mit einer dünnen Metallschicht bedampft werden, welche den aufprallenden Elektronenstrom erdet. Ein Gerät zum Bedampfen, das sowohl zur Erhöhung des Kontrastes von Probenoberflächen in der Mikroskopie als auch zum Aufdampfen einer dünnen Goldschicht in der Elektronenmikroskopie benutzt werden kann, ist in der *Abb. 2.9* schematisch und in der *Abb. 2.10* in der Ansicht abgebildet. Es gibt jedoch auch Geräte, die speziell zum Bedampfen von eingebetteten Proben vor der elektronenmikroskopischen Untersuchung geeignet sind.

Zum Messen von Schichtdicken wird das Elektronenmikroskop benutzt, wenn diese sehr dünn sind. Mit Hilfe einer sogenannten Y-Modulation werden die unterschiedlich dicken Schichten auf dem Monitor veranschaulicht *(Abb.2.11)*. Bei Beibehalten der gleichen Einstellung wird ein Eichraster mit Strichabstand von 1 µm abgebildet und photographiert. Die Schichtdicken können auf dem Bild einfach mit einem Lineal ausgemessen werden. Dabei ist zu beachten, daß der Abbildungsmaßstab davon abhängig ist, unter welchem Winkel der Elektronenstrahl auf die untersuchte Oberfläche einfällt.

2.3.3 Das Tunnelmikroskop

Mit dem Tunnelmikroskop ist eine mehrmals hunderttausendfache Vergrößerung möglich. Dies ist beispielsweise bei der Beurteilung der Passivität von Nickeloberflächen aus der Sicht der Haftung einer nachfolgenden Goldschicht von Nutzen. In der Halbleitertechnik ist es sogar möglich, mit diesem Gerät Siliciumatome des Halbleiters sichtbar zu machen.

Beim Tunnelmikroskop wird das Bild der Oberfläche nicht mit Licht- oder Elektronenstrahlen hergestellt, sondern es werden die topographischen Höhen der Oberfläche des Objektes gemessen und auf dem Bildschirm zu einem Bild zusammengesetzt. Die Messung der Höhen erfolgt mit Hilfe des Tunnelstromes *(Abb. 2.12)*. Dieser entsteht, wenn sich eine Metallspitze in einem sehr geringen Abstand über einer metallischen Oberfläche befindet und gleichzeitig zwischen sie und die Oberfläche eine elektrische Spannung

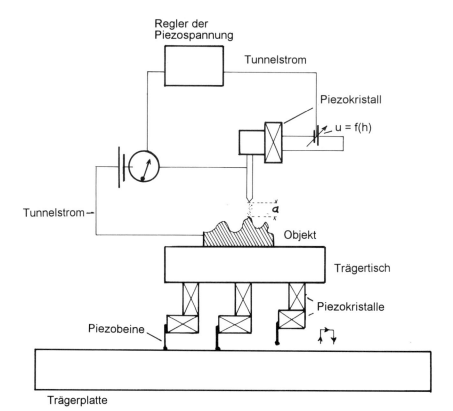
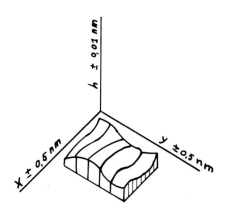

Abb. 2.12: Schematische Darstellung der Funktion eines Tunnelmikroskops (oben) mit schematischer Darstellung des Profils einer Oberfläche am Monitor des Gerätes (unten)

gelegt wird. Bei Geringerwerden des Abstandes steigt der Tunnelstrom steil an; wenn der Abstand zu groß wird, sinkt der Tunnelstrom auf Null. Die Metallspitze ist an einem Piezokristall befestigt, so daß ihr Abstand zur Objektoberfläche und damit auch der Tunnelstrom konstant gehalten werden können. Die am Piezokristall anliegende Spannung ist ein Maß für die Höhe der Stelle der Objektoberfläche, die der Metallspitze gegenüber liegt, da durch Verändern der Spannung die Länge des Piezokristalls geändert werden kann.

Bei der Untersuchung wird die Metallspitze gemeinsam mit ihrem Piezokristall mittels eines Transportsystems über die Oberfläche bewegt. Das Transportsystem besitzt drei Paare Füßchen, die an sechs Piezokristallen befestigt sind. Mit Hilfe elektrischer Steuerspannungen werden die Piezokristalle nacheinander so angeregt, daß sie die Metallspitze Schritt für Schritt langsam über die Oberfläche führen. Die Reihenfolge der Spannungen wird von einem Computer gesteuert. Nach jedem waagrechten Schritt des Transportsystems wird die Höhe der Metallspitze über der Probenoberfläche neu einreguliert und die entsprechende Steuerspannung im Computer gespeichert. Durch die rasterförmige Erfassung der Höhen über der gesamten Oberfläche werden diese und die Stelle, an der sie sich befinden, im Speicher des Computers abgelegt *(s. Abb. 2.12)*. Sie können später aus diesem abgerufen und zur Abbildung der Objektoberfläche auf dem Monitor benutzt werden. Die Auflösung eines solchen Bildes ist von der Längenänderung des Piezokristalls abhängig. Da diese weniger beträgt als ein Nanometer, erhält man eine Auflösung von etwa 0,01 nm, die es gestattet bis in atomare Dimensionen vorzudringen.

Das im Prinzip einfache System des Tunnelmikroskops ist durch die hohe Anforderung an Präzision, die vielen Piezokristalle und deren aufwendige Steuerung sehr kostspielig und teurer als z. B. ein Elektronenmikroskop.

2.3.4 Probenvorbereitung

Da unter dem Mikroskop nur kleine Teile betrachtet werden können, müssen die Proben aus größeren Werkstücken herausgearbeitet werden. Danach werden sie bei wichtigen Untersuchungen mit einer Metallschutzschicht bedeckt und durch Eingießen so in Kunststoff eingebettet, daß die zu betrachtende Fläche dicht an der Oberfläche des Kunststoffgußteils liegt. Dann wird die Probe flach geschliffen und glattpoliert. Die erhaltene glänzende, von Kratzern freie Oberfläche muß meistens angeätzt werden, um im mikroskopischen Bild größere Kontraste zu erzielen. Außer durch das Anätzen mit Chemikalien kann die Kontrastwirkung auch durch kontrasterhöhendes Aufdampfen von Metallschichten erzielt werden.

Im einzelnen besteht die Probenvorbereitung aus folgenden Schritten:
- Herausarbeiten der Probe
- Einbetten der Probe
- Schleifen und Polieren
- Kontrastieren

2.3.4.1 Herausarbeiten der Probe

Beim Herausarbeiten der Probe aus dem Werkstück oder Bauteil muß berücksichtigt werden, daß große und schwere Teile anders bearbeitet werden müssen als kleine Teile oder gedruckte Schaltungen.

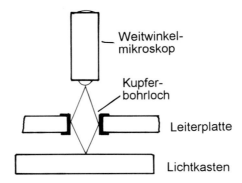

Abb. 2.13: Schematische Darstellung des Weitwinkel-Loch-Mikroskops zur Untersuchung der Bohrlochwände einer Leiterplatte

Große Teile

Große Teile werden mit einer Hand- oder Trennsäge zerschnitten. Es gibt nur wenige Fälle, in denen es möglich ist, große Teile in Originalgröße mit speziellen Mikroskopen direkt zu betrachten. Beispiele sind die Untersuchung von Leiterplatten mit dem Lochmikroskop *(s. Abb. 2.13)* oder die Betrachtung von Oberflächen mit Hilfe eines an einem Stativ befestigten Stereomikroskops.

Kleinere Teile

Kleinere Teile zersägt man am besten mit einer kleinen Kreissäge mit hartmetallbestückten Sägescheiben von etwa 5 cm Durchmesser. Bei geeigneter Teileführung ist es möglich, die Schnittflächen direkt an die dazu bestimmten Stellen zu legen. Um besonders saubere Schnitte zu erzielen, empfiehlt sich die Anwendung eines diamantbestückten Sägeblattes in einer speziell dazu hergestellten Kreissäge, wobei die Probe in einen Schraubstock gespannt und die genaue Stelle mit Hilfe eines Mikrometers eingestellt wird. Auf diese Weise können auch sehr kleine Teile wie Schmuckstücke oder Miniaturstecker aus der Elektronikindustrie bearbeitet werden.

Gedruckte Schaltungen

Gedruckte Schaltungen erfordern durch die Kombination von Kunststoff-Metall oder Keramik-Metall und durch die hohen Anforderungen an die Genauigkeit der Schnittstelle spezielle Bearbeitungsverfahren. Herausschneiden hat sich in diesem Falle wegen der schlechten Möglichkeit, die Lage der Teile festzuhalten, als ungeeignet erwiesen. Besser ist die Anwendung eines Kronenbohrers zum Aussägen von Scheiben von etwa 2 cm Durchmesser *(s. Abb. 2.14)*. Meist müssen diese Scheiben nachträglich noch halbiert werden, da in der Regel die Lochwand betrachtet werden soll. In diesem Falle ist der Sägeschnitt so zu legen, daß er sich nach dem Schleifen und Polieren dicht an der Lochmitte befindet.

Muß ein Teil aus einer Leiterplatte an einer bestimmten Stelle mit hoher Präzision entnommen werden, hilft man sich so, daß die Platte mit Hilfe von zwei durch die Bohrungen gesteckten Stiften in einer genauen Position festgehalten wird. Die Stifte werden in eine Positionierungslehre gesteckt und das gewünschte Teil wird ausgefräst. Durch Vorversuche muß festgestellt werden, wieviel Material beim nachträglichen Schleifen und Polieren entfernt wird. Bei der mikroskopischen Schichtdickenbestimmung ist es jedoch

Abb. 2.14: In einer Bohrmaschine eingespannter Kronenbohrer zur Entnahme von kreisrunden Proben aus einer Leiterplatte

trotzdem notwendig, den Abstand „a" zwischen der polierten Fläche und der Bohrlochmitte auszumessen, wie folgende Berechnung zeigt.
Beim Sägen, Schleifen und Polieren einer durch das ganze Loch gehenden Verkupferung entsteht ein Zylinder wie in *Abb. 2.15* dargestellt. Da sich die polierte Oberfläche im Abstand „a" von der Zylinderachse befindet, ist der gemessene Wert „m" größer als die wahre Schichtdicke „s", wenn a > 0. Durch Messen des Wertes „d" und „m" kann die wahre Schichtdicke „s" wie folgt berechnet werden.

Aus der Gleichung

$$m^2 + d \times m = s^2 + D \times s$$

folgt

$$s = \sqrt{\frac{1}{4}D^2 + m^2 + m \times d} - \frac{1}{2}D \qquad \text{G. <2.10>}$$

worin bedeuten:
D = Bohrlochdurchmesser
d = scheinbarer Bohrlochdurchmesser im Mikroskop
m = scheinbare Schichtdicke im Mikroskop
s = wahre Schichtdicke im Bohrloch

Mikroskopische Untersuchungen

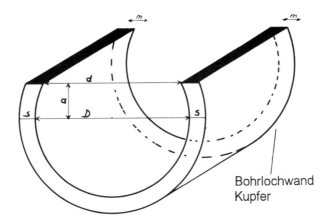

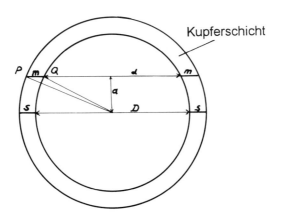

Abb. 2.15: Schematische Darstellung der Bohrlochwandung einer Leiterplatte. Da der Schnitt nicht genau in der Mitte des Bohrloches liegt, verursacht der Abstand „a" zwischen Sägeschnitt und Bohrlochmitte eine Abweichung der gemessenen Schichtdicke „m" von der Schichtdicke „s"

Die Abweichung der wahren von der gemessenen Schichtdicke $\Delta s = m - s$ wird folgendermaßen berechnet:

Aus Gleichung Gl. <2.10> folgt

$$(s + \tfrac{1}{2}D)^2 = \tfrac{1}{4}D^2 + m^2 + m \times d$$

oder

$$\frac{s}{m} = \frac{m + d}{s + D}$$

Wenn m ≪ d und s ≪ D, so ist

$$\frac{s}{m} = \frac{d}{D}$$ Gl. <2.11>

a) $a^2 + (\frac{1}{2}d + m)^2 = (\frac{1}{2}D + s)^2$

$a^2 + \frac{1}{4}d^2 = \frac{1}{4}D^2$

$m^2 + md = s^2 + D \times s$

b) $a^2 + \frac{1}{4}d^2 = \frac{1}{4}D^2$

$d = \sqrt{D^2 - 4a^2}$

Mit

$$\frac{\Delta s}{m} = \frac{m - s}{m} = 1 - \frac{s}{m} = 1 - \frac{d}{D}$$

wird

$$\frac{\Delta s}{m} = 1 - \frac{\sqrt{D^2 - 4a^2}}{D}$$ Gl. <2.12>

Beispiel:

Bohrlochdurchmesser (D) = 0,3 mm, Abstand der polierten Oberfläche von der Bohrlochmitte (a) = 0,1 mm

Durch Einsetzen in Gl. <2.12> erhalten wir

$$\frac{\Delta s}{m} = 1 - \frac{\sqrt{D^2 - 4a^2}}{D} = 1 - \frac{\sqrt{0,09 - 4 \times 0,01}}{0,3} = 0,2546$$

Somit ist die wahre Schichtdicke „s" um 25 % kleiner als die gemessene Schichtdicke „m".

2.3.4.2 Einbetten der Probe

Bevor die Teile in Gießharz eingebettet werden, sollte man ihre Oberfläche verkupfern oder vernickeln, damit die zu prüfende Schicht beim Polieren nicht abgerundet wird.

Kupfer-, Zinn- und Goldschichten sollten vernickelt, Nickel- und Silberschichten verkupfert werden. Die Dicke der Schutzschichten ist mit 15-20 µm für diesen Zweck im allgemeinen ausreichend. Beim Einbetten kleiner Teile eignen sich Metallspiralen als Klammern. Das Probeteil wird mit der zu schleifenden Seite nach unten eingebettet. Beim Eingießen von durchverkupferten Bohrungen muß das Kunstharz mit Hilfe eines hölzernen Spatels durch die Bohrungen gedrückt werden, da sich dort ansonsten Luftblasen halten würden. Für einige Fälle muß man dazu langsam härtende Epoxidharze nehmen, in den meisten sind aber auch schnellhärtende Harze geeignet, die es gestatten, schon 10 Minuten nach dem Einbetten zu schleifen. Nach dem Mischen von Harz und pulverförmigem Härter muß die Form schnellstens gefüllt werden, da die Aushärtungs-

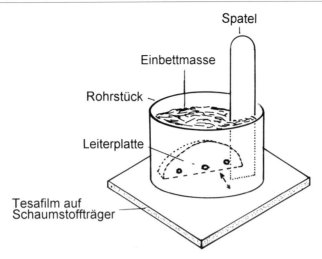

Abb. 2.16: Schematische Darstellung des Einbettens einer Leiterplattenprobe in einer aushärtenden Einbettmasse. Direkt nach dem Auffüllen der Form wird das Harz mit dem Spatel durch die Löcher in der Leiterplatte gedrückt

reaktion schon nach wenigen Minuten zum Gelieren führt. Die Reaktion ist exotherm und es entwickelt sich soviel Wärme, daß die Einbettmasse glühend heiß wird. Es können auf diese Weise daher nur Teile eingebettet werden, die hitzebeständig sind.

Um das manchmal schwierige Entformen zu erleichtern, ist es günstig, als Form Rohrstücke aus Kunststoff oder Metall zu benutzen *(Abb. 2.16)*. Das Ende desRohres wird mit Kunststoffklebeband abgedichtet und die Probeteile werden auf dieser Klebschicht befestigt, damit sie während des Auffüllens mit Kunststoff nicht umfallen. Bei dieser Art des Einbettens entfällt das spätere Entformen.

Noch schneller läßt sich arbeiten, wenn die Proben in einer Kunststoffpresse heiß eingebettet werden. Da die Probe dabei jedoch sehr hohen Temperaturen ausgesetzt wird, kann es zur nachträglichen Rißbildung kommen, zumal bei metallisierten Kunststoffen wie ABS-Teilen oder Leiterplatten. Bei Teilen, die gänzlich aus Metall bestehen, ist die Anwendung einer heißen Presse unbedenklich.

2.3.4.3 Schleifen und Polieren der Probe

Schleifen
Beim Schleifen der eingebetteten Teile muß Naßschleifpapier angewandt werden. Das eigentliche Schleifen kann auf zweierlei Art durchgeführt werden. Entweder arbeitet man mit angetriebenen horizontalen Schleifscheiben und laufender Wasserzufuhr. Die zweite Möglichkeit besteht darin, daß das Schleifpapier auf den Boden einer kleinen Schale gelegt und die Probe mit Hilfe eines sich drehenden Arms darauf gedrückt wird. Dabei liegt der drückende Arm mit den Spitzen in einem kleinen Loch, das in der Probenmitte angebohrt wird. Die Schale kann beim nachfolgenden Polieren mit flüssiger Polierpaste gefüllt werden. Empfohlen wird die zweite Methode vor allem bei der Anwendung von teurer Diamantpaste, da diese nicht – wie bei der Schleifscheibe – laufend abgespült wird und dadurch verloren geht. Eine solche Schale kann man nach dem letzten Poliervorgang auch gleichzeitig mit dem geeigneten Ätzmittel füllen; dieses sogenannte Ätzpolieren führt in vielen Fällen zu sehr guten, kontrastreichen Oberflächen.

Bei Schleifscheiben (analog selbstverständlich auch beim Schleifen mit bewegter Probe) muß bei Anwendung mehrerer Schleifstufen das alte Schleifkorn vor jeder neuen Stufe mit sehr viel Wasser oder mit Hilfe eines Ultraschallreinigungsgerätes gründlich entfernt werden. Die Auswahl der geeigneten Schleifmittelabstufungen ist nicht einfach und braucht viel Erfahrung. Für viele Zwecke reicht die Reihe 180, 400, 600 und 1200 aus. Bei größeren Probenmengen ist ein Schleifautomat zu empfehlen, mit dem 5 oder 6 Teile auf einmal geschliffen werden können.

Polieren

Nach dem Schleifen werden die Proben auf einem Tuch, das mit Diamant-Spray besprüht wird, weiter poliert. Als erste Stufe empfiehlt sich ein Gemisch von 2 g Diamantpaste der Körnung 3 µm in 1 l Verdünnungsflüssigkeit (wird am besten vom Hersteller der Diamantpaste bezogen). Das Gemisch wird mit einer Sprühdose, wie sie auch für das Besprühen von Pflanzen benutzt wird, auf die Scheibe gespritzt. Beim Polieren – ob von Hand oder maschinell – wird die Scheibe mit diesem Gemisch immer wieder angefeuchtet.

Die Polierzeit beträgt mindestens 10 Minuten. Danach wird der gleiche Vorgang auf einer zweiten Scheibe wiederholt, wobei allerdings eine Diamantpaste von 1 µm Körnung oder ein Wasser-Tonerde-Gemisch (1:10) benutzt werden. Tonerde wird in diesem Falle vom Typ 1 gewählt, d. h. die gröbste Körnung der Tonerdesorten. Solche Pasten genügen im allgemeinen, andere Tonerdesorten und Diamantpasten müssen nur für spezielle metallographische Zwecke verwendet werden.

Bei allen Poliervorgängen ist äußerste Reinlichkeit geboten, damit keine Spuren von Schleifkörnchen oder Diamantpaste von der vorangegangenen Stufe auf die Arbeitsscheibe verschleppt werden.

2.3.4.4 Kontrastieren

Zum Kontrastieren können folgende drei Methoden angewandt werden:
- Ätzen der Oberfläche
- Elektrolytisches Polieren und/oder elektrolytisches Ätzen der Oberfläche
- Bedampfen der Oberfläche

Ätzen der Oberfläche

Für das Ätzen der Oberfläche gibt es eine Fülle von Rezepten, von denen an dieser Stelle nur einige, in der Praxis bewährte, aufgeführt werden sollen.

Gold
Kaliumjodid ....19 g
Jod ....12 g
Wasser ....69 g
Temperatur .... 20 °C
Ätzzeit ....2 s

Nach dieser Behandlung taucht man für 3 Sekunden bei Zimmertemperatur in konzentrierten Ammoniak, eventuell kann man dazu auch einen getränkten Wattebausch benutzen, mit dem die Oberfläche abgewischt wird.

Nach dem Ätzen sieht man bei sehr starker Vergrößerung im REM deutlich den Unterschied zwischen Reingoldschichten und der unter ihnen liegenden Gold-Kupfer-Legierung.

Kupfer
Ammoniumcarbonat .... 50 g
Wasser .... 100 ml
Wasserstoffperoxid (30 %) ..... 1 ml
Temperatur .... 20 °C
Ätzzeit .... 2 h

Die Lösung hat sich für das Ätzen von Leiterplatten bewährt. Es ist auf diese Weise möglich, stromlos abgeschiedene Kupferschichten, die sich unter den galvanisch erzeugten befinden, zu identifizieren (s. Abb. 2.17).

Nickel
Salpetersäure conc. .... 100 g
Eisessig .... 100 g
Temperatur .... 20 °C
Ätzzeit .... 1 s

Dieses Gemisch, das nur frisch angewendet werden darf, erlaubt das Sichtbarmachen der Nickelstruktur, d.h. laminares und radiales Gefüge können deutlich unterschieden werden *(Abb. 2.18)*. Wie bei allen Ätzvorgängen hängt die Tauch-, d. h. Behandlungszeit auch in

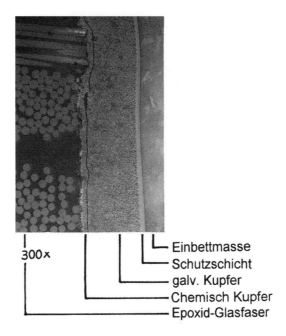

Abb. 2.17: Aufnahme der Bohrlochwand einer Leiterplatte nach dem Ätzen in Wasserstoffperoxid

Abb. 2.18: Laminare und radiale Nickelstrukturen, mit einer Eisessig-Salpetersäure-Beize sichtbar gemacht

diesem Falle von vielen Faktoren ab. Am besten stellt man daher bei jeder Probe empirisch fest, wann der beste Kontrast erreicht ist. Eine zu stark geätzte Oberfläche kann durch Polieren in den Ausgangszustand versetzt werden.

Zinn
Alkohol.............................. 94 ml
Salzsäure conc. .... 5 ml
Natriumsulfid..........................1 g

Außer durch Tauchen in eine dieser Ätzlösungen ist es manchmal vorteilhaft, das schon erwähnte Ätzpolieren anzuwenden. In diesem Falle wird die Tonerdesuspension beim letzten Poliervorgang mit einer der jeweiligen Lösungen vermischt, die in diesem Falle jedoch im Verhältnis 1:50 verdünnt werden muß.

Nach dem Ätzen (auch Ätzpolieren) muß die Probe sorgfältig mit Wasser und danach mit Ethylalkohol abgespritzt und mit Warmluft getrocknet werden, da Alkoholdämpfe den Kitt der Objektivgläser des Lichtmikroskopes angreifen.

Die beschriebenen Ätzverfahren sind erprobte Methoden aus der Praxis des Verfassers dieses Kapitels. Sie stellen jedoch nur einen kleinen Teil der Fülle von Ätzempfehlungen dar, die in der metallographischen Literatur beschrieben sind.

2.3.4.5 Elektrolytisches Ätzen

Beim elektrolytischen Ätzen wird die Probe in ein kleines Gefäß gelegt und an den Pluspol einer Gleichstromquelle angeschlossen. Die im gleichen Behälter befindliche Kathode wird an den Minuspol angeklemmt. Durch geeignete Wahl des Elektrolyten und der Stromdichte (Tabelle 2.1) kann eine dünne Schicht der Probenoberfläche abgetragen werden. Dabei ist es möglich, die Elektrolyse so zu führen, daß hauptsächlich Erhebungen weggelöst werden und dadurch eine Glättung der Oberfläche bewirkt wird.

Tabelle 2.1: Elektrolytisches Ätzen

	Elektrolyt	Bedingungen
Gold	100 g Butanol 100 g Salzsäure conc. 3 g Eisenchlorid [Fe Cl$_3$]	200 mA/cm²
Gold-Kupfer-Legierung	133 g Essigsäure (95 %) 25 g Chromsäure	5 min 10 mA/cm² 35 – 40 °C
Silber	22 g Magnesiumperchlorat Mg (ClO$_4$)$_2$ 100 g Methanol	100 mA/cm² 20 °C
Kupfer	670 g Phosphorsäure (d = 1,87) 330 g Wasser 0,5 g Benzotriazol	10 s 20 °C 50 mA/cm² 20 °C
Zinn	13 g Perchlorsäure [HClO$_4$] (70 %) 87 g Essigsäure (90 %)	10 min 200 mA/cm² 20 °C

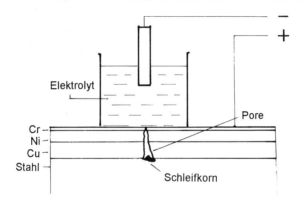

Abb. 2.19: Schematische Darstellung des coulometrischen Ablösens der einzelnen Schichten bei der Untersuchung, in welcher Schicht sich Poren oder Pickel befinden

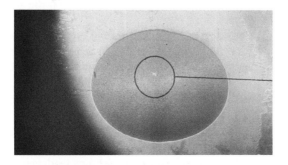

Abb. 2.20: REM-Aufnahme einer Probe mit weggeätzter Chromschicht. Es ist offensichtlich, daß der Fehler nicht von der Chromschicht verursacht wurde

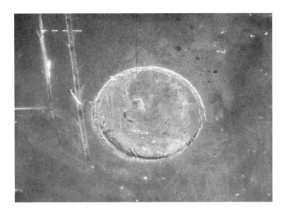

Abb. 2.21: REM-Aufnahme einer Probe mit weggeätzter Nickelschicht. Der Fehler muß vom Grundmaterial des Substrats verursacht worden sein

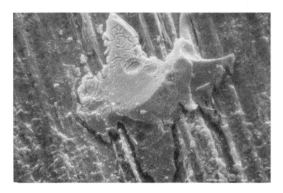

Abb. 2.22: REM-Aufnahme der Substratoberfläche der in Abb.2.21 dargestellten Probe. Die Ursache des Oberflächenfehlers, ein eingesintertes Schleifkorn, ist deutlich zu sehen (Vergrößerung: 1000fach)

Ein Spezialfall des elektrolytischen Ätzens ist das präzise Abtragen von Schichten, in denen Poren oder Pickel vermutet werden. Oft kann dadurch die Ursache von Oberflächenfehlern ermittelt werden.

Als Beispiel sei eine Cu/Ni/Cr-Schicht aufgeführt, die einen Oberflächenfehler aufwies. Zuerst wurde die Chromschicht mit Hilfe eines coulometrischen Schichtdickenmeßgerätes rund um die Oberflächenstörung abgetragen, so daß man die freigelegte Nickelschicht mit dem REM oder einem vergrößernden Stereomikroskop betrachten konnte *(Abb. 2.19, 2.20, 2.21)*.

Da die Ursache des Fehlers immer noch nicht auszumachen war, wurde die Nickelschicht ebenfalls im coulometrischen Schichtdickenmeßgerät abgetragen. Da auch dann noch nichts erkennbar war, wurde mit der Kupferschicht ähnlich verfahren, bis das Stahlsubstrat sichtbar wurde. Es zeigte sich, daß ein Schleifkorn bei der Vorbehandlung durch Strahlen, unter zu hohem Druck und bei der dadurch entstandenen Wärme in das Stahlsubstrat eingesintert war *(Abb. 2.22)*. An dieser Stelle konnte daher keine einwandfreie galvanisierte Oberfläche entstehen.

Auf die beschriebene Weise können auch Bläschen in der Nickelschicht oder andere Fehler lokalisiert werden. Lichtmikroskope sind zu solchen Zwecken in der Regel aber nicht anwendbar, da ihre Tiefenschärfe ungenügend ist, um die rauh gewordene Unterschicht entsprechend zu beurteilen.

2.3.4.6 Bedampfen der Oberfläche

Zum Bedampfen der Oberfläche wird die Probe in eine kleine Vakuumkammer unter dem Mikroskop befestigt. Durch ein Quarzglasfenster kann die Probe betrachtet oder, nach Umschwenken um 90°, mit Hilfe einer Ionenquelle bedampft werden *(s. Abb. 2.9 und 2.10)*. Dazu werden in der Kammer mit Hilfe einer Metallglühkathode Metallionen, bevorzugt Gold, Eisen oder Aluminium auf der Probenoberfläche abgelagert. Durch regelmäßiges Umschwenken der Probe unter dem Mikroskop von der Betrachtung und zurück zu der Strahlungsquelle, kann in kontrollierter Weise ein Maximum an Kontrast aufgebaut werden.
Die nur wenige Nanometer dicke Schicht erzeugt durch Lichtbrechung Interferenzfarben, die dem Spektrum des Sonnenlichtes entsprechen. In Abhängigkeit von der Bedampfungszeit und damit von der Schichtdicke erscheinen die Farben nacheinander in Regenbogenfarben, wobei die Farbtönung von der Struktur der darunter liegenden Oberfläche abhängig ist. Der Vorteil der gleichzeitigen Beobachtung im Mikroskop ist, daß die Bedampfung abgebrochen werden kann, wenn der gewünschte Kontrast erreicht ist. Bei der Bedampfung mit Eisen erhält man durch Zudosierung einer kleinen Menge Luft oder Sauerstoff einen Belag aus Eisenoxid, wodurch die Möglichkeit zur Kontrastbildung noch zusätzlich erheblich gesteigert wird. Bei in Kunststoff eingebetteten Proben, die im Rasterelektronenmikroskop betrachtet werden sollen, muß die Oberfläche bevorzugt mit leitfähigem Gold bedampft werden, damit die Elektronen, mit denen die Probe im REM beschossen wird, abgeleitet werden. Ansonsten würde die Oberfläche an dieser Stelle zu heiß und eventuelle Verbrennungserscheinungen könnten die Beobachtung auf dem Bildschirm empfindlich stören. Das gleiche Gerät, das zum Farbkontrastieren für das Lichtmikroskop benutzt wird, kann in diesem Falle nach Beendigung zum Leitendmachen der Oberfläche eingesetzt werden.
Bei der Prüfung von dünnen Lackschichten, die nach dem Einbetten im Querschliff nur schlecht zu sehen sind, empfiehlt sich das Bedampfen der Lackoberfläche mit einer dünnen Goldschicht. Diese Goldschicht wird danach vernickelt (etwa 10 µm). Erst dann wird die Probe eingebettet, geschliffen, poliert und schließlich betrachtet. Die Vergoldung bzw. Vernicklung ist notwendig, damit die Lackschicht beim Schleifen und Polieren nicht beschädigt wird.

2.3.5 Porenbestimmung mit dem Mikroskop

Eine elegante Prüfung auf Porenfreiheit von dünnen Schichten mit dem Mikroskop ist das Durchleuchten von chemisch verkupferten Bohrlochwandungen. Dabei wird aus der Leiterplatte eine Probe herausgeschnitten. die es ermöglicht, daß ein durch das Kunstharz des Laminates durchtretender und auf die halbrohrförmige Kupferwandung des Bohrloches auftreffender Lichtstrahl an solchen Stellen der Kupferschicht austritt, an denen sich Poren befinden *(Abb. 2.23)*. Diese Poren sind bei 50facher Vergrößerung im Mikroskop als helle Flächen sichtbar.

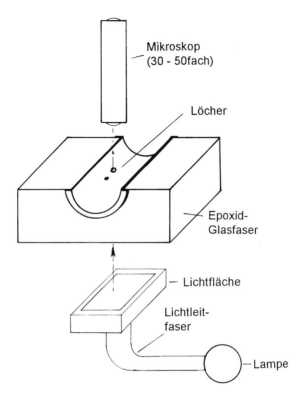

Abb. 2.23: Methode zum Durchleuchten von beschichteten Kunststoffteilen. Mittels einer durch die Bohrung geführten Lichtfaserleuchte werden Löcher in der Wandung der Leiterplatte im Mikroskop sichtbar gemacht

2.3.6 Zusammenfassung

Ein modern eingerichtetes mikroskopisches Labor kann heute mit wenig Zeitaufwand und auch ohne Dunkelkammer die Ursache von Fehlern in galvanischen Schichten (Pickel, Poren, Einschlüsse usw.) aufdecken. Diese Möglichkeiten werden sich beim breiten Einsatz von neueren Mikroskopen wie dem REM und dem Tunnel-Raster-Mikroskop erweitern, so daß die Lösung weiterer wichtiger Probleme möglich sein wird. Beispielsweise Fragen der Passivität von Nickelschichten beim nachträglichen Vergolden oder Verchromen, die oft auftretende Bläschenbildung beim Verzinken u.ä. Auch bei Korrosionsfragen wird es in Zukunft vielleicht möglich sein, durch hohe Vergrößerung der Oberfläche Strukturen zu entdecken, die die Funktion galvanisch beschichteter Teile beeinträchtigen.

Literatur zu Kapitel 2

[1] Bogenschütz, A. F.; George, U.: Galvanische Legierungsabscheidung und Analytik, 2. Aufl. Eugen G. Leuze Verlag, Saulgau/Württ, 1982

[2] Gugau, M.: Galvanotechnik 80 (1989) 5, 1584
[3] Latter, T. D. T.: Firmenschrift Fischer Instrumentation Ltd.,
[4] Pycnometer for Air Density, Firmenschrift Levianth International Inc., NY., USA

Weitere empfohlene Literatur:

Metal Finishing Guidebook and Directory, Issue 1993.Metals & Plastics Publications, Inc., Hackensack, N. J./USA

Simon/Thoma: Angewandte Oberflächentechnik für metallische Werkstoffe, 1985 Carl Hanser Verlag, München

3 Bestimmung der Schichtdicke

3.1 Schichtdicke als Qualitätsmerkmal

Erfreulicherweise hat sich die Auffassung, daß die Bestimmung der Schichtdicke eine unverzichtbare Qualitätskontrolle darstellt, im letzten Jahrzehnt immer mehr durchgesetzt. Freilich kommt diese Einsicht nicht von ungefähr, sondern wurde durch die großen Auftraggeber, wie Staat, Automobilkonzerne oder chemische Industrie durch entsprechende Auflagen erzwungen. Dementsprechend geht der Trend auch dahin, daß die gemessenen Werte elektronisch gespeichert werden, um jederzeit, sei es direkt für die Produktion oder später für eventuelle Haftungsfragen, zur Verfügung zu stehen und ggf. auch statistisch ausgewertet werden zu können. Auf diese Besonderheit werden wir in dem entsprechenden *Kapitel 3.4.4.4* näher eingehen.

Dennoch gibt es viele kleinere Beschichtungsunternehmen, die glauben, sich eine Schichtdickenmessung nicht leisten zu können oder meinen, ohne Schichtdickenmessung „es voll im Griff zu haben", welche spezielle Schichtdicke vorliegt. Insbesondere können von den aufstrebenden Industrieländern des fernen Osten Konsumgüter, wie verchromte Rohrgestelle für Möbel oder Liegen ins Land kommen, die nicht einmal den Seetransport überstehen und rostrot den Bestimmungsort erreichen. Eine sehr einfach durchzuführende Messung zeigt dann Schichtstärken von etwa 1 µm an, was nicht einmal eine flächendeckende Beschichtung garantiert.

Ein anderes Beispiel soll auch auf die Bedeutung der Schichtdickenmessung hinweisen. In Nordrhein-Westfalen werden infolge des sauren Regens etwa 10 µm pro Jahr der Zinkschicht von natürlich bewitterten Außenanlagen, wie Laternenpfähle, Leitplanken, Hochspannungsmasten etc. abgewaschen. Bei einer Beschichtungsstärke von 50 bis 60 µm, die früher üblich waren, kann man erwarten, daß nach ca. 5 Jahren die Verzinkung abgewaschen ist und der Rost beginnt. Dies wird deutlich sichtbar bei Straßenanlagen, die vor ca. 6 Jahren mit verzinkten Laternenpfählen versehen wurden und heute zu rosten beginnen.

Man könnte zahlreiche weitere Beispiele anführen, um die Bedeutung der Schichtdicke als charakteristisches Qualitätsmerkmal einer Beschichtung herauszustellen. Leider gilt festzuhalten, daß auch heute noch Milliardenwerte an Volksvermögen vernichtet werden, weil die Beschichtung vieler Industriegüter mangelhaft ist. Dabei ist der Korrosionsschutz nur einer, wenn auch sehr wichtiger Grund für eine korrekte Beschichtung. Die dekorative Verschönerung der Oberfläche ist ein weiterer Grund. Insbesondere Konsumgüter werden durch das entsprechende Finish der Produkte erst marktfähig. Ein weiterer Anwendungsbereich ist, die funktionellen Eigenschaften der Oberfläche zu verbessern, wie z. B. eine größere Härte zu erzielen oder einen verbesserten Gleit- und Verschleißschutz zu gewährleisten.

Da es weit über hundert verschiedene Meßmöglichkeiten zur Bestimmung der Schichtdicke gibt, soll im folgenden nicht auf alle Möglichkeiten eingegangen werden. Vorzugsweise werden nur die Methoden betrachtet, die von grundsätzlicher Bedeutung sind oder aber für die es kommerziell verfügbare Geräte gibt, die mit hinreichender Genauigkeit arbeiten.

Im Vordergrund werden die Geräte stehen, die klein, handlich, leicht zu bedienen und evtl. auch in ihrem Preis-Leistungs-Verhältnis akzeptabel sind. Die Erläuterung der folgenden Meßmethoden soll in allgemein verständlicher Form geschehen, wobei spezielle theoretische Voraussetzungen nicht von Nöten sind. Werden Formeln oder mathematische Zusammenhänge angegeben, so dienen diese zur Vertiefung und Klarstellung, stellen aber für das Allgemeinverständnis keine notwendige Voraussetzung dar.

3.1.1 Der Begriff „Schichtdicke"

Es mag auf den ersten Blick verwunderlich erscheinen, sich über den Begriff "Schichtdicke" genau auszulassen. Kann doch einfacherweise die Schichtdicke als eine Beschichtung oder als ein Überzug schlechthin angesehen werden, der auf einen Grundwerkstoff aufgebracht ist. Man hat also, zumindest idealerweise, zwei klare Begrenzungslinien, das ist einmal die, wo der Übergang zwischen Grundwerkstoff und Beschichtung beginnt und zweitens, wo die Beschichtung aufhört. Im allgemeinen die sichtbare und unmittelbare zugängliche Oberfläche. Diese vereinfachte Darstellung kommt sofort ins Wanken, wenn man sich die schematische Zeichnung einer Schicht in *Abb. 3.1* ansieht.

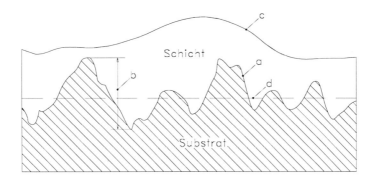

Abb. 3.1: Schematischer Aufbau eines beschichteten Grundwerkstoffes (Substrates)

Daraus ist ersichtlich, daß jeder Grundwerkstoff erst einmal eine Rauhigkeit besitzt. Diese Rauhigkeit kann im Idealfall nur Bruchteile von einem Mikrometer betragen, wie das bei polierten Flächen der Fall ist. Sie kann aber auch, wie in der Technik allgemein üblich, viele Mikrometer umfassen und bei sandgestrahlten oder ähnlich rauhen Oberflächen bis in den 100 µm Bereich gehen. Wird dieser Grundwerkstoff nun beschichtet, so bildet die Oberfläche dieser Beschichtung wieder eine gewisse Rauhigkeit und Unebenheit. Somit ist es verständlich, daß zwischen einer wahren Schichtdicke an einem bestimmten Punkt – das schließt die Extremwerte der kleinsten und größten Schichtdicke ein – und der mittleren Schichtdicke unterschieden werden muß.

Verhältnismäßig punktförmige Schichtdickenmeßwerte erhält man z.B. mit den mechanischen und optischen Verfahren, wie sie in *Kapitel 3.5.1 - 3.5.3.* beschrieben werden oder dem Röntgenfluoreszenz-Verfahren in *Kapitel 3.4.6.2*. Extrem flächenhaft arbeitende Methoden, wie es bei allen gravimetrischen und maßanalytischen Verfahren der Fall ist, ergeben die mittlere Schichtdicke. Dies kann die extreme Konsequenz haben, daß es Stellen gibt, die unbeschichtet sind und andere, welche die doppelte oder dreifache Dicke haben können, als gemessen wurde.

Die magnetischen, elektromagnetischen und magnet-induktiven Verfahren der *Kapitel 3.4.3 - 3.4.6* nehmen eine Zwischenstellung ein und ergeben in etwa die mittlere Schichtdicke über einer relativ kleinen Fläche von wenigen Quadratmillimetern. Sie können deshalb beim allgemeinen industriellen Einsatz als gleichsam punktförmig angesehen werden.

Für den praktischen Gebrauch sind einige Bezeichnungen in der Norm *DIN 50982* festgelegt worden. Auszugsweise sollen in vereinfachter Form die wichtigsten Begriffe hier vorgestellt werden.

Die örtliche Schichtdicke ist der arithmetische Mittelwert aus im allgemeinen mindestens drei Einzelmessungen, die im Bereich einer bestimmten Referenzfläche gemessen werden sollen. Die Referenzfläche wiederum soll mindestens 1 cm^2, in der Regel mehrere cm^2 groß sein. Die innerhalb der Referenzfläche gewonnenen Einzelmessungen werden durch Bildung des arithmetischen Mittelwertes in einem Wert zusammengefaßt, der sich dann örtliche Schichtdicke nennt. Dementsprechend ist die kleinste örtliche Schichtdicke der kleinste Wert aller örtlichen Schichtdicken. Analog wird die größte örtliche Schichtdicke definiert als der größte Wert aller örtlichen Schichtdicken. Die Mindestschichtdicke ist die geforderte Schichtdicke, die von keiner örtlichen Schichtdicke unterschritten werden darf. Analog wird die Höchstschichtdicke definiert als die geforderte Schichtdicke, die von keiner örtlichen Schichtdicke überschritten wird.

An einem weiteren Beispiel soll gezeigt werden, daß die Definition der Schichtdicke nicht nur durch die Rauhigkeiten und die Unebenheiten von Grundwerkstoff und Beschichtung erschwert wird, sondern auch dadurch, daß der Übergang von der Schicht zum Substrat fließend ist. Beispielsweise bei der Feuerverzinkung von Stahl dringt die Zinkschicht teilweise in den Stahl ein und bildet mehrere Übergangsphasen. Bei diesem mehrstufigen Diffusionsübergang ist es schwierig festzulegen, wo der Stahl aufhört und die Zinkbeschichtung anfängt.

Es muß aber auch erwähnt werden, daß diese Überlegungen für die allgemeinen industriellen Anwendungen dann eine untergeordnete Rolle darstellen, wenn es sich um dickere Übergänge handelt.

Zusammenfassend soll aber festgehalten werden, daß sich bei kritischen Anwendungen Auftraggeber und Auftragnehmer im voraus darüber einigen sollten, was sie unter Schichtdicke verstehen, was die Mindest- und Höchstschichtdicke sein und welche Schichtdickenmeßmethode angewendet werden soll. Noch besser wäre es, wenn man sich auf das gleiche Meßgerät verständigen könnte. Denn den erwähnten Unsicherheiten ist zusätzlich der eigentliche Meßfehler der Meßgeräte selbst überlagert.

Dem Begriff Schichtdicke wurde hier ein etwas breiterer Raum gegeben, um der Meinung, die in der Praxis immer wieder anzutreffen ist, entgegenzusteuern, als gäbe es „die" Schichtdicke. Genauso wenig gibt es „den" unbeschichteten Grundwerkstoff mit der Schichtdicke exakt Null. Alle Messungen sind immer wieder gewissen Schwankungen unterworfen, die grundsätzlich verschiedene Ursachen haben. Dies im Auge zu behalten, kann viel Streit zwischen Auftraggeber und Auftragnehmer vermeiden helfen.

Wer sich umfassender und auch theoretisch tiefgehender mit der Schichtdickenmessung befassen möchte, sei auf zwei Monographien [1, 2] verwiesen, die auch jeweils ein umfangreiches Literaturverzeichnis besitzen.

3.2 Normen

Einige Meßmethoden zur Bestimmung der Schichtdicken sind in den *DIN*-Normen genauer beschrieben. Im Kapitel 15.1 wird eine Auswahl der *DIN*-Normen wiedergegeben, die insbesondere geeignet erscheinen, bei der Schichtdickenmessung funktioneller metallischer Schichten nützlich zu sein. Diese Normen können von dem *Beuth-Verlag GmbH*, Berlin [3] bezogen werden

3.3 Auswahl der Meßverfahren nach den Werkstoffkombinationen

Da es einige hundert verschiedene Möglichkeiten an Beschichtung- und Grundwerkstoffkombinationen gibt, soll an dieser Stelle nicht jede mögliche Kombination erläutert werden, sondern nur die technisch und industriell am häufigsten vorkommenden. Des weiteren sollen bei den Meßverfahren diejenigen bevorzugt erwähnt werden, die wirtschaftlich vertretbar sind und möglichst zerstörungsfrei arbeiten. Die erwähnten Meßverfahren werden in den späteren Kapiteln einzeln genauer beschrieben. Hier soll ein Überblick gegeben werden, welches Meßverfahren, bei welcher Werkstoffkombination im Normalfall vorzuziehen ist. Verfahren, bei denen nach der Messung die Beschichtung und eventuell auch der Grundwerkstoff beschädigt oder zerstört sind, sollten nur dann angewendet werden, wenn kein anderes wirtschaftlich vertretbares Meßverfahren zur Verfügung steht.

Das universellste, preiswerteste und einfachst zu handhabende Meßverfahren ist das magnet-induktive. Damit können praktisch alle Beschichtungen, nicht nur metallische, auf Stahl oder Eisen gemessen werden. Ob Chrom, Cadmium, Gold, Kupfer, Silber, Zinn oder Zink in Einfach- oder Mehrfachschichten aufgetragen ist, immer wird die Gesamtdicke von der Oberfläche bis zum Grundwerkstoff Stahl gemessen. Lediglich Nickel bereitet etwas Schwierigkeiten, da es selbst leicht ferromagnetisch ist und von dem magnetinduktiven Verfahren eine etwas zu dünne Schicht angezeigt wird. Aber auch bei

Vernickelungen läßt sich, mit gewissen Einschränkungen, dieses Verfahren anwenden. Somit deckt das magnet-induktive Verfahren zahlenmäßig bei weitem das größte Anwendungsgebiet ab und erklärt damit seine Verbreitung.

Als zweitwichtiger Grundwerkstoff wird in der Industrie und in der Technik das Aluminium eingesetzt. Die aufgebrachten Aluminiumoxidschichten können sehr effektiv und kostengünstig mit dem Wirbelstromverfahren gemessen werden. Die Handhabung ist ebenfalls problemlos und einfach.

Bei den anderen Grundwerkstoffen, wie Kupfer, Nickel, Silber, Titan u. a., die mit einem metallischen Überzug versehen werden, bieten sich zur Schichtdickenmessung das Beta-Rückstreu- oder das Röntgenfluoreszenz-Verfahren an. Bei diesen Geräten ist der Aufwand sowohl im Anschaffungspreis als auch in der Meßdurchführung deutlich höher anzusetzen.

Bei den meisten galvanisch aufgebrachten Schichten bieten sich auch nach dem coulometrischen Verfahren arbeitende Geräte an *(Kap. 3.5.4.2)*, welche von den Anschaffungskosten bei weitem geringer anzusetzen sind als die radioaktiven, jedoch zu den zerstörenden Meßverfahren zählen und auch in der Durchführung zeitaufwendiger sind. Natürlich kann auch beinahe bei allen Kombinationen von Grund- und Schichtwerkstoff das Querschliffverfahren *(Kap. 3.5.1.1.)* angewendet werden, das aber auch ein zerstörendes und in der Meßdurchführung ein sehr aufwendiges Verfahren ist.

3.4 Zerstörungsfreie Verfahren

3.4.1 Wägemethode

Vereinzelt wird auch heute noch die zerstörungsfreie Wägemethode angewendet, besonders dann, wenn es sich um geometrisch einfache Gegenstände handelt, wie Bänder, Bleche, Drähte oder Rohre. Hierbei wird die Massendifferenz vor und nach der Beschichtung des Körpers gemessen. Ist die beschichtete Oberfläche A genau bekannt, entweder durch geometrisches Ausmessen oder durch planimetrische Bestimmung, so kann die mittlere Dicke d nach der Gl. <3.1> bestimmt werden.

$$d = \frac{m_1 - m_2}{A \times \gamma}$$ Gl. <3.1>

$m_1 - m_2$ = Massendifferenz
γ = spez. Dichte
A = Fläche

Bei diesem Verfahren sollte die beschichtete Oberfläche mit einer Genauigkeit von mindestens 1% ermittelt werden. Die Massendifferenz sollte bei Anwendung einer Analysenwaage 20 mg nicht unterschreiten. In der Regel kann nur der Beschichter selbst dieses Verfahren anwenden. Eine spätere Kontrolle durch den Abnehmer ist im allgemeinen nicht möglich. Weiterhin wird hier eine mittlere Schichtdicke bestimmt, die keine Rück-

tete Stellen nicht erkannt werden. Auch ist es oft schwierig, die spezifische Dichte genau zu ermitteln, da sie bei sehr dünnen Schichten und bei galvanischer Abscheidung von derjenigen des Metalls im massiven Zustand abweichen kann.

3.4.2 Dickenunterschied vor und nach der Abscheidung

Ein ähnlich einfaches Verfahren zur Bestimmung der Schichtdicke besteht zumindest von seinem theoretischen Konzept her darin, daß man den Körper vor und nach der Beschichtung ausmißt. Die Genauigkeit des Verfahrens hängt vor allen Dingen von dem verwendeten Meßwerkzeug ab. In der Regel sind es Präzisionsmeßlehren, wie Taster oder Feinzeiger. Besonders geeignete Körper sind auch hier Bleche, Bänder, Drähte oder Rohre. Auch hier kann die Methode nur vom Beschichter selbst verwendet werden.

3.4.3 Haftkraftprinzip

Die simpelste und auch eine der ältesten Methoden, die Dicke von Überzügen auf Stahl oder Eisenblech zerstörungsfrei zu messen, ist die Anwendung eines Permanentmagneten und einer Feder, wie dies in *Abb. 3.2* dargestellt ist.

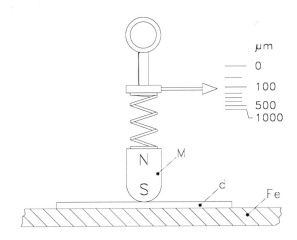

Abb. 3.2: Haftkraftprinzip: Meßstift

Dieses Verfahren nutzt die Tatsache aus, daß ein Permanentmagnet M auf einer ferromagnetischen Unterlage d. h. Stahl oder Eisen haftet. Diese Haftkraft ist am größten, wenn der Magnet ohne Zwischenschicht direkt auf dem Grundwerkstoff, in diesem Fall Eisen, aufgelegt wird. Ist der ferromagnetische Grundwerkstoff beschichtet, so wird die Haftkraft des Magneten um so kleiner werden, je dicker die Beschichtung d ist. Zieht man den Magneten mit Hilfe einer Feder von der Unterlage ab, so ist die Elongation der Feder im Moment des Abreißens ein Maß für die Dicke der Schicht, wie dies in *Abb. 3.2* gezeigt ist. Neben der verblüffend einfachen und extrem billigen Konstruktion, hat dieses unter dem Namen „Meßstift" oder im angelsächsischen als „Pengauge" bekannte Gerät eine Reihe von typischen Fehlern:

a) Der Meßwert hängt von der Lage der Prüfstelle ab. Wird z. B. auf dem Tisch oder auf dem Boden gemessen, so daß der Meßstift senkrecht zur Erdoberfläche zeigt, so wirkt das Gewicht des Magneten und der Feder selbst zusätzlich auf die Elongation der Feder ein und es wird eine zu dünne Schicht angezeigt. Wird dagegen an der Decke gemessen, so wird wegen des Eigengewichtes des Magneten und der Feder eine geringere Federkraft zum Abreißen benötigt und eine zu dicke Schicht angezeigt. Das ist verständlich, da sich die Federkraft im ersten Falle um das Eigengewicht des Magneten und der Feder erhöht und sich im zweiten Falle erniedrigt. In der Differenz wirkt sich also das doppelte Eigengewicht als Fehler aus.

b) In dem Augenblick, in dem der Magnet vom Meßobjekt abreißt, ist die Haftkraft des Magneten gleich groß der Federkraft, was einem labilen Gleichgewichtszustand entspricht. Geringste Störungen, wie kleine Vibrationen oder Bewegungen des Meßstiftes oder der Meßstelle bei der Handhabung, die in der Praxis kaum vermeidbar sind, lassen den Magneten vorzeitig abreißen und es wird eine zu dicke Schicht angezeigt.

c) Bei den meisten Geräten springt der Meßzeiger mit dem Abreißen des Magneten weg und verhindert ein korrektes Ablesen. Es sollte wenigstens ein Schleppzeiger vorhanden sein, um diesen Mangel zu beheben.

d) Der Skalenverlauf ist nicht linear, d. h. am Nullpunkt und bei sehr dünnen Schichten ist der Meßbereich extrem gespreizt und zwar auf Kosten einer immer enger werdenden Skala im meist interessierenden Meßbereich bei über 100 µm. Im oberen Bereich ist ein Meßwert nur noch mit extrem ungenauer Schätzung ablesbar. Dieser ungünstige Skalenverlauf ist vom Prinzip her ebenfalls in der *Abb. 3.2* schematisch dargestellt.

Eine wesentliche Verbesserung brachte die sogenannte „Banane", die in den 50iger Jahren herauskam und vom Vater des Autors entwickelt wurde. Sie hat ihren Spitznamen wegen Ihres Aussehens erhalten. *Abb. 3.3* zeigt den schematischen Aufbau. Um einen Drehpunkt P ist ein Waagebalken W gelagert, an dessen vorderen Ende ein Magnet M

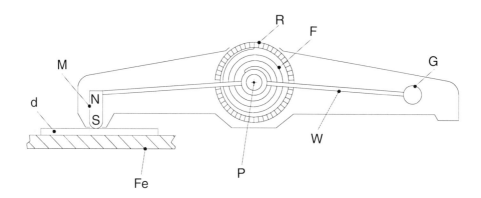

Abb. 3.3: Haftkraftprinzip: Waagebalken

und am hinteren Ende ein Gegengewicht G angebracht sind. Diese Konstruktion befähigt das Gerät, unabhängig von der Lage zu messen, da sowohl das Eigengewicht des Magneten als auch das der Feder immer austariert ist. Um den Drehpunkt des Waagebalkens ist eine Feder F gewickelt, die mit dem Rändelrad R gespannt werden kann. Bringt man den Magneten M bei entspannter Feder F zur Anlage auf die Meßstelle, so kann man durch Drehen des Rändelrades mit dem Finger die Federkraft solange erhöhen, bis der Magnet abreißt. In demselben Augenblick muß man aufhören zu drehen, da an dieser Stelle auf dem Rändelrad der Meßwert abzulesen ist. Das Rändelrad hat eine gewisse Friktion, so daß die Stellung des Rades und damit auch der Meßwert erhalten bleiben.

Mit diesen Merkmalen sind die unangenehmen Nachteile a) und c) des Meßstiftes vermieden. Der Nachteil des ungünstigen Skalenverlaufes trifft aber auch hier zu. Hauptvorteil dürfte dagegen die einfache Konstruktion und die extrem preiswerte Herstellung dieses Gerätes sein. Des weiteren braucht die "Banane", wie auch der Meßstift keine Stromversorgung und ist so immer einsatzbereit. Auch die Genauigkeit war für die damalige Zeit für die meisten Anwendungen ausreichend. 1952 wurde dieses Gerät patentiert und es wurde aufgrund seiner einfachen Konstruktion, seines relativ günstigen Preises und breiten Einsatzgebietes so populär, daß es in den 50iger und 60iger Jahren weltweit faktisch zum Standard wurde. Es dürfte wohl zu den weitverbreitetsten Schichtdickenmeßgerätetypen überhaupt gehören. Auch heute noch hat das Gerät seine Freunde und wird von Fachfirmen vertrieben.

Hauptanwendungsgebiet sind praktisch alle Schichten auf dem Grundwerkstoff Eisen oder Stahl. Also auch alle metallischen Schichten, selbstverständlich ausgenommen Eisen selbst als Schichtwerkstoff. Nickel bereitet etwas Probleme, da Nickel selbst leicht ferromagnetisch ist und mit dem normalen Gerät zu dünne Nickelschichten angezeigt werden.

Die Genauigkeit hängt stark von der Schichtdicke selbst ab und beträgt etwa 5 - 10 % vom Meßwert. Der Meßfehler nimmt natürlich zu, wenn man an eine Kante herankommt oder in einer Ecke des beschichteten Körpers mißt. Auch stark gekrümmte Oberflächen oder zu dünne Substratbleche verfälschen den Meßwert. Diese geometrisch bedingten Meßfehler haben dieselben physikalischen Gründe wie bei dem folgenden magnetisch-induktiven Prinzip. Dort wird näher auf diese Meßfehler eingegangen. Die hier vorgestellten Geräte arbeiten rein magnetisch-mechanisch und werden heutzutage immer mehr von den elektronisch arbeitenden Geräten verdrängt, da diese doch genauer arbeiten und den Anforderungen der modernen Qualitätskontrolle eher gerecht werden. Weitere Angaben sind in der Norm *DIN 50981* und der Norm *ISO 2178* zu finden.

3.4.4 Elektromagnetische Verfahren

3.4.4.1 Magnetinduktives Verfahren

Es hat schon frühzeitig elektrische Geräte gegeben, die nach dem Transformator- oder, magnet-induktiven Prinzip arbeiten. Aus heutiger Sicht gab es damals geradezu abenteuerlich anmutende Sonden, in denen der relativ schwere und große Transformator steckte, aus dem dann ein, zwei oder sogar drei Meßpole herausragten. Die Form erinnerte eher an einen Elektromagneten als an eine Meßsonde. Mit Einzug der modernen Elektronik sind diese Sonden sehr klein geworden und es hat sich heute in der Praxis nur noch die Einpolmessung durchgesetzt, da hierbei die Schichtdicke an der Meßstelle gleichsam

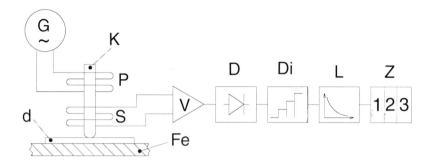

Abb. 3.4: Magnetinduktives Meßverfahren

punktförmig gemessen werden kann. Gleichsam punktförmig soll bedeuten, daß der Meßpol der Sonde mit seiner kugelförmigen Kalotte zwar die Meßstelle nur mit einem Punkt berührt, das Magnetfeld sich aber auch in der unmittelbaren Umgebung ausbreitet. Dadurch entsteht eine gewisse Mittelung der Rauhigkeit des ferromagnetischen Grundwerkstoffes (siehe *Abb. 3.1.*) über die Fläche, die im unmittelbaren Umfeld der Meßstelle liegt. Da die Meßgeräte nach dem magnet-induktiven Verfahren absolut dominierend sind, soll hier genauer darauf eingegangen werden.

Das Gerät besteht aus der Sonde, die in der Regel durch ein Kabel und einen Stecker mit dem eigentlichen Meßgerät verbunden ist. Der Aufbau ist aus *Abb. 3.4* ersichtlich.

Die Meßsonde selbst besteht aus dem ferromagnetisch Kern K, einer Primärspule P und einer Sekundärspule S. Der Meßpol wird auf dem beschichteten ferromagnetischen Grundwerkstoff plaziert. Voraussetzung ist natürlich, daß der Schichtwerkstoff d selbst nicht ferromagnetisch ist, was für nahezu alle Schichten der Fall ist. Einzige Ausnahme ist, wie schon erwähnt, Nickel, welches leicht ferromagnetisch ist, was eine Korrektur des Meßwertes nötig macht. Die Primärspule wird durch den Generator G mit Wechselstrom gespeist und induziert in der Sekundärspule S eine Spannung.

Bei Annäherung des Meßpoles an einen ferromagnetischen Grundwerkstoff steigt die Spannung in der Sekundärspule an und erreicht ihren höchsten Wert, wenn der Meßpol unmittelbar auf dem unbeschichteten Grundwerkstoff aufliegt, also bei der Schichtdicke Null. Mit größer werdendem Abstand des Meßpoles vom Grundwerkstoff nimmt die Spannung bedingt durch die dazwischen liegende Beschichtung ab. Die Spannung hat ihren minimalsten Wert dann, wenn der Meßpol, bzw. die Meßsonde ganz von dem Grundwerkstoff abgehoben ist.

Physikalisch gesprochen, wird die magnetische Kopplung zwischen der Primär- und Sekundärspule durch Annäherung des ferromagnetischen Grundwerkstoffes an den Meßpol erhöht. Das hat man sich so vorzustellen, daß durch Annäherung von Eisen an den Meßpol immer mehr Kraftlinien im Eisen verlaufen, da für sie dort der magnetische Widerstand um den Faktor der relativen Permeabilität μ_r kleiner ist und die Kraftlinien immer den Weg des kleinsten Widerstandes gehen. Dieser Faktor liegt für Eisen bei 1000 bis 10000 gegenüber dem Wert 1 für Luft.

In diesem Zusammenhang ist wichtig darauf hinzuweisen, daß dieser Faktor praktisch für alle Materialien, Metalle oder Nichtmetalle (Ausnahme Nickel) ebenso wie für Luft gleich 1 ist. Das bedeutet, daß es bei den magnetischen Meßverfahren völlig unwesentlich ist, aus welchem Material die Schicht besteht. Die Sonde mit ihrem Magnetfeld "sieht" nur das Eisen und registriert den Abstand zum Meßpol.

Die Spannung aus der Sekundärspule S wird im Verstärker V verstärkt und in dem Demodulator D gleichgerichtet. Die so aufgearbeitete Meßspannung wurde bei den älteren Geräten direkt auf ein Zeigerinstrument gegeben. Der Skalenverlauf war naturgemäß auch hier extrem unlinear, d.h. bei dünnen Schichten stark gespreizt und im oberen Bereich zunehmend komprimiert. Stand der Technik ist heute, das Meßsignal durch einen Analog-Digital Wandler Di zu digitalisieren. Bevor es auf der Digitalanzeige Z zur Anzeige kommt, bedarf es einer aufwendigen Linearisierung L, die einen relativ hohen Rechenaufwand erfordert und mittels eines Mikroprozessors bewältigt wird. Der Zwang zur Linearisierung ergibt sich aus der Notwendigkeit, daß auf einer Digitalanzeige nur ein streng lineares Signal angezeigt werden kann. Am Ende dieses Kapitels wird auf diese Schwierigkeit noch mal genauer eingegangen.

Eine grundlegende Verbesserung des Verfahrens oder eine Erhöhung der Genauigkeit hat die Einführung der Digitaltechnik hier nicht gebracht. Es sei denn, daß die Geräte robuster geworden sind, da die Zeigerinstrumente schockempfindlich waren. Andererseits suggeriert die Digitalanzeige eine Genauigkeit, die insbesondere für den oberen Bereich meßtechnisch nicht vorhanden ist. Angenommen die Meßunsicherheit eines Gerätes betrage intern 1 mV. Dies soll im untersten Bereich z.B. 2 μm entsprechen. Dieselben 1 mV erzeugen aber im oberen Meßbereich bei etwa 3 mm eine Unsicherheit von 100 μm, obwohl die Digitalanzeige immer noch theoretische Schritte von 1 μm anzeigen kann. Dies ist eine Konsequenz des unlinearen Zusammenhanges zwischen der Meßspannung, wie sie an der Sonde zur Verfügung steht und der Schichtdicke selbst. Sie ist in *Abb. 3.6* wiedergegeben.

Nach diesem Funktionsschema, wie es in *Abb. 3.4* dargestellt ist, arbeiten alle auf dem Markt befindlichen magnet-induktiven Meßgeräte und werden auch von allen im Herstellerverzeichnis aufgeführten Firmen hergestellt oder vertrieben. Der Meßbereich reicht von etwa 1 μm bis ca. 1 mm, bei Verwendung von Spezialsonden auch darüber. Die Meßunsicherheit liegt bei etwa 5% für unkritische Anwendungen. Weitere Angaben finden sich in der Norm *DIN 50 981* bzw. in der vergleichbaren Norm *ISO 2178*.

Wegen der großen Bedeutung dieser Geräte und der weltweiten Verbreitung soll hier auf die Eigenarten und Grenzen der Geräte nach dem magnet-induktiven Verfahren näher eingegangen werden.

Erstens:
Der Generator G muß einen Wechselstrom hoher Konstanz in Amplitude wie auch in der Frequenz liefern. Diese Konstanz sollte über den ganzen Temperaturbereich und bei schwankender Versorgungsspannung durch die Batterien gewährleistet sein, was nur mit Einschränkungen realisierbar ist. Die Sonde mit ihren Kupferspulen liefert eine Meßspannung, die von der Umgebungstemperatur abhängig ist. Der Meßverstärker wird auch von der schwankenden Versorgungsspannung und Temperatur in Drift und Verstärkergrad beeinflußt. Alle Komponenten unterliegen alterungsbedingten Veränderungen. Die einzelnen Abweichungen überlagern sich und führen jede einzeln zu überproportionalen Fehlern, die sich besonders im mittleren und oberen Meßbereich auswirken.

Zweitens:

Die Generatorfrequenz läßt sich bei der Entwicklung der Geräte nur unter einschneidenden Kompromissen festlegen. Einerseits wächst mit zunehmender Frequenz die Empfindlichkeit, so daß man kleine Sonden mit einem hohen Auflösungsvermögen herstellen könnte. Dagegen spricht aber, daß die Wirbelstrom- und Ummagnetisierungsverluste mit größer werdender Frequenz immer störender ins Spiel kommen. Diese beiden Verlustarten sind im folgenden näher betrachtet.

Der Wirbelstromverlust rührt daher, daß die Primärspule P nicht nur einen Strom in der Sekundärspule induziert, sondern auch in dem Eisensubstrat, das man sich als Ringe, d.h. als kurzgeschlossene Windungen um den Meßpol herum vorstellen kann. Nach [4] ergibt sich der Wirbelstromverlust PW in Gl. <3.2> zu

$$P_W = k \times \mu_r^2 \times \sigma^2 \times f^2 \qquad \text{Gl. <3.2>}$$

μ_r = rel. Permeabilität
σ = elektrische Leitfähigkeit
f = Frequenz
k = Konstante

Damit nimmt dieser Verlust nicht nur mit dem Quadrat der Frequenz zu, sondern hängt auch quadratisch von den Materialeigenschaften σ und μ_r des Eisens ab. Damit wird der Schichtdickenmeßwert stark von der jeweiligen Eisensorte abhängig, was höchst unerwünscht ist. Der Ummagnetisierungsverlust entsteht dadurch, daß bei jeder Periode das Eisensubstrat ummagnetisiert werden muß, d. h. z. B. bei 500 Hz Generatorfrequenz wird 500 mal in der Sekunde aus dem magnetischen Nordpol ein Südpol und umgekehrt. Dabei wird Energie verbraucht, die in Wärme umgewandelt wird. Es ist verständlich, daß diese Verluste proportional zur Frequenz sind. Eine genaue Herleitung bei [4] zeigt dann auch, daß der Ummagnetisierungs- oder auch Hystereseverlust genannt PH in Gl. <3.3> sich ergibt zu

$$P_H = k \times \mu_r \times \sigma \times f \qquad \text{Gl. <3.3>}$$

μ_r = rel. Permeabilität
σ = el. Leitfähigkeit
f = Frequenz
k = Konstante

Auch hier sieht man, daß die zufälligen Materialeigenschaften μ_r und σ des Substrates stark in die Verluste eingehen und damit auch der Meßwert beeinflußt wird.

Um die wichtigsten magnetischen Eigenschaften deutlich zu machen, ist die Magnetisierungskurve in *Abb. 3.5* dargestellt.

Auf der waagerechten Achse ist die erregende Feldstärke H aufgetragen, die von der Primärspule P in *Abb. 3.4.* erzeugt wird. Im Verlauf der sinusförmigen Periode erreicht sie den Maximalwert Hmax. Sie könnte beliebig weiter wachsen, ohne daß die magnetische Induktion B im Eisensubstrat größer würde, da sie den Sättigungswert Bs erreicht hat. Wenn die Feldstärke Null geworden ist, bleibt eine Remanenz Br im Eisenblech zurück, welche erst durch ein entgegengesetzt gerichtetes Feld HC der sogenannten Koerzitivfeldstärke zum Verschwinden gebracht wird. Eisenwerkstoffe, bei denen HC kleiner als 1000 A/m ist, gelten als weichmagnetisch, über 1000 A/m als hartmagnetisch.

Im weiteren Verlauf wird dann die negative Sättigungsinduktion -B_r erreicht, um mit entgegengesetztem Vorzeichen eine ähnlich S-förmige Kurve etwas versetzt zu durchlaufen.

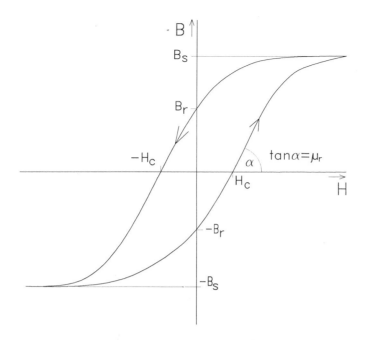

Abb. 3.5: Magnetisierungskurve

Die beiden Kurven bilden eine geschlossene Schleife, deren Flächeninhalt genau dem Ummagnetisierungsverlust P_H in Gl. <3.3> entspricht.

Für magnetisch harte Eisensorten, d.h. großes H_C, ist die Fläche groß, für magnetisch weiche Sorten mit kleinem H_C ist die Schleife sehr schlank und die Verluste klein. Der Anstieg der Kurve tan α entspricht der relativen Permeabilität μ_r. Damit sind die wichtigsten magnetischen Materialkonstanten für Eisen beschrieben. Als Beispiel sei für Baustahl ST37 H_C = 200 A/m und μ_r =1200, für techn. Reineisen H_C = 100 A/m und μ_r = 8000 angegeben.

Festzuhalten gilt, da praktisch alle magnetinduktiven Meßgeräte mit Frequenzen zwischen 200 und 500 Hz arbeiten, daß das Meßsignal abhängig vom Eisensubstrat durch die obigen Verluste verschieden stark gedämpft wird und damit die Messung unerwünscht beeinflußt. Vermieden werden kann das nur durch gewissenhafte Eichung vor jeder Anwendung. Dazu muß zuerst auf dem unbeschichteten Grundwerkstoff gemessen werden, um das Gerät auf Null zu stellen. Falls nötig, wird auch der Unendlich-Wert durch Abheben der Sonde eingegeben. Mit geeichten Normalien ist dann für zwei oder besser drei Schichtdicken, die im interessierenden Meßbereich liegen sollen, die Kalibrierung durchzuführen. Dabei sollen die Eichfolien möglichst auf den unbeschichteten Meßkörper aufgelegt werden, um unterschiedliche Substrateinflüsse zu minimieren. Alle Messungen sind zur arithmetischen Mittelung drei bis fünfmal zu wiederholen.

Drittens:
Auch die Linearisierung L in *Abb. 3.4* stellte insbesondere früher eine große Schwierigkeiten dar. Die Problematik liegt darin, daß die Meßspannung, die von der Sekundär-

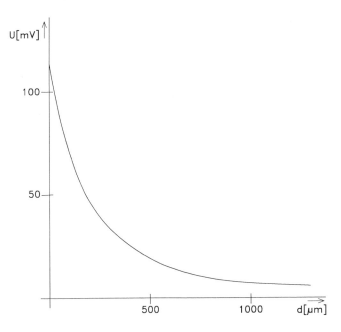

Abb. 3.6: Zusammenhang zwischen der Meßspannung U und der Schichtdicke d

spule S erzeugt wird, stark unlinear zu der Schichtdicke d ist. Dies ist in *Abb. 3.6* verdeutlicht.

Dieser Zusammenhang ist mathematisch-analytisch nicht in geschlossener Form darstellbar und enthält viele Einflußgrößen, wie die elektrische Leitfähigkeit σ, relative Permeabilität μ_r, Geometrie und Dicke des Substrates sowie die Frequenz f des Gerätes.

Mit Hilfe der Mikroprozessortechnik löst man dieses Problem dadurch, daß man zahlreiche Meßwerte in Tabellen erfaßt und diese im Speicher ablegt. Durch Interpolation und Korrekturmaßnahmen, welche die oben genannten Einflußgrößen berücksichtigen sollen, wird dann der Meßwert ermittelt und angezeigt. Trotz dieser zahlreichen Schwierigkeiten kommen die handelsüblichen Meßgeräte in der Praxis zu einer brauchbaren Genauigkeit, sofern sie richtig gehandhabt werden und ihre Eigenarten berücksichtigt werden.

Vor einer Anschaffung sollte sich der Anwender über folgende Punkte klar sein, bevor er ein Schichtdickenmeßgerät aus dem großen Angebot erwirbt:

- Welcher Meßbereich und welche Genauigkeit ist für mich sinnvoll?
- Ist die Meßdurchführung und Handhabung für meine Anwendung praktikabel?
- Werden nur Messungen im Labor oder aber auch im Freien durchgeführt?
- Wird das Gerät Feuchtigkeit, Dämpfen, Säuren, Staub oder einer rauhen Behandlung ausgesetzt?
- Sind vor allen Dingen Gehäuse, Kabel, Stecker, Sonden einer rauhen Behandlung im Alltag gewachsen?

3.4.4.2 Kompensationsverfahren

Die Meßgeräte nach dem magnetinduktiven Verfahren haben bis heute leider keine grundsätzlichen Verbesserungen erfahren, wenn man von der Verkleinerung der Sonden und der Geräte und der Einführung der Digitalanzeige absieht. Insbesondere die im vorigen Kapitel erwähnten Einschränkungen gelten nach wie vor. Erst die Einführung des Kompensationsverfahrens [5] hat neue Impulse für die Schichtdickenmessung gebracht, da die meisten der oben erwähnten Schwierigkeiten gelöst wurden.

Zuerst wurden die Wirbelstrom - und Ummagnetisierungsverluste absolut dadurch vermieden, daß nicht mehr mit einem Wechselstrom und dem damit verbundenen magnetischen Wechselfeld, sondern mit einem Gleichfeld, also 0 Hz gearbeitet wird. Damit verschwinden die substratabhängigen Einflüsse dieser Verluste auf den Meßwert vollständig. Das heißt, die Meßwerte werden praktisch unabhängig von dem zufällig vorliegenden Grundwerkstoff, so daß ein ständiges Kalibrieren weitestgehend überflüssig wird.

Da eine Induktion mit einem Gleichfeld nicht möglich ist, wurden magnetfeldabhängige Halbleitersensoren in Form von *Hall*generatoren verwendet. Ein Meßverfahren zur Schichtdickenbestimmung mittels *Hall*generatoren wurde vom Autor [6] bereits 1980 vorgeschlagen und hat maßgebenden Einfluß in diese Meßtechnik gewonnen.

Der *Hall*effekt - benannt nach dem Physiker *Hall* – wird in *Abb. 3.7* erklärt.

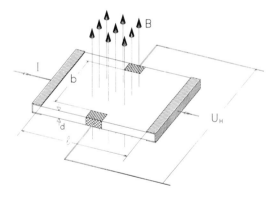

Abb. 3.7: Der *Hall*effekt

Werden an die vier Seiten eines geeigneten quadratförmigen, dünnen Plättchens mit der Dicke d vier Elektroden angeschlossen und wird an zwei gegenüberliegenden Elektroden für den Stromfluß I gesorgt, so wird an den dazu senkrechten Elektroden die *Hall*spannung U_H nach Gl. <3.4> erzeugt.

$$U_H = I \times B \times K_H \times \frac{1}{d}$$ Gl. <3.4>

d = Dicke des *Hall*plättchens
U_H = *Hall*spannung
K_H = *Hall*konstante
B = mag. Induktion
I = Steuerstrom

Voraussetzung ist, daß ein magnetisches Feld B senkrecht zu der Fläche des Plättchens vorhanden ist. Als *Hall*plättchen nimmt man ein Material mit einer möglichst großen *Hall*konstanten, wie das z.B. für den Halbleiter Indiumarsenid der Fall ist. Nach Gl. <3.1> ist die *Hall*spannung U_H zu dem magnetischen Feld auch dann direkt proportional, wenn es sich um ein Gleichfeld handelt und zwar im Gegensatz zu den induktiven Sonden, die mit einem Gleichfeld nicht funktionieren.

Die eigentliche Grundidee des Kompensationsverfahrens besteht darin, daß es statt einer Meßsonde H eine zweite H' benutzt, deren Meßspannung miteinander verglichen werden. In *Abb. 3.8* ist der Aufbau schematisch wiedergegeben.

Das magnetische Gleichfeld wird durch einen geeigneten Permanentmagneten M erzeugt, der auf jedem Pol einen *Hall*sensor H und H' trägt. Der Pol mit dem Sensor H wird auf

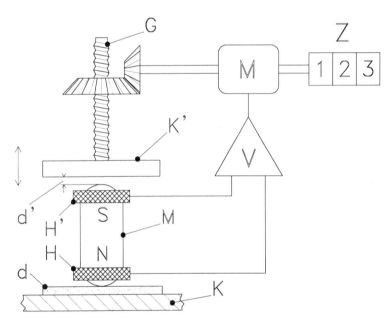

Abb. 3.8: Kompensationsverfahren

den Probekörper K mit der zu messenden Schicht gesetzt. Dem gegenüberliegenden Pol mit der Sonde H' ist geräteintern der verstellbare Kompensationskörper K' zugeordnet, die zueinander den Luftspalt d' bilden. Ist d = d', dann sind auch die magnetischen Feldstärken bei d und d' gleich groß und damit die *Hall*spannungen von H und H'. Diese beiden Sensorspannungen werden einem Differenzverstärker V zugeführt, der für diesen Fall am Ausgang die Spannung Null hat. Der an ihm angeschlossene Mikromotor M bleibt stehen. Ist jedoch d' kleiner oder größer als d, so liegt an dem Verstärker V und folglich auch an seinem Ausgang eine positive oder negative Spannung an, da die Feldstärken bei d und d' verschieden sind. Der Motor dreht sich rechts- bzw. links herum und verstellt über ein

Kegelrad mittels einer hochpräzisen Mikrometerspindel G den Kompensationskörper K' solange, bis wieder d = d' wird. Der Luftspalt d' wird also immer über den geschilderten Regelkreis den Abstand der zu messenden Schichtdicke einnehmen. Wird an den Mikromotor mit einer bestimmten Untersetzung das Nummernzählwerk Z angekoppelt, so zeigt dieses die Schichtdicke d direkt in Mikrometer an.

Aus diesem Funktionsablauf ergibt sich als ein weiterer gravierender Vorteil, daß der komplizierte mathematische Zusammenhang zwischen Sensorspannung und Schichtdicke, wie er in *Abb. 3.6* angegeben ist, völlig unbekannt bleiben kann. Damit entfällt die Notwendigkeit, den funktionellen Zusammenhang durch angenommene Kurven oder durch Wertetabellen nachzuempfinden. Genauigkeit und Linearität werden hier maßgebend durch das ultrafeine Mikrometergewinde G bestimmt, das eine Auflösung bis zu einigen hundertstel Mikrometer über den ganzen Meßbereich von mehreren tausend Mikrometer hat.

Da die beiden Sensoren H und H' thermisch eng miteinander verbunden sind, spielen Temperaturänderungen praktisch keine Rolle, da sie auf beide gleich einwirken und sich bei der Differenzbildung aufheben. Das gleiche gilt für die Stärke des Permanentmagneten. Veränderungen betreffen beide Pole gleichstark und haben damit keinen Einfluß auf den Meßwert. Selbst der Verstärker V, der bei dem normalen Verfahren höchste Präzision

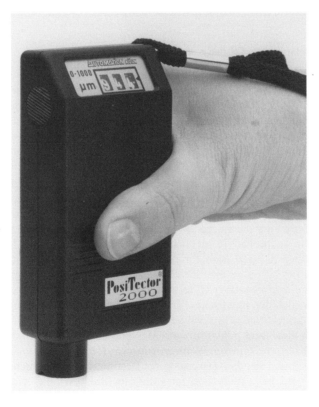

Abb. 3.9: PosiTector 2000 der Firma *Automation Köln*

unter allen Bedingungen gewährleisten muß, kann hier in seiner Verstärkung großen Schwankungen unterliegen, ohne daß die Meßgenauigkeit davon beeinflußt wird, da er ja nur als Treiber für den Motor dient und kein Meßverstärker ist. Aus denselben Gründen haben Spannungsänderungen durch die Batterieversorgung und Alterungen der Bauelemente praktisch keinen Einfluß auf die Messungen. Die *Abb. 3.9* zeigt ein kommerzielles nach diesem Verfahren arbeitendes Gerät.

Auffällig ist hier, daß die Meßsonde trotz der Kleinheit des Gerätes direkt in das Gehäuse integriert werden konnte. Dadurch wurde auf Kabel und Stecker vollends verzichtet, die üblicherweise die Sonde mit dem Gerät verbinden. Es hat sich nämlich erwiesen, daß im rauhen Betrieb, wie z.B. im Bauwesen, Meßkabel und -stecker die Schwach- bzw. Störstellen schlechthin sind. Darüber hinaus können Kabel auf Baustellen zu Fangleinen werden und sind somit ein Sicherheitsrisiko für Mensch und Gerät.

Die integrierte Meßsonde ermöglicht auch die Einhandbedienung, so daß die andere Hand freibleibt, eventuell zum Schreiben oder um sich z.B. am Gerüst festzuhalten.

Da sich das Gerät auch beim Messen automatisch einschaltet, besitzt es praktisch keine Bedienelemente, so daß es auch von Ungeübten benutzt werden kann. Da das Kompensationsverfahren das Gerät von zahlreichen Fehlern und Mängeln befreit und deshalb nicht ständig nachgestellt und geeicht werden muß, braucht der Anwender das Gerät nur noch auf die Meßstelle aufzusetzen und kann den Meßwert sofort ablesen. Die Genauigkeit des Gerätes liegt im Bereich von 0-1000 µm bei etwa 2% und zwischen 1000 und 2000 µm bei etwa 4%. Auch für dieses Gerät gelten die Hinweise der Norm *DIN 50981*.

3.4.4.3 Wirbelstromverfahren

Die Wirbelstrom-Meßgeräte sind in Größe, Aussehen, Handhabung und im Anschaffungspreis direkt mit den Geräten nach dem magnet-induktiven Verfahren vergleichbar. Jedoch können hier nur elektrisch isolierende Schichten auf Metall gemessen werden. Ein wichtiges Anwendungsgebiet ist demnach eloxiertes Aluminium. Vorteilhaft ist hier besonders, daß der Grundwerkstoff als Träger der Schicht sehr dünn sein darf. Nur 0,03 mm reichen in aller Regel als Substratstärke aus, so daß Schichten auf dünnsten Aluminiumblechen gemessen werden können.

Beim Wirbelstromverfahren wird gerade der Effekt ausgenutzt, der beim magnet-induktiven Verfahren als störende Nebengröße nach Gl. <3.2> auftritt. Wie dort beschrieben, erzeugt eine wechselstromdurchflossene Spule im leitenden Grundwerkstoff Kurzschlußströme, die wiederum auf die erregende Spule zurückwirken und diese bedämpfen. Diese Dämpfung ist um so größer, je mehr sich der Grundwerkstoff der Meßsonde nähert. Somit ist die Dämpfung ein Maß für die Schichtdicke auf dem Grundwerkstoff oder Substrat. Nach Gl. <3.2> wird man die Frequenz sehr hoch wählen, um einen deutlichen Einfluß durch die Wirbelstromverluste zu erhalten. Dabei sind Frequenzen um 1 MHz üblich, was zusätzlich den praktischen Vorteil hat, daß die Meßspule selbst nur aus wenigen Windungen besteht und sehr klein gemacht werden kann. Dadurch kommt man auch der gewünschten gleichsam punktförmigen Messung näher. Die Dämpfung wirkt gleichzeitig auf drei elektrische Größen. Es hängt nun vom Hersteller ab, welcher Größe er die Präferenz zuordnet und sie als Auswertung zur Bestimmung der Schichtdicke heranzieht. Am häufigsten wird bei der Bedämpfung der Hochfrequenz die Amplitudenänderung ausgewertet. Das heißt, die Hochfrequenzspannung an der Spule nimmt mit zunehmender Dämpfung ab. Die zweite Möglichkeit besteht darin, die Frequenz auszuwerten. In der

Abb. 3.10: PosiTector 7300 der Firma *Automation Köln*

Regel nimmt mit zunehmender Bedämpfung die Schwingfrequenz zu. Bei dem Frequenzverfahren ist also die Änderung der Frequenz ein direktes Maß für die Schichtdicke. Zum dritten kann die Phasenlage ausgenutzt werden, denn man kann beobachten, daß sich der Phasenwinkel in Bezug auf eine Referenzfrequenz mit der Dämpfung ebenfalls ändert. Das letztere Verfahren wird seltener angewendet. Ein Gerät mit integrierter Meßsonde, nach dem Wirbelstromverfahren, ist im *Abb. 3.10* wiedergegeben.

Auch hier kann das Kompensationsverfahren mit all seinen Vorteilen eingesetzt werden. Der Aufbau ist prinzipiell der gleiche wie in *Abb. 3.8* gezeigt, nur daß statt der beiden *Hall*sensoren zwei winzige Hochfrequenzspulen benutzt werden, die von einem Oszillator gespeist werden. Der Magnet entfällt selbstverständlich.

Die Genauigkeit dieser Geräte liegt bereichsabhängig zwischen 3 und 5% bei einer Auflösung von ca. 0.2 µm. Der Meßbereich erstreckt sich üblicherweise von 1 µm bis 2000 µm. Weitere Hinweise sind in der Norm *DIN 50984* zu finden, die vergleichbar ist mit der Norm *ISO 2360*.

3.4.4.4 Kombinationsgeräte – Datenspeicher

Häufig wird von den Anwendern gefordert, daß ein universelles Gerät zur Verfügung steht, welches sowohl auf ferromagnetischem Grundwerkstoff, wie auch auf nicht-ferromagnetischen Metallen messen soll. Solche Geräte, die sowohl das magnet-induktive, als auch das Wirbelstromverfahren in einem Gehäuse vereinen, sind unter dem Begriff Kombinationsgeräte im Handel. Dabei werden zwei unterschiedliche Wege beschritten: im ersten Fall werden in dasselbe Sensorgehäuse zwei völlig verschiedene Sensoren praktisch so ineinander gebaut, daß nur ein Meßpol für beide Sondensysteme zur Verfügung steht. Das hat den Vorteil, daß man bei einem Wechsel des Grundwerkstoffes nicht die Sonde wechseln muß, was aber eine Neukalibrierung oder Neueinstellung des Gerätes erforderlich macht. Andererseits behindern sich diese unterschiedlichen Sonden elektrisch gegenseitig, wenn sie auf engsten Raum ineinander gebaut werden, so daß schon bei ihrer

Konstruktion mit Kompromissen gearbeitet werden muß und die einzelne Sonde nicht ihre optimale Eigenschaft erbringt.

Andererseits sind Geräte im Handel, die mit zwei getrennten Sonden ausgerüstet sind, so daß bei einem Substratwechsel auch die Sonden mittels Stecker und Kabel gewechselt werden müssen. Auch muß das Gerät in den entsprechenden Modus Eisen- oder Nichteisen-Anwendung umgeschaltet und auf die neue Meßaufgabe vorbereitet werden.

In *Abb. 3.11* ist das Gerät *QuaNix 1500* der Firma *Automation* zu sehen, welches beide Vorteile in sich vereinigt, ohne die oben erwähnten Nachteile zu besitzen. So sind beide Sonden aber jede für sich optimiert getrennt in das Gerät integriert und es ist nur eine Frage, welche Seite des Gerätes auf die Meßstelle aufgelegt wird. Das heißt, durch einfaches Umdrehen des Gerätes wird der andere Meßmodus gewählt. Das Gerät weiß auch welcher Sensor gefragt ist, so daß eine fehlerhafte Anwendung praktisch ausgeschlossen ist. Auch ist eine Neukalibrierung unnötig. Darüber hinaus besitzt das Gerät einen extrem großen durchgehenden Meßbereich in beiden Modi von 0–5000 µm bei einer Auflösung von ca. 0,2 µm.

In jüngster Zeit sind die Forderungen an den Hersteller infolge der Produkthaftung und des Qualitätsmanagements nach *DIN-ISO 9000 ff* so stark verschärft worden, daß es not-

Abb. 3.11: Kombinationsgerät QuaNix 1500 der Firma *Automation Köln*

wendig wird, die gewonnenen Meßdaten bleibend zu protokollieren. Verschiedene Hersteller statten deshalb ihre Geräte mit einem elektronischen Speicher aus, so daß mehrere tausend Messungen registriert werden können. So kann unter anderem z. B. der in *Abb. 3.11* gezeigte *QuaNix 1500* bis zu 3000 Messungen speichern, die in beliebig viele Blöcke unterteilt werden können.

Der Ausdruck kann unmittelbar mit einem kleinen portablen Drucker erfolgen oder aber zu Hause mit Hilfe der beigefügten Software auf dem PC ausgelesen werden. Die Software bietet neben einem allgemein gültigen Prüfprotokollformular die Möglichkeit, die einzelnen Meßwerte auszudrucken und sie statistisch aufzuarbeiten. Neben dem kleinsten und größten gemessenen Wert, kann der Mittelwert ausgedruckt werden oder die Standardabweichung mit dem Variationskoeffizienten. Auch ist es möglich, eine Graphik über die Gaussverteilung auszudrucken. Dies kann für jeden einzelnen Block getrennt erfolgen, wie auch für alle Blöcke zusammen als Gesamtergebnis.

3.4.4.5 Rand- und Krümmungseffekte

Die in *Kapitel 3.4.4* aufgeführten elektro-magnetischen Meßgeräte unterliegen bestimmten Fehlereinflüssen, wenn das Meßobjekt von der Gestalt der ebenen Fläche abweicht. Da dies für alle Geräte der *Kapitel 3.4.4.3 und 3.4.4.4* zutrifft, wie auch teilweise für die im nächsten Kapitel unter elektrische Verfahren aufgeführten Geräte, sollen diese Fehler zusammengefaßt betrachtet werden.

Die Meßsonde mit ihrer kugelförmigen Kalotte selbst wird zwar in aller Regel punktförmig aufgesetzt, aber das zugehörige elektrische oder magnetische Feld breitet sich räumlich aus und erstreckt sich auch in die unmittelbare Umgebung der Meßstelle. Bei der Eichung der Geräte wurde stillschweigend vorausgesetzt, daß die Meßstelle selbst eine ebene Fläche darstellt und daß sich in unmittelbarer Nähe dieser Meßstelle keine Deformierungen befinden. Nähert man sich nun einer Kante oder mißt gar in einer Ecke, so kann sich das magnetische oder elektrische Feld nicht mehr symmetrisch um die Sonde herum ausbilden und es werden in der Regel zu dicke Schichten gemessen. Mißt man in der Nähe von Aufkantungen, so werden zu dünne Schichten gemessen. Um einen groben Anhaltspunkt zu geben, sollte man mindestens um einen Sondendurchmesser von einer Kante entfernt bleiben, um nicht zu hohe Meßfehler einzugehen.

Ähnlich verhält es sich bei konkav oder konvex gekrümmten Flächen. Der Meßfehler wird umso größer, je kleiner der Krümmungsradius wird. Um auch hier eine grobe Orientierung zu geben, sollten bei Radien, die kleiner als 50 mm sind, korrigierende Vorkehrungsmaßnahmen getroffen werden. In der Praxis zeigt sich, daß bei konvex geformten Körpern der Meßfehler kleiner ist, als bei gleich stark gekrümmten konkaven Oberflächen. Wird also in Vertiefungen hinein gemessen, so ist schon sehr frühzeitig mit einem größeren Meßfehler zu rechnen.

Sollte es dennoch erforderlich sein, näher an einer Kante oder in einer Ecke zu messen, so muß das Gerät in jedem Fall auf einem gleichartigen, unbeschichteten Körper an vergleichbarer Stelle genullt werden. Einige Geräte sehen noch zusätzliche Kontrollmessungen mit bekannten Meßfolien an dieser Stelle vor. Erst dann kann an ähnlichen Stellen des tatsächlichen Meßobjektes gemessen werden. Derselbe Vorgang muß auch bei stärker gekrümmten Oberflächen durchgeführt werden.

Ebenfalls können erhebliche Meßfehler auftreten, wenn die Substratstärke zu dünn wird. Insbesondere bei magnet-induktiven Meßgeräten kann dieser Meßfehler schon bereits bei 1 mm beginnen, so daß bei den meisten technischen Stahlblechen, die zwischen 0,5 und 0,8 mm dick sind, diese Meßfehler nicht übersehen werden dürfen.

Dagegen verhalten sich die Meßgeräte nach dem Kompensationsverfahren unkritischer, so daß hier Messungen auf Stahlblechen mit einer Substratdicke bis herunter zu 0,3 mm ohne Korrektur vorgenommen werden können. Soll auf dünneren Substraten gemessen werden, so ist eine Nullung auf dem unbeschichteten Substrat selbst vorzunehmen.

Bei Verwendung der Geräte nach dem Wirbelstromverfahren, wie in *Abb. 3.10* gezeigt, können die Substratstärken wesentlich dünner sein, so daß es möglich ist, auf Substraten bis hinunter zu 30 µm Dicke zu messen.

Eine weitere Fehlerquelle ergibt sich, wenn die Sonde nicht senkrecht auf die Meßstelle aufgesetzt wird. Manche Sonden, besonders diejenigen, die eine Auflösung von einem Mikrometer oder weniger haben, reagieren sehr empfindlich auch auf kleine Kippwinkel. Darin liegt - neben der Rauhigkeit - meistens der Grund, wenn stärkere Streuungen an derselben Meßstelle auftreten. Es ist unbedingt dafür zu sorgen, daß während der Messung eine stabile und senkrechte Haltung der Sonde gewährleistet ist. Besonders für Kleinteile empfiehlt es sich, eine besondere Halterung oder ein Stativ für die Sonde zu verwenden.

3.4.5 Elektrische Verfahren

3.4.5.1 Leitfähigkeitsverfahren

Zur Schichtdickenbestimmung von Metallen oder Halbleitern auf Isolatoren wird sehr gerne das *Ohm*'sche-Widerstands-Verfahren benutzt. Es überzeugt wegen seiner Einfachheit zumindest in theoretischer Hinsicht, aber auch wegen seiner hohen Empfindlichkeit und Genauigkeit. Mit diesem Verfahren können Schichtdicken vom Submikronbereich bis zu mehreren Millimetern gemessen werden.

Da die Messung kleiner Widerstände von allgemeiner elektrotechnischer Bedeutung ist, existieren viele gut ausgereifte und hochgenaue Meßverfahren. Die Grundgleichung für den *Ohm*'schen Widerstand eines Leiters mit einem rechteckigem Querschnitt und der Länge l zeigt Gl. <3.5>:

$$R = \rho \times \frac{l}{d \times b} = \frac{U}{I} \qquad \text{Gl. <3.5>}$$

d = Dicke des Leiters
R = Widerstand
l, b = Länge, Breite des Leiters
ρ = spez. Widerstand

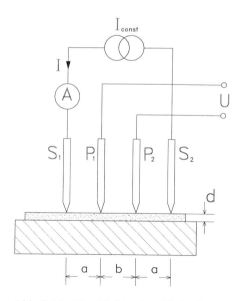

Abb. 3.12: Vier-Elektroden-Methode

Zur Ermittlung des Widerstandes hat sich die Vier-Elektroden-Methode durchgesetzt, da sie die zu Fehler führenden Einflüsse der Zuleitungen und der Übergangswiderstände an den Kontaktflächen automatisch eliminiert. Die Vier-Elektroden-Methode ist in *Abb. 3.12* wiedergegeben.

Hierbei wird über die beiden äußeren Elektroden S_1 und S_2 mit Hilfe einer einstellbaren Konstantspannungsquelle K ein Stromfluß I in der Schicht d erzeugt. An den beiden mittleren Elektroden P_1 und P_2 wird der dadurch erzeugte Spannungsanfall U gemessen. Ist der Elektrodenabstand a bzw. b wie in *Abb. 3.12* gezeigt, so kann man mit Hilfe von Gl. <3.5> eine Beziehung folgender Art zwischen der Schichtdicke d und der Spannung U und dem Strom I ableiten [7]:

$$d = \frac{\rho}{\pi} \times \frac{I}{U} \times \ln\left(\frac{a+b}{a}\right) \qquad \text{Gl. <3.6>}$$

b = Abstand zwischen den Spannungselektroden P_1 und P_2
a = Abstand zwischen S_1 und P_1 bzw. S_2 und P_2
U = Spannung zwischen P_1 und P_2
I = Strom zwischen S_1 und S_2
ρ = spez. Widerstand
d = Schichtdicke

ρ ist der spezifische Widerstand der Schicht. In der Praxis wählt man alle Elektrodenabstände gleich von etwa 1-1,5 mm und Ströme, je nach Schichtdicke zwischen einigen Milliampere bis zu mehreren Ampere.

Um hohe Empfindlichkeit und Genauigkeit zu erzielen, wird man versucht sein, den Strom möglichst hoch zu wählen. Er darf jedoch nicht so groß gewählt werden, daß sich die leitende Schicht übermäßig erwärmt. Obwohl das Verfahren weitgehend unabhängig von den jeweiligen Kontaktwiderständen der Elektroden zur Schicht ist, sollte die Meßstelle metallisch blank sein und die Elektroden mit konstanter Kraft von ca. 1 N auf die leitende Schicht gedrückt werden. Um störende Randeffekte zu vermeiden, sollte die Meßstelle um das 5 – 10fache des Elektrodenabstandes vom Rande entfernt sein.

Ab einer bestimmten Schichtdicke d_k, die als die kritische Dicke bezeichnet wird, stimmen die physikalischen Eigenschaften nicht mehr mit den Werten des kompakten Materials überein. Dies gilt auch für den spez. Widerstand, wenn die kritische Dicke unterschritten wird.

Tabelle 3.1: Kritische Dicke d_k für einige Metalle

Schichtwerkstoff	d_k [µm]
Silber	0,05
Gold	0,04
Chrom	0,30
Eisen	0,20
Titan	0,10
Nickel	10,10
Quecksilber	0,15
Aluminium	0,05

Die *Tabelle 3.1* gibt für einige Metalle die kritische Dicke d_k wieder, die als Richtwerte anzusehen sind, da der Übergang nicht sprungartig, sondern eher fließend ist. Für Schichtdicken $d<d_k$ gelten die Beziehungen der Gl. <3.5> und Gl. <3.6> nicht mehr.

3.4.5.2 Kapazitives Verfahren

Die Anwendung dieses Verfahrens beschränkt sich auf den genau entgegengesetzten Fall, wie im vorherigen Kapitel beschrieben. Hier muß das Substrat selbst elektrisch leitend sein und die Schicht einen Isolator, also ein Dielektrikum darstellen. Auch dieses Verfahren ist, wie das im vorherigen Kapitel beschriebene, eher selten anzutreffen, da es durch das Wirbelstromverfahren in den meisten Fällen einfacher und genauer ersetzt werden kann. Dennoch soll das Verfahren kurz beschrieben werden.

Die Kapazität eines Plattenkondensators berechnet sich nach Gl. <3.7>, wobei A die Fläche des Plattenkondensators ist, was in diesem Falle die Fläche der zumeist runden Meßelektrode darstellt; ε ist die Dielektrizitätskonstante der zu messenden, isolierenden Schicht, d die Schichtdicke.

$$C = \varepsilon \times \frac{A}{d} \qquad \text{Gl. <3.7>}$$

A = Fläche der Meßsonde
ε = Dielektrizitätskonstante
C = Kapazität
d = Schichtdicke

Die Kapazität selbst kann man mit hoher Genauigkeit messen, indem man sie auf eine Frequenzermittlung zurückführt. Dies erreicht man dadurch, daß man die zu messende Kapazität zum Bestandteil des Schwingkreises macht. Die Kreisfrequenz ω ist, wie Gl. <3.8> angibt

$$\omega = \frac{1}{\sqrt{L \times C}} \qquad \text{Gl. <3.8>}$$

ω = Kreisfrequenz
L = Induktivität
C = Kapazität

wobei L die Induktivität und C die Kapazität des Schwingkreises sind. Gl. <3.7> zusammen mit Gl. <3.8> nach der Dicke d aufgelöst ergeben die Gl. <3.9>

$$d = \varepsilon \times A \times L \times \omega^2 = k \times \omega^2 \qquad \text{Gl. <3.9>}$$

k = Konstante
A = Fläche der Meßsonde
d = Schichtdicke
L = Induktivität
ε = Dielektrizitätskonstante
ω = Kreisfrequenz

Darin ist k eine zusammenfassende Konstante. Da die Frequenz allgemein mit höchster Präzision bestimmt werden kann, sollte dieses Meßverfahren eine hohe Genauigkeit versprechen. Die Schwächen liegen aber an anderer Stelle. So ist die Dielektrizitätskonstante für die zu messende Schicht im allgemeinen nicht mit hinreichender Genauigkeit bekannt. Weiterhin kann diese Dielektrizitätskonstante von ein und demselben Dielektrikum je nach Schicht stark schwanken. Auch können Temperaturänderungen oder geringste Änderungen in der Feuchtigkeitsaufnahme der Schicht so große Änderungen in der Dielektrizitätskonstante bewirken, daß eine Messung unsinnig wird. Dennoch kann dieses Verfahren insbesondere für vergleichende Messungen eine hilfreiche ergänzende Funktion erfüllen.

3.4.5.3 Thermoelektrisches Verfahren

Anwendung findet dieses Verfahren nur dann, wenn sowohl der Grundwerkstoff als auch der Schichtwerkstoff aus Metallen bestehen. Es macht sich den *„Seebeck-Effekt"* zunutze, der besagt, daß in einem Leiterkreis aus zwei verschiedenen Metallen eine elektrische Spannung, die sogenannte Thermospannung, erzeugt wird, wenn die beiden Kontaktstellen verschiedene Temperaturen haben.

In *Abb. 3.13* sind A und B die verschiedenen Metalleiter, die in den Punkten 1 und 2 miteinander verbunden sind. Haben diese beiden Punkte unterschiedliche Temperaturen, T_1 und T_2, so entsteht die Thermospannung U_T. Diese Thermospannung hängt einerseits

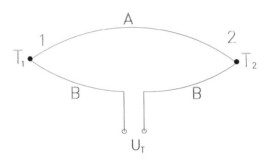

Abb. 3.13: Seebeckeffekt

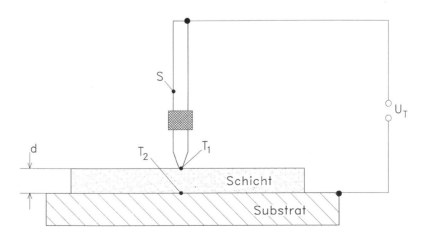

Abb. 3.14: Thermoelektrisches Verfahren

von der Materialpaarung ab, andererseits ist sie proportional zu der Temperaturdifferenz von $T_1 - T_2$. Weit verbreitet ist deswegen auch die Nutzung dieses Effektes zur Temperaturmessung mit Hilfe von Thermoelementen.

Bei der Schichtdickenmessung mit Hilfe des thermoelektrischen Verfahrens wird eine beheizte Meßspitze auf das beschichtete Material gesetzt. Die Thermospannung wird nun am Substrat selbst und am Meßstift abgenommen, wobei dafür zu sorgen ist, daß die Temperaturen an allen Kontaktstellen gleich und bekannt sind. Einfachheitshalber werden sie – bis auf die Meßspitze – auf Umgebungstemperatur gehalten. Die Verhältnisse gehen aus der *Abb. 3.14* hervor. Die Messung erfolgt dadurch, daß der beheizte Meßstift mit einer konstanten Temperatur von z. B. 100° C auf die Meßstelle mit einem fest definierten Auflagedruck von z. B. 1 N aufgesetzt wird. Das Material der Meßspitze richtet sich nach dem Anwendungsfall, besteht aber meistens aus Wolfram oder Nickel. Ebenfalls hat die Meßspitze einen fest definierten Krümmungsradius, da dieser den Wärmeübergang mitbestimmt. Krümmungsradien der Meßspitze von 0,05 mm bis 0,5 mm im Durchmesser sind üblich.

Nach 1-2 Sekunden hat die Meßstelle die Temperatur T_1 der Meßspitze als stationären Zustand angenommen. Je nach dem Wärmeleitvermögen von Schichtmaterial und Grundwerkstoff und vor allen Dingen in Abhängigkeit von der Schichtdicke, auf die es hier ankommt, wird die Temperatur T_2 an der Übergangsstelle von Schichtwerkstoff zum Grundwerkstoff erniedrigt. Durch Messungen der Thermospannung kann unmittelbar auf die Temperatur T_2 geschlossen werden. Der Zusammenhang zwischen der Schichtdicke d und den Temperaturen T_1, T_2 wird näherungsweise in Gl. <3.10> angegeben [9]:

$$d = \frac{2}{3} \times r \left(\frac{T_1}{T_2} - 1 \right)$$ Gl. <3.10>

r = Radius der Meßspitze
d = Schichtdicke

T_1 ist die bekannte und konstant gehaltene Meßspitzentemperatur, r der Spitzenradius, T_2 die Temperatur am Übergang zwischen Schicht und Substrat und d die zu messende Schichtdicke. Die Temperatur T_2 kann man nun unmittelbar mit Hilfe der Thermospannung U_T ermitteln, die unter den hier gemachten Voraussetzungen nur noch eine Funktion der Schichtdicke d ist. Die gemessenen Thermospannungen bewegen sich in der Größenordnung von 0.1 bis 1 mV.

Das hier beschriebene Verfahren wird besonders dort in der Praxis angewendet, wo entweder das magnet-induktive Verfahren grundsätzlich nicht angewendet werden kann oder aber, wo es gilt, in kleinste Ecken und Winkel hinein zu messen.

3.4.6 Radioaktive Verfahren

Hier könnte eine Fülle von verschiedenen Meßmethoden vorgestellt werden, die alle ionisierende oder radioaktive Strahlung dazu benutzen, auf irgendeine Weise die Schichtdicke zu bestimmen. Um die vielfältigen Methoden zu unterscheiden und in ihrer Funktionsweise zu verstehen, wäre ein Exkurs in die Atomphysik unumgänglich. Es sollen aber nur zwei Verfahren zur Sprache kommen, die in der Praxis der Schichtdickenmessung besondere Bedeutung erlangt haben, da sie ein sehr breites Anwendungsspektrum abdecken und für die ausgereifte Geräte verschiedener Anbieter auf dem Markt zur Verfügung stehen. Dies sind das Beta-Rückstreu-Verfahren und das Röntgenfluoreszenz-Verfahren. Bedenken muß man jedoch, daß die Anschaffungskosten der Geräte bei dem ersteren Verfahren etwa bei dem 10fachen, bei dem zweiten um das 100fache höher liegen als die üblichen Schichtdickenmeßgeräte nach dem magnet-induktiven Verfahren. Im folgenden werden diese beiden Verfahren vorgestellt, ohne besondere Kenntnisse der Atomphysik vorauszusetzen.

3.4.6.1 Beta-Rückstreu-Verfahren

Es gibt Elemente, die von Natur aus radioaktive Strahlen aussenden. Am bekanntesten ist das Radium, das wegen dieser Eigenschaft auch seinen Namen bekommen hat. Man unterscheidet drei verschiedene Strahlenarten, die Alpha-, Beta- und Gammastrahlen. In diesem Zusammenhang interessiert nur die Betastrahlung. Betastrahlung heißt, daß diese Elemente Elektronen aussenden. Diese Elektronenemission erfolgt spontan und ohne jeden äußeren Anlaß. Für die Schichtdickenmessung benötigt man nur winzige Mengen einer solchen Quelle für Betastrahlung (Stecknadelkopfgröße).

Der schematische Aufbau eines Meßgerätes nach dem Beta-Rückstreu-Verfahren ist in *Abb. 3.15* dargestellt. Der eigentliche Strahler ist in einer Hülse eingebettet, die sicherstellt, daß die Strahlung nur in einer Richtung, hier nach oben, austreten kann und in allen anderen Richtungen abgeschirmt wird. Die ausgesandten Elektronen treffen auf der Oberfläche des Meßobjektes auf und dringen mehr oder minder tief in den Schichtwerkstoff ein.

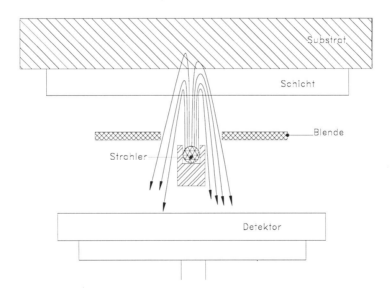

Abb. 3.15: Beta-Rückstreu-Verfahren

Auf ihrem Weg durch den Schichtwerkstoff werden sie häufig mit den Atomen des Schichtwerkstoffes selbst in Wechselwirkung treten, so daß eine bestimmte Anzahl von Elektronen reflektiert wird. Ist die Schicht selbst nicht zu dick, so werden einige Elektronen sogar so tief in den Meßkörper eindringen, daß sie den Grundwerkstoff erreichen und erst dort reflektiert werden.

Die Eindringtiefe der Elektronen in den Meßkörper hängt von der Energie des Betastrahlers ab. Anschaulich gesprochen ist das die Geschwindigkeit, mit der die Elektronen die Betaquelle verlassen und in den Meßkörper eindringen. Diese Energie wird in Elektronenvolt [eV] oder in Megaelektronenvolt [MeV] gemessen. Für die Schichtdicken um 1 µm wird das Promethium 147 verwendet, für Schichten zwischen 1 und 10 µm Thallium 204 und bei Dicken um 10 bis 40 µm Strontium 90. In diesem Zusammenhang spricht man auch von weicheren oder härteren Betastrahlern. Die rückgestreuten Elektronen müssen eine Blende passieren und werden dann in einem Detektor gezählt. Der Detektor ist ein *Geiger-Müller*-Zählrohr, das bei jedem eintretenden Elektron einen elektrischen Impuls abgibt.

Die Anzahl der rückgestreuten Elektronen ist neben der Energie der Elektronen insbesondere abhängig von dem Rückstreukoeffizienten. Das ist das Verhältnis der Anzahl der rückgestreuten zu den auftreffenden Elektronen. Dieser Rückstreukoeffizient ist eine ganz spezifische Werkstoffeigenschaft. Er hängt auf das innigste mit der Ordnungszahl des Werkstoffes zusammen. Alle Elemente sind im Periodensystem durchnummeriert, beginnend mit Wasserstoff, der die Nummer 1 erhält bis über Uran hinaus, welches die Nummer 92 hat, Nickel trägt die Ordnungszahl 28 und Kupfer 29. Die Ordnungszahl gibt auch an, wieviel Protonen im Atomkern des entsprechenden Elementes vorhanden sind. Mit zunehmender Ordnungszahl nimmt der Rückstreukoeffizient zu. Das kann man sich anschaulich so vorstellen, daß die eindringenden Elektronen immer größeren Atomen gegenübergestellt sind und deshalb früher und häufiger zurückprallen.

Bevor eine Messung durchgeführt werden kann, muß zuerst die Rückstreurate gemessen werden, indem man nur den Schichtwerkstoff ausmißt. Dazu muß er eine Mindeststärke von der Größe der Sättigungsdicke haben. Das ist die Dicke, von der ab eine weitere Dickenzunahme keine Änderung der Rückstreurate mehr bewirkt. Anschaulich gesprochen, ist das die Dicke, bis zu der die Elektronen im äußersten Falle gerade noch vordringen können. Diese Rückstreurate des Schichtwerkstoffes wird mit X_S bezeichnet. Genauso wird die Rückstreurate des unbeschichteten Grundwerkstoffes gemessen und mit X_0 bezeichnet.

Der Unterschied in der Rückstreurate von Grund- und Schichtwerkstoff ermöglicht die Schichtdickenmessung. Je größer dieser Unterschied ist, desto genauer kann die Schichtdicke bestimmt werden.

Aus dem vorher gesagten ist es verständlich, daß der Unterschied am größten ist, wenn die Ordnungszahlen von Schicht- und Grundwerkstoff am weitesten auseinander liegen. Umgekehrt ausgedrückt, ist eine Schichtdickenbestimmung nur mit großen Fehlern oder gar nicht möglich, wenn die Ordnungszahlen zu nahe beieinander liegen. Dies gilt z. B. für eine Nickelschicht auf Kupfer mit den Ordnungszahlen von 28 bzw. 29. Daß die Ordnungszahlen zwischen Schicht- und Grundwerkstoff mindestens um einige Einheiten auseinander liegen müssen, ist das wichtigste und entscheidenste Kriterium für die gesamte Schichtdickenmessung nach dem Beta-Rückstreu-Verfahren.

Wenn man die Rückstreurate der alleinigen Schicht X_S gemessen hat und die des unbeschichteten Grundwerkstoffes X_0 so kann man die Rückstreurate X_m bestimmen, die dem zu messenden beschichteten Körper entspricht. Mit Hilfe dieser drei Größen wird die normierte Rückstreurate errechnet nach der Gl. <3.11>

$$X_n = \frac{X_m - X_0}{X_S - X_0}$$ Gl. <3.11>

X_0 = Rückstreurate des unbeschichteten Grundwerkstoffes
X_s = Rückstreurate des Schichtwerkstoffes
X_m = Rückstreurate des beschichteten Grundwerkstoffes
X_n = normierte Rückstreurate

Diese normierte Rückstreurate X_n liegt immer zwischen 0 und 1 und ist deswegen so bedeutsam, weil sie von den Einflußgrößen Aktivität der Betaquelle, Meßzeit, geometrische Anordnungen des Meßkopfes und der Detektoreigenschaft selbst unabhängig ist. Hat man durch Vergleichsmessungen vorher die Kennlinie bestimmt, so besitzt man jetzt die Korrelation zwischen der normierten Rückstreurate und der wirklichen Schichtdicke des Meßkörpers. Diese Kennlinie bleibt für ein und denselben Anwendungsfall unverändert. Wie eingangs erwähnt, kann man je nach Dicke der Schicht typischerweise zwischen den drei Betastrahlern Promethium 147, Thallium 204 und Strontium 90 wählen. Selbstverständlich gehört zu jedem Betastrahler, wie auch zu jeder Schicht/Substrat-Kombination eine eigene Kennlinie. Der prinzipielle Verlauf einer solchen Kennlinie für die wichtigsten Strahler ist in *Abb. 3.16* wiedergegeben. Man unterscheidet hier den linearen Anfangsbereich bis $X_n = 0,35$ und im Mittelfeld den logarithmischen zwischen 0,35 und 0,85 sowie im Endteil den hyperbolischen Bereich von $X_n = 0,85$ bis 1,0. Man sollte die Meß-

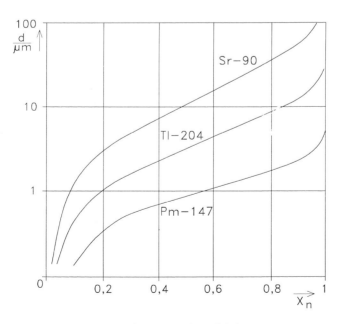

Abb. 3.16: Rückstreurate der wichtigsten Betastrahler

parameter möglichst so wählen, daß die Messungen im logarithmischen Bereich liegen, da dort mit der größten Genauigkeit gemessen werden kann.

Allgemein ist bei der Betaquelle zwischen der Maximalenergie der Betateilchen in eV und der Aktivität der Betaquelle zu unterscheiden. Anschaulich gesprochen ist die Energie ein Maß für die Geschwindigkeit, mit der die Elektronen die Quelle verlassen. Sie bleibt über die gesamte Lebensdauer der Quelle konstant.

Demgegenüber versteht man unter der Aktivität die Anzahl der ausgesandten Elektronen pro Zeiteinheit, und diese wird mit zunehmenden Alter immer geringer. Das rührt daher, daß mit jedem ausgesandten Elektronenteilchen ein Atomkern zerfällt, so daß die aktive Menge der vorhandenen Betaquelle immer geringer wird.

Ein Gesetz der Atomphysik besagt nun, daß die Zeit, in der die Aktivität genau um die Hälfte abgenommen hat, eine für jedes radioaktive Element charakteristische Konstante ist: die sogenannte Halbwertzeit. Unabhängig davon mit welcher Substanzmenge begonnen wird, nach der charakteristischen Halbwertzeit liegt nur noch genau die Hälfte von dem aktiven Material vor und somit ist auch nur die Hälfte der Aktivität vorhanden.

Die Halbwertzeit hat deshalb für den Anwender eine gewisse Bedeutung, da die Aktivität des Betastrahlers nach Verlauf der Halbwertzeit auf die Hälfte gesunken ist und für genauere Messungen spätestens dann erneuert werden muß.

In der *Tabelle 3.2* sind diese Größen für die drei wichtigsten Betaquellen aufgelistet.

Zusammenfassend kann man sagen, daß das Beta-Rückstreu-Verfahren für eine Vielzahl von galvanischen Überzügen eine technisch interessante Lösung bietet, insbesondere wenn auf Kleinteilen dünne Schichten gemessen werden sollen. Andererseits darf nicht

Tab. 3.2: Halbwertzeit und Maximalenergie verschiedener Betaquellen

Betaquelle	Isotop	Maximale Energie der Betateilchen MeV	Halbwertzeit in Jahren
Promethium	147 Pm	0,23	2,6
Thallium	204 Tl	0,77	3,8
Strontium	90 Sr	2,27	28

Abb. 3.17: Betascope der Firma *Fischer*

verschwiegen werden, daß bei Besitz der Betastrahler die Vorschriften der Strahlenschutzverordnung mit allen Konsequenzen befolgt werden müssen. Der Kauf, Transport, Lagerung und Entsorgung eines Winzlings von Betastrahler in der Größenordnung eines Stecknadelkopfes stellt so hohe bürokratische Hindernisse dar, daß dadurch die Anwendung des Beta-Rückstreu-Verfahrens stark beeinträchtigt wird. Die *Abb. 3.17* zeigt ein handelsübliches Beta-Rückstreugerät.

Weitere Angaben zu diesem Verfahren finden sich in der Norm *DIN 50983* und in der Norm *ISO 3543*.

3.4.6.2 Röntgenfluoreszenz-Verfahren

Die Bedeutung dieses Verfahrens hat in den letzten Jahren stark zugenommen. Das liegt daran, daß sehr leistungsstarke Computer zur Verfügung stehen, die einerseits die enorme Datenflut auswerten können und andererseits die Handhabung der gesamten Apparatur durch umfangreiche Softwareprogramme erleichtern.

Die herausragendsten Vorteile dieses Verfahrens sind:

- Berührungslose und zerstörungsfreie Messung für fast alle Schicht- und Grundwerkstoffkombinationen
- Messung an extrem kleinen Objekten
- Messung von einer Seite (Rückstreu-Verfahren)
- Messung auch an Zwei- und Dreischichtsystemen

Demgegenüber stehen die sehr hohen Anschaffungskosten, die in etwa das 50- bis 100fache eines normalen magnet-induktiven Schichtdickenmeßgerätes ausmachen dürften und der Umstand, daß die Meßgeräte den strengen Vorschriften der Strahlenschutzverordnung und/oder der Röntgenverordnung unterworfen sind.

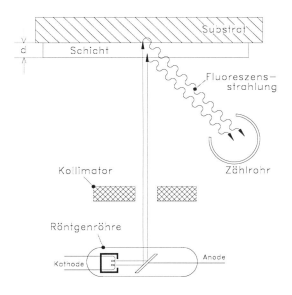

Abb. 3.18: Röntgenfluoreszenz-Verfahren

Auf den ersten Blick existieren gewisse Ähnlichkeiten mit dem im vorangegangen Kapitel beschriebenen Beta-Rückstreu-Verfahren. Auch hier werden von einer Quelle – in diesem Fall Röntgenstrahlen – ausgesendet, die das Meßobjekt bestrahlen. Die rückgestreuten Strahlen werden in einem Detektor gemessen. Der prinzipielle Aufbau des Röntgenfluoreszenz-Verfahrens ist in *Abb. 3.18* wiedergegeben.

Als Strahlenquelle dient die bekannte Röntgenröhre, die Röntgenstrahlen aussendet. Dies sind von der Physik her sehr kurzwellige, elektromagnetische Strahlen, die auch Gammastrahlen genannt werden. Nachdem die Strahlen einen Kollimator, der die Funktion einer Blende hat, passiert haben, treffen sie auf die Meßstelle auf. Die reflektierte, sogenannte Fluoreszenz-Strahlung wird im Zählrohr gemessen. Dieses Zählrohr ist kein *Geiger-Müller* Zähler, der nur die Intensität, also die Anzahl der Gammastrahlen messen kann, sondern auch die Energie, d.h. hier die Wellenlänge der Strahlung mißt. In der Strah-lenphysik werden dafür Proportional- oder Szintilationszählrohre verwendet.

Um die Vorgänge anschaulich verständlich zu machen, werden die Röntgenstrahlen mit den Lichtstrahlen verglichen, die auch eine elektro-magnetische Strahlung darstellen. Die Helligkeit des Lichtes entspricht dann der Intensität der Röntgenstrahlen und die Farbe des Lichtes, also langwelliges rotes oder kurzwelliges violettes Licht, entspricht der Energie der Röntgenstrahlen, wobei die kurzwellige die hochenergetische Strahlung darstellt. Szintilationszählrohre können nun beide Komponenten der Strahlung unabhängig und gleichzeitig messen. Selbstverständlich ist die Röntgenstrahlung wesentlich kurzwelliger und man kann bei ihr nicht von einem roten oder violetten Anteil sprechen.

Die Röntgenröhre sendet ein ganzes Energieband von Strahlen aus, von langwelligen bis kurzwelligen Röntgenstrahlen. Im sichtbaren Bereich spricht man dann von weißem Licht, weil alle Farben, d.h. alle Wellenlängen gleichzeitig vertreten sind, wie bei dem Sonnenlicht. Wird nun ein Werkstoff bestrahlt, so reflektiert er nicht alle Strahlen, sondern nur eine bestimmte Wellenlänge, oder wie man auch sagt, eine bestimmte Linie. Bildlich wird also nicht weißes Licht reflektiert, sondern eine bestimmte Farbe. Die Wellenlänge dieser Linie ist charakteristisch und verschieden für jedes Element, das dadurch eindeutig bestimmt werden kann. Sie leuchtet schwach, d. h. die Intensität der charakteristischen Linie ist klein, wenn nur wenige Atome , wie das bei einer dünnen Schicht der Fall ist, vorhanden sind. Bei einer dicken Schicht sind viele reflektierende Atome vorhanden, und damit ist die rückgestreute Intensität groß. Die Intensität der rückgestreuten Strahlung, die man auch Fluoreszenzstrahlung nennt, ist somit ein direktes Maß für die flächenbezogene Masse und bei bekannter spezifischer Dichte für die Schichtdicke.

Hat man einen beschichteten Grundwerkstoff vor sich, so reflektiert er zwei charakteristische Linien, die der Schicht und die des Grundwerkstoffes. Es gibt zwei Verfahren, um auf die Schichtdicke zu schließen: erstens das Emissions- und zweitens das Absorptionsverfahren.

Beim Emissionsverfahren wird die Meßapparatur so eingestellt, daß sie nur die Linie des Schichtwerkstoffes durchläßt und alle anderen, besonders die des Grundwerkstoffes unterdrückt. Demnach ist die Intensität bei dem Emissionsverfahren gleich 0 (bis auf die Hintergrundstrahlung), wenn der Grundwerkstoff unbeschichtet ist. Mit zunehmender Schichtstärke nimmt auch die Intensität zu, bis sie ihren Maximalwert bei der Sättigungsdicke erreicht hat.

Bei dem Absorptionsverfahren wird die Meßapparatur genau auf den umgekehrten Vorgang eingestellt. Es wird selektiv nur die Linie des Grundwerkstoffes durchgelassen und alle anderen Wellenlängen, insbesondere die Linie des Schichtwerkstoffes werden selektiv ausgeblendet. Bei unbeschichtetem Werkstoff ist dann die Intensität der Fluoreszenzstrahlung maximal, und nimmt mit zunehmender Schichtstärke immer weiter ab. Das ist verständlich, da die dicker werdende Schicht die Strahlung des Grundwerkstoffes immer weiter „abdunkelt". Bei der Sättigungsdicke hat die Schicht die Strahlung von dem Grundwerkstoff vollkommen absorbiert und eine weitere Schichtdickenzunahme kann nicht mehr gemessen werden.

Ähnlich wie beim Beta-Rückstreu-Verfahren in Gl. <3.11> wird hier auch die normierte Intensität I_n definiert, nach der Gl. <3.12>.

$$I_n = \frac{I_m - I_0}{I_s - I_0} \qquad \text{Gl. <3.12>}$$

I_0 = Intensität des unbeschichteten Werkstoffes

I_s = Intensität des Schichtwerkstoffes mit der mindesten Sättigungsdicke

I_m = Intensität des beschichteten Werkstoffes

I_0 ist die Intensität des unbeschichteten Grundwerkstoffes, I_s die des Schichtwerkstoffes mit der mindesten Sättigungsdicke und I_m die Intensität des unbeschichteten Grundwerkstoffes.

Die Sättigungsdicke eines Werkstoffes ist als die Dicke definiert, von der ab eine weitere Dickenzunahme keine Änderung der Fluoreszenz-Intensität mehr hervorruft.

Die normierte Intensität ist deswegen so aussagekräftig, weil sie von allen apparaturbedingten Parametern unabhängig ist. Insbesondere von der Intensität der Röntgenstrahlung, von der Energie der anregenden Strahlung, von der Meß- oder Integrationszeit oder von der speziellen Zählrohreigenschaft.

Für den Zusammenhang zwischen der normierten Fluoreszenz-Intensität und der Schichtdicke existieren ganz ähnliche Kennlinien, wie sie vom Beta-Rückstreu-Verfahren her bekannt und in *Abb. 3.16* gezeigt sind. Auch hier wird von 0 – 35 % von einem linearen und von 35 – 85 % von einem logarithmischen und darüber hinaus bis 100 % von einem hyperbolischen Bereich gesprochen. Wenn diese Kennlinie einmal für eine Schicht-/Grundwerkstoffkombination mit Hilfe von Standards ermittelt worden ist, so kann jederzeit die Schichtdicke dieser Schicht-/Grundstoffkombination bestimmt werden. Ebenfalls sollte auch hier vorzugsweise im logarithmischen Bereich der Kennlinie gearbeitet werden, um die höchste Meßgenauigkeit zu erzielen.

Ähnlich wie beim Beta-Rückstreu-Verfahren treten auch hier Schwierigkeiten auf, wenn die Ordnungszahl des Schichtwerkstoffes und die des Grundwerkstoffes nahe beieinander liegen. In diesem Falle liegen auch die Linien sehr dicht beieinander und können wegen der endlichen Breite der Linien nicht ohne weiteres getrennt werden. Dies ist z.B. bei Nickel mit der Ordnungszahl 28 und Kupfer mit 29 der Fall. Aber auch hier kommt man – zwar mit verminderter Genauigkeit – zu Ergebnissen, wenn man einen entsprechenden Absorber, in diesem Fall eine Cobaltfolie, zwischenschaltet. In *Tabelle 3.3* sind die möglichen Schichtdickenmeßbereiche für verschiedene Schicht-/Grundwerkstoffkombinationen angegeben. Die Werte verstehen sich als Richtgrößen. Ein weiterer Vorzug des Röntgenfluoreszenz-Verfahrens besteht darin, daß Zwischenschichten zerstörungsfrei ermittelt werden können. Dank moderner Computertechnik ist es möglich

Tab. 3.3 Mit Röntgenfluoreszenz bestimmbare Dicke bei verschiedenen Schicht-/Grundwerkstoffkombinationen

Schicht	Grundwerkstoff	Dickenbereich bis
Aluminium	Kupfer	100 µm
Blei	Kupfer, Nickel	13 µm
Cadmium	Eisen	50 µm
Chrom	Eisen, Kupfer, Nickel	25 µm
Gold	Kupfer, Nickel	8 µm
Kupfer	Aluminium, Eisen, Kunststoff	30 µm
Nickel	Aluminium, Eisen, Keramik, Kupfer	20 µm
Palladium	Kupfer, Nickel	40 µm
Platin	Titan	6 µm
Rhodium	Kupfer, Nickel	40 µm
Silber	Kupfer, Nickel	40 µm
Wolfram	Eisen, Keramik	5 µm
Zink	Eisen	30 µm
Zinn	Eisen, Kupfer	60 µm
Zinn/Blei	Kupfer, Nickel	25 µm

Abb. 3.19: Fischerscope der Firma *Fischer*

geworden, Zwei- und sogar Dreischichtsysteme zu messen. Die *Abb. 3.19* zeigt ein handelsübliches Gerät nach dem Röntgen-Fluoreszenz-Verfahren. Weitere Hinweise finden sich in der Norm *DIN 50987* und in der Norm *ISO 3497*.

3.4.7 Schwingquarzverfahren

Soll die Dicke von dünnen aufgedampften Schichten während ihrer Herstellung im Vakuum gemessen werden, so stellt das Schwingquarzverfahren eine hervorragende Möglichkeit dar. Seine besonderen Vorzüge liegen unter anderem in folgenden Punkten:

- Extrem hohes Auflösungsvermögen, welches bis in den Sub-Angströmbereich herunterreicht (10^{-10} m)
- Robustheit und Temperaturstabilität
- Kontinuierliche Insitu-Messung
- Ausheizbar bis 450 °C

Im folgenden sei das Meßverfahren vorgestellt, ohne dabei in Details zu gehen, die zum Verständnis nicht unbedingt nötig sind.

Wird an einem Quarzkristall geeigneter geometrischer Form eine elektrische Spannung angelegt, so deformiert sich dieser Kristall mechanisch. Bei Anlegung eines hochfrequenten elektrischen Wechselfeldes werden besonders intensive Deformationsschwingungen angeregt, wenn das erregende Wechselfeld mit der Resonanzfrequenz des Quarzes übereinstimmt. Diese Frequenz hält der Quarz mit höchster Präzision sogar bei Temperaturänderungen der Umgebung sehr stabil aufrecht. Wegen dieser Eigenschaft ist der Schwingquarz das Frequenznormal in der Elektronik und in der Telekommunikation schlechthin. Seine Technologie ist auf ein Höchstmaß ausgereift und wegen der weiten Verbreitung ist er als Massenartikel extrem preiswert zu haben.

Die bei der Schichtdickenbestimmung verwendeten Quarze haben die Gestalt eines dünnen runden Plättchens und schwingen im Bereich von einigen Megahertz. Ohne Herleitung sei hier gesagt, daß die Frequenz des Quarzes umgekehrt proportional zu der Dicke des Quarzscheibchens ist. Das ist dadurch auch verständlich, da die Frequenz von jedem mechanisch schwingenden Gebilde mit zunehmender Masse kleiner wird. Ein schweres Pendel schwingt langsamer als ein leichtes.

Dieser Effekt wird bei der Schichtdickenmessung ausgenutzt. Das Quarzscheibchen wird bei der Beschichtung im Vakuum dem Metalldampf gemeinsam mit dem Substrat ausgesetzt. Die auf dem Plättchen deponierte Schicht vergrößert die schwingende Masse des Quarzes, womit sich die Frequenz erniedrigt. Diese Änderung der Resonanzfrequenz des Quarzes kann mehrmals in der Sekunde abgefragt werden und somit die Bedampfungsrate oder integriert die Gesamtschichtstärke bestimmt werden. Da die Frequenz mit den heutigen elektronischen Mitteln bis auf 1/10 Hz aufgelöst werden kann, ist dies ein höchst genaues Meßverfahren. Bei einer Resonanzfrequenz von z. B. 5 MHz ergibt sich die oben

Abb. 3.20: XTM/2 der Firma *Leybold*

erwähnte extrem hohe Auflösung im Sub-Angströmbereich. Ohne Herleitung sei auch hier die Gl. <3.13> wiedergegeben.

$$d = k \times \frac{\Delta f}{\gamma}$$ Gl. <3.13>

d = Schichtdicke
γ = Dichte der Schicht
Δf = Frequenzänderung
k = Konstante

Nach diesem Verfahren stehen ausgereifte industriell gefertigte Meßgeräte zur Verfügung. In *Abb. 3.20* ist ein Schichtdickenmeßgerät XTM/2 nach dem Schwingquarz-Verfahren der Firma *Leybold* wiedergegeben (siehe Herstellerverzeichnis).

3.5 Zerstörende Verfahren

3.5.1 Mikroskopische Schichtdickenmessung

Die große Verbreitung, die hohe Genauigkeit und das punktförmige optische Ausmessen gehören sicherlich zu den Vorzügen des Mikroskops bei dessen Verwendung zur Schichtdickenmessung. Sofern keine transparente Schicht vorliegt, was hier die Regel sein dürfte, muß eine saubere Kante zwischen Schicht und Substrat vorhanden sein, so daß die Schicht selbst als klare, abgegrenzte Stufe hervortritt. Diese herzustellen, setzt die Einrichtung eines metallographischen Laboratoriums voraus und benötigt sehr zeitaufwendige Prozeduren. Die sehr ins Detail gehenden Methoden zur Probengewinnung, Einbettung, Schleif- und Polierverfahren sowie die benötigten Ätzmittel wurden in *Kapitel 2.3.4* besprochen.

Die erzielbare Genauigkeit und die kleinste zu messende Schichtdicke hängen sehr stark von der Qualität und der Vergrößerung des Mikroskops ab. Es gibt aber hier eine theoretische Untergrenze, die bei etwa 0,3 µm liegt. Das ist etwa das höchstmögliche Auflösungsvermögen eines Lichtmikroskopes, da die Beugung des Lichtes es nicht zuläßt, zwei Punkte die näher aneinander liegen, getrennt wahrzunehmen. Daraus folgt, daß es wenig sinnvoll ist, Schichten, die dünner sind als 3 µm sind, mit lichtmikroskopischen Mitteln auszumessen. Anders sieht es aus, wenn man das Elektronenmikroskop zu Hilfe nehmen kann. In diesem Fall kann das Auflösungsvermögen um das 100 – 1000fache gesteigert werden.

Für die Schichtdickenmessung von metallischen Überzügen kommen nur Auflichtmikroskope in Hellfeldbeleuchtung zur Anwendung.

3.5.1.1 Schräg- und Querschliff

Durch Sägen, Fräsen, Schleifen oder chemisches Ätzen stellt man von dem Probekörper einen Schliff her, so daß die auszumessende Schicht im Schnitt optisch zugängig wird. Dies ist in *Abb. 3.21* wiedergegeben.

Ist der Schliffwinkel α = 90° so spricht man vom Querschliff. Dieser ist sehr einfach herzustellen und bringt in der Regel die höchste Exaktheit, was die Probenherstellung

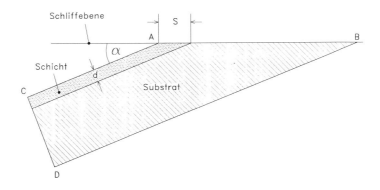

Abb. 3.21: Schrägschliff

selbst anbetrifft. Auf keinen Fall dürfen die Kanten abbröckeln oder durch Schleifen oder Polieren verschmiert werden.
Um dies zu vermeiden, sind bestimmte Schliffhalter entwickelt worden oder es kann das Einbetten in Kunstharz weiterhelfen. Verwendet man andere Einbettsubstanzen, so ist darauf zu achten, daß der Schichtwerkstoff durch Druck- oder Temperatureinwirkung nicht verformt wird. Auch beim Polieren ist darauf zu achten, daß die Kante nicht verschleppt wird. Sind die Kanten trotzdem nicht deutlich erkennbar, so können Ätzprozesse weiterhelfen.
Um die sichtbare Schlifffläche der Schicht zu vergrößern, schleift man die Probe nicht senkrecht, sondern unter einem relativ kleinen Winkel α an. In diesem Falle spricht man von einem Schrägschliff. Schliffwinkel von 5° und darunter sind üblich, um die Genauigkeit zu erhöhen. Die Steigerung dieser Möglichkeit findet aber in der Wirklichkeit bald seine Grenzen, da die Rauhigkeit des Grund- als auch des Schichtwerkstoffes eine Abgrenzung der Schichten immer schwieriger macht.
Es ist keinesfalls so, daß die höchstmögliche Vergrößerung des Mikroskops die besten Meßergebnisse liefert. Es kann sogar zu einer Umkehrung kommen. In der Praxis wird man die Vergrößerung so einstellen, daß die Schicht $\frac{1}{3}$ bis $\frac{2}{3}$ des Gesichtsfeldes ausfüllt.

Beim Schrägschliff mit dem Winkel α errechnet sich die Schichtdicke d nach Gl. <3.14>, wobei s die sichtbare Schichtbreite ist.

$$d = s \times \sin \alpha \qquad \text{Gl. <3.14>}$$

Weitere Erläuterungen finden sich in der Norm *DIN 50950* bzw. in der Norm *ISO 1463*.

3.5.1.2 Einschliff

Bei diesem Verfahren handelt es sich um eine besondere Technik, nach welcher der Einschliff vorgenommen wird. Dabei wird der Probekörper einseitig mit einer Folie unterlegt, die ungefähr der Dicke der zu messenden Schicht entspricht, so daß er in Schräglage unter dem Winkel α zu liegen kommt. Wegen der geringen Höhe h der unterlegten Folie ist der Winkel α extrem klein. Der Einschliff wird jetzt mit einer Schleifscheibe, deren Achse horizontal liegt und deren Durchmesser D ist, vorgenommen, wie das in *Abb. 3.22* gezeigt ist.

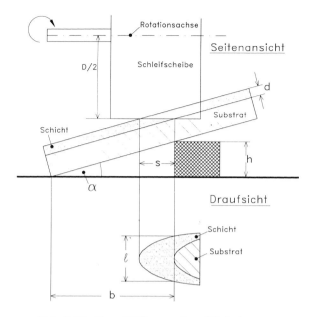

Abb. 3.22: Einschliff unter dem Winkel α

Setzt man für kleine Winkel tgα = sinα, so ergibt sich die einfache Beziehung für die Schichtdicke nach

$$\frac{d}{s} = \frac{h}{b}$$ Gl. <3.15>

Häufiger wird jedoch die Schleifscheibe senkrecht auf den Probekörper aufgesetzt, so daß der Winkel α Null wird und die Schliffe nach *Abb. 3.23* entstehen.

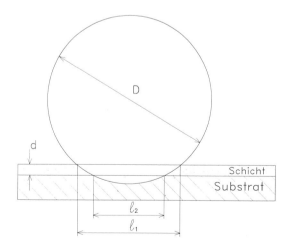

Abb. 3.23: Einschliff senkrecht zur Oberfläche

D ist der Durchmesser der Schleifscheibe. Nach Gl. <3.16> ergibt sich die Schichtdicke wie folgt:

$$d = \frac{1}{4 \times D} \times \left(l_1^2 - l_2^2\right) \qquad \text{Gl. <3.16>}$$

d = Schichtdicke
D = Durchmesser der Schleifscheibe
l_1 und l_2: s. *Abb. 3.23*

Wird jedoch statt einer Kreisscheibe ein Kugelfräser verwendet, entstehen in der Aufsicht zwei konzentrische Kreisringe. Die Durchmesser werden mikroskopisch ausgemessen und können in Gl. <3.16> wie l_1 und l_2 eingesetzt werden.

Nachteilig für das Einschliffverfahren ist, daß die Schliffflächen nicht nachgearbeitet oder poliert werden können, so daß mit unsauberen Kanten zu rechnen ist. Weiterhin macht sich unangenehm bemerkbar, daß die Schichtdicke aus der Differenz von zwei quadratischen Meßgrößen gewonnen werden muß.

3.5.1.3 Tiefenschärfe

Die Bestimmung der Schichtdicke mit Hilfe der Tiefenschärfe des Mikroskops ist wohl eine der simpelsten und einfachsten Methoden der optischen Schichtdickenbestimmung. Sie nutzt eine der Eigenschaften des Mikroskops aus, die sonst allgemein als Nachteil empfunden wird und darin besteht, daß das Mikroskop immer nur einen sehr begrenzten Raum in der Tiefe scharf abbildet. Einzige Anforderung an das Mikroskop ist, daß es eine kalibrierte Tubuseinstellung besitzt. Weiterhin wählt man die Apertur des Objektives und der Beleuchtung so, daß eher eine geringe Tiefenschärfe entsteht.

Zuerst wird das Mikroskop so eingestellt, daß die Oberfläche der Schicht scharf abgebildet wird, man liest die Tubuseinstellung ab und ermittelt danach durch Scharfstellung auf die Substratoberfläche die zweite Tubuseinstellung. Die Differenz ergibt unmittelbar die Schichtdicke.

Absolut saubere, glatte und fehlerfreie Oberflächen machen es sehr schwierig, eine Scharfeinstellung auf der jeweiligen Oberfläche vorzunehmen. In der Regel findet man geringe Verschmutzungen, Partikel oder Fehlstellen, die das Scharfeinstellen ermöglichen. Falls das nicht der Fall ist, kann man durch gezielte Markierung, eventuell mit Hilfe eines Filzstiftes, diese "Verschmutzung" auftragen. Kann man das Mikroskop von Hellfeld auf Dunkelfeld umschalten, so ist dies bei dieser Methode vorzuziehen.

3.5.1.4 Lichtschnittverfahren

Auch hier muß die Schicht als saubere Stufe aufbauend auf dem Grundwerkstoff optisch frei einsehbar sein. Dabei beleuchtet man die Meßstelle mit einem halbkreisförmigen Lichtfleck unter 45° und beobachtet diesen Meßfleck wiederum unter 45° zur Oberflächennormale. Beleuchtung und Beobachtungsrichtung bilden dann genau einen rechten Winkel zueinander, wie dies schematisch in *Abb. 3.24* dargestellt ist. Diese Skizze ist so zu verstehen, daß der Stufensprung genau in der Papierebene und parallel zu ihr liegt. Der halbmondförmige Lichtfleck wird nun so auf die Stufe plaziert, daß die gerade Linie des Fleckes senkrecht über die Stufe verläuft.

Bedingt durch die Stufe und die schräge Beobachtungsrichtung verläuft diese Linie nicht gerade über die Stufe hinweg, sondern scheint um den Betrag d' versetzt zu sein. Die Schichtdicke errechnet sich entsprechend Gl. <3.17>:

$$d = \frac{d'}{\sqrt{2}} \qquad \text{Gl. <3.17>}$$

Der Versatz der geraden Linie und damit der Abstand d' wird am besten mit einem kalibrierten Okularmikrometer abgelesen.

Eine Verfeinerung dieser Methode ist in *Abb. 3.25* wiedergegeben.

Mit der Lichtquelle wird ein Strichgitter mit der Gitterkonstanten g' auf die Meßstelle verkleinert abgebildet. Die projektierten parallelen Gitterlinien müssen genau senkrecht zur Stufe verlaufen. Jede Linie erfährt an der Stufe einen Versatz nach Gl.<3.17>. Um den Versatz auszumessen, brauchen nur die Gitterlinien zwischen dem Versatz ausgezählt zu werden. Der wahre Strichabstand g auf der Meßstelle unter dem Objektiv ergibt sich nach Gl. <3.18>.

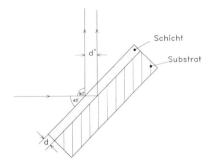

Abb. 3.24: Lichtschnittverfahren

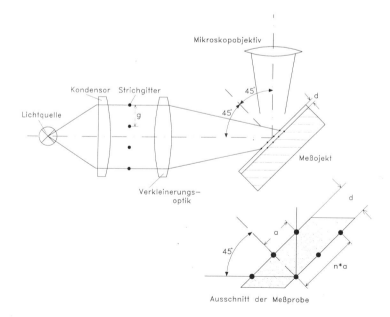

Abb. 3.25: Lichtschnittverfahren mit Strichgitter

$$g = \frac{g' \times V}{45°} = g' \times V \times \sqrt{2} \qquad \text{Gl. <3.18>}$$

Darin ist g' die Gitterkonstante und V der Verkleinerungsmaßstab der Projektion des Strichgitters auf die Meßstelle. Hat das Strichgitter z. B. eine Gitterkonstante von 50 µm und beträgt der Verkleinerungsmaßstab 1:100, so beträgt der Strichabstand an der Meßstelle 0,7 µm. Wenn man zwischen den Strichen noch interpoliert, so lassen sich mit diesem Verfahren Schichtdicken mit einer Genauigkeit von unter 1 µm auflösen.

Erwähnenswert ist hier noch, daß bei diesem Verfahren der Vergrößerungsmaßstab der Beobachtungseinrichtung selbst unbekannt bleiben kann und nicht in die Messung eingeht.

3.5.1.5 Interferometrisches Verfahren

Da es eine Vielzahl von verschiedenen Interferenzmikroskopen gibt, die sich jeweils wieder in einzelne Sonderformen aufteilen lassen, kann dieses sehr weite Spezialgebiet hier nicht erschöpfend dargelegt werden. Jedoch soll das Grundverfahren der interferometrischen Meßtechnik, wie es für die Schichtdickenmessung angewandt werden kann, an einem einfachen Beispiel erläutert werden. Dies geschieht in Anlehnung an die Norm *ISO 3868 (s. Kap. 15)*.

Ist die Schicht selbst nicht transparent, so muß sie teilweise bis zum Substrat entfernt werden, so daß eine klare Stufe zwischen Substrat und Schichtoberfläche optisch zugängig wird. Weiterhin ist notwendig, daß sowohl Substrat als auch Schichtoberfläche reflektierend sein müssen. Sind sie es nicht, empfiehlt es sich, sowohl Substrat als auch Schicht mit einer hauchdünnen, glänzenden Silber- oder Aluminiumschicht zu überziehen. Nur unter dieser Voraussetzung können genaue Meßwerte durch das Interferenzverfahren ermittelt werden.

Stellen wir uns eine dünne keilförmige Luftschicht vor, die unten von dem ebenen Substrat und oben von einer planen optischen (Glas-) Fläche gebildet wird, wobei beide einen sehr kleinen Winkel α zueinander einschließen. Fällt nun an einer bestimmten Stelle monochromatisches Licht der Wellenlänge λ auf diese keilförmige Schicht, so wird der ankommende Strahl nach der Reflexion in zwei Strahlen aufgespalten. Der erstere Strahl wird direkt an der Oberfläche in Q reflektiert und ein weiterer dringt durch die Luftschicht und wird an der Unterseite in P reflektiert. Die beiden reflektierten Strahlen I und I' verlaufen parallel zueinander und werden durch die betrachtende Optik oder spätestens durch das akkommodierte Auge vereinigt. Das Wesen der Interferenz, die in der Wellennatur des Lichtes begründet ist, liegt darin, daß die Strahlen sich in ihrer Intensität verstärken, wenn ihr Gangunterschied ein ganzzahliges Vielfaches der Wellenlänge ist. Die Lichtstrahlen werden sich gegeneinander auslöschen, wenn der Gangunterschied ein ungradzahliges Vielfaches der halben Wellenlänge ist.

Hat die keilförmige Schicht an der Stelle, an der das Licht auftrifft die Dicke d, so muß der Lichtstrahl, der an der Unterseite der keilförmigen Schicht reflektiert wird, die Schicht zweimal durchlaufen, bevor er sich mit dem Lichtstrahl, der an der Oberfläche reflektiert wurde überlagern kann. In *Abb. 3.26* sind diese Verhältnisse schematisch dargestellt.

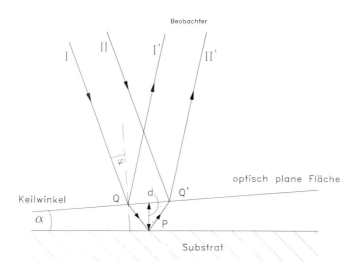

Abb. 3.26: Interferenzstreifen

Ist also die Bedingung der Gl. <3.19>

$$n \times \lambda = 2 \times d \qquad \text{Gl. <3.19>}$$

erfüllt, so verstärkt sich die Lichtintensität. Ist jedoch die Bedingung der Gl. <3.20>

$$(2n+1)\frac{\lambda}{2} = 2d \qquad \text{Gl. <3.20>}$$

erfüllt, so löscht sich das Licht an dieser Stelle aus. In den Gl. <3.19> und Gl. <3.20> bedeutet n eine ganze Zahl und λ die Wellenlänge des Lichtes.

Bei der oben beschriebenen keilförmigen Schicht werden sich also helle und dunkle Streifen abwechseln, die parallel zueinander sind und konstanten Abstand haben. Die Streifen in *Abb. 3.26* verlaufen senkrecht zur Papierebene und ihr Abstand gibt an, daß die Dicke der Luftschicht sich jeweils um $\lambda/2$ geändert hat. Die Streifen können als „Höhenlinien" angesehen werden, deren Abstand immer einen Höhenunterschied von $\lambda/2$ anzeigt.

Besitzt die untere (Substrat-) Fläche, die bisher als vollkommen plan angenommen wurde, bedingt durch eine dort einsetzende Schicht eine Stufe und sorgt man dafür, daß die Stufenkante senkrecht zu den Interferenzstreifen verläuft, so werden diese parallelen Streifen abrupt im Bereich der Stufe einen Versatz erfahren. Dieser Versatz ist direkt proportional zu der Höhe der Stufe. Die Verhältnisse sind zur Erläuterung in *Abb. 3.27* dargestellt.

In der oberen perspektivischen Darstellung nimmt der keilförmige Abstand von vorne nach hinten unter dem Winkel α zu. Dies wurde dadurch erreicht, daß die Glasplatte, auch *Fizeau*-Platte genannt, unter dem Winkel α gekippt wurde. In der *Abb. 3.27* ist nur die untere Fläche dieser *Fizeau*-Platte gezeichnet. Das Gesichtsfeld des Mikroskops ist im unteren Teil der Zeichnung wiedergegeben. Man erkennt, daß die Interferenzstreifen im Verlauf der Stufe um 4,5 Interferenzstreifen versetzt werden.

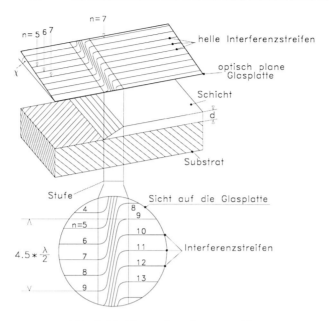

Abb. 3.27: Fizeau-Interferenzstreifen

Benutzt man als Lichtquelle die Natriumlinie mit einer Wellenlänge von 0,589 µm, so errechnet sich die Schichtstärke nach Gl. <3.20> zu 1,32 µm. Aus *Abb. 3.27* geht auch hervor, daß man den Stufenwinkel nicht zu 90° wählen sollte, sondern, wie gezeichnet, unter einem kleineren Winkel ansteigen läßt. Würde die Stufe nämlich senkrecht ansteigen, so könnte man die Interferenzlinien im Verlaufe der Stufe selbst nicht verfolgen, da die Stufenbreite selbst zu Null zusammenschrumpfen würde. Eine Ermittlung des Versatzes in Einheiten der Interferenzstreifen würde dadurch erheblich erschwert.

Mit dem Interferenzverfahren werden die Schichtdicken bis zu mehreren Mikrometern Dicke bestimmt. Das Auflösungsvermögen läßt sich je nach Apparatur bis auf 1 nm steigern.

3.5.2 Differenzdickenmessung mit dem Taster

Konnte der beschichtete Körper vor der Beschichtung selbst nicht vermessen werden, wie in *Kapitel 3.4.2* dargelegt, so muß die Schicht schonend bis zum Grundwerkstoff entfernt werden. Als Taster können alle Meßgeräte verwendet werden, die mit einer mechanischen Antastung arbeiten. Die Meßwertübertragung selbst kann mechanisch, optisch oder elektronisch erfolgen. Die elektronische Meßwertverarbeitung hat den Vorzug der problemlosen Handhabung, sehr hohen Auflösung bis 0,1 µm und der elektronischen Speicherung und Datenverarbeitung über eine Schnittstelle, meist RS232. Der Meßbolzen sollte einen Meßeinsatz aus verschleißfreiem Material haben und die Form einer Kugelkalotte besitzen, deren Radius möglichst groß zu wählen ist, um Eindellungen und Beschädigungen der Meßstelle zu verhindern. Bei harten Schichten soll er mindestens 1,5 mm und bei organischer Beschichtung sollte er 30 mm groß sein.

Die Meßkraft selbst sollte so klein wie möglich gewählt werden, um ein Deformieren der Meßstelle zu verhindern, aber groß genug, um einen sicheren Kontakt mit der Meßoberfläche herzustellen. Als obere Grenze der Meßkraft ist 1,5 N anzusehen. Bei organischen Beschichtungen 0,1 - 0,5 N.

Der Meßkörper ist so auf dem Meßtisch anzuordnen, daß der Meßbolzen mit seinem Einsatz senkrecht auf die Meßstelle plaziert werden kann. Die Messung muß auf der beschichteten Stelle mehrfach vorgenommen werden. Nach Ablösen der Schicht ist die Messung zu wiederholen, wobei sicherzustellen ist, daß wieder an derselben Stelle gemessen wird.

Das Ablösen der Schicht kann mechanisch, chemisch oder elektrolytisch erfolgen. Es ist ein Ablöseverfahren vorzuziehen, bei dem der Meßkörper selbst unverändert auf dem Meßtisch verbleiben kann, so daß gewährleistet ist, daß dieselbe Meßstelle vor und nach dem Ablösen wieder getroffen wird.

Bei der chemischen Ablösung hat sich folgendes Verfahren bewährt. Mit Hilfe eines feinen Strahlrohres wird die chemische Lösung zum Ablösen auf die Meßstelle getropft. Das Ende des Ablösungsvorganges kann man erkennen, wenn die Wasserstoffentwicklung aufgehört hat. In der Regel enthält die chemische Lösung Inhibitoren, damit der Grundwerkstoff selbst nicht angegriffen wird.

Beim elektrolytischen Ablösen metallischer Schichten wird der Elektrolyt durch dasselbe Strahlrohr wie zuvor auf die Meßstelle gebracht. Das Strahlrohr mit seiner Düse wird etwa 2 - 3 mm über der Meßstelle plaziert. Unmittelbar unter dem Strahlrohr wird durch eine Hülse ein Silberdraht als Elektrode eingeführt, so daß er in den Elektrolyten hineinragt. Der Meßkörper selbst dient als Anode und die Silberelektrode stellt die Kathode dar. Die Anode und die Kathode werden an ein Gleichstromnetzteil angeschlossen, welches bei 10 V bis zu 5 A leisten sollte. Um das Ende der elektrolytischen Ablösung zu bestimmen, wird der Strom mit Hilfe eines Amperemeters beobachtet. Fällt er relativ abrupt auf etwa die Hälfte des ursprünglichen Stromes, ist das Ende der elektrolytischen Ablösung erreicht.

Nach sorgfältiger Reinigung der abgelösten Stelle wird erneut mit dem Taster die Tiefe gemessen. Aus der Differenz ergibt sich unmittelbar die Schichtdicke. Je nach Rauhigkeit, Art der Ablösung ist eine Meßunsicherheit von etwa 3 µm zu erwarten. Damit gehört dieses Verfahren, insbesondere für Schichten unter 20 µm, zu den relativ ungenauen Meßverfahren, verglichen mit den elektronischen magnet-induktiven oder Wirbelstromgeräten. Auch der Arbeitsaufwand zur Herstellung einer solchen Meßstelle ist sehr erheblich.

Weitere Hinweise zu diesem Verfahren finden sich in der Norm *DIN 50933*. Dort sind auch für einige gängige metallische Schicht-/Grundwerkstoffkombinationen die Reagenzien angegeben, die für eine chemische bzw. elektrolytische Ablösung benötigt werden.

3.5.3 Profilometrisches Verfahren

Dieses Verfahren ist auch unter dem Namen Tastschnittverfahren bekannt und wurde ursprünglich zur Messung der Rauhtiefe entwickelt *(s. Kap. 4.2)*. Es findet aber auch sehr erfolgreich Anwendung zur Ermittlung der Schichtdicke, wenn diese als Stufe zum Grundwerkstoff mechanisch abtastbar vorliegt.

Vom Prinzip her ist der Meßaufnehmer des profilometrischen Verfahrens direkt vergleichbar mit dem Tonaufnehmer eines Schallplattengerätes. Ebenso wie dort, wird eine Diamantnadel über die Meßstrecke geführt, innerhalb der sich die auszumessende Stufe befindet. Linearbewegungen von 10 - 100 mm sind üblich, wobei entweder der Meßwertaufnehmer bewegt werden kann und das Meßobjekt selbst steht oder umgekehrt.

Die Diamantnadel hat einen Konuswinkel von 90° und besitzt einen Krümmungsradius an ihrer Spitze, der sowohl von der Dicke der zu messenden Stufe, als auch von der Oberflächenrauhigkeit des Grund- bzw. Schichtwerkstoffes abhängt. Üblich sind 2, 5, 10 und 50 µm. Dabei werden die Nadeln mit dem größeren Krümmungsradius vorwiegend bei weichen Werkstoffen eingesetzt, damit diese nicht angekratzt werden. Aus dem gleichen Grund ist die Auflagekraft, die sehr genau konstant gehalten werden muß, gering zu wählen. Üblich sind einige mN. Je kleiner der Krümmungsradius ist, desto kleiner muß auch die Auflagekraft sein.

Die Nadel ist mit einem magnet-induktiven oder einem piezoelektrischen Aufnehmer verbunden, wie sie vom Prinzip her auch bei den Plattenspielern bekannt sind. Der Aufnehmer wandelt die mechanische Auslenkung der Nadel in eine proportionale Spannung um. Diese Meßspannung wird einem geeichten Verstärker zugeführt, der in seiner Verstärkung zwischen 100 und 1.000.000 wählbar ist.

Wird das Meßsignal auf die Y-Achse eines Schreibers gegeben und auf die X-Achse die horizontale Linearbewegung, mit der sich das Meßobjekt relativ zur Nadel bewegt, so entsteht auf dem Schreiber unmittelbar ein Abbild des Profils in vergrößerter Form. Da die Y-Auslenkung des Schreibers unmittelbar in Mikrometer geeicht werden kann, ist die Schichtstufe auf dem Papier maßstabsgetreu wiedergegeben und die Dicke kann in Mikrometer abgelesen werden. Zur Eichung werden Stufen bekannter Dicke verwendet.

Je nach Verstärkungsstufe ist dieses Verfahren sehr empfindlich und kann kleinste Dicken bis in den Nanometerbereich auflösen. Die Empfindlichkeitsgrenze ist im wesentlichen durch die Rauhigkeit der Oberflächen gegeben. Aber auch Dicken bis zu mehreren Millimetern lassen sich sinnvoll mit diesem Verfahren ausmessen. Damit deckt das Tastschnittverfahren in seinem Meßumfang etwa sechs Zehnerpotenzen ab und gehört mit dieser Eigenschaft zu einem der universellsten Meßgeräte unter der Sparte der zerstörenden Meßverfahren. Das Verfahren ist auch in der Norm *ISO 4518* beschrieben.

3.5.4 Verfahren mittels Ablösung

3.5.4.1 Gravimetrisches und maßanalytisches Verfahren

In *Kapitel 3.4.1* ist eine Meßmethode beschrieben, bei welcher der Meßkörper vor der Beschichtung als Ganzes oder durch Herausnahme einer Teilfläche ausgewogen werden kann, um die Gewichtszunahme nach der Beschichtung zu ermitteln. Ist die Dichte des Schichtwerkstoffes mit hinreichender Genauigkeit bekannt, so kann dann die mittlere Schichtdicke errechnet werden.

Steht der Grundwerkstoff in unbeschichteter Form nicht zur Verfügung, so muß der umgekehrte Weg beschritten werden. Je nach Art des Bauteils wird der ganze Körper oder eine ausgewählte Meßfläche von der Schicht befreit. Zuvor hat man den Meßkörper selbst sehr sorgfältig ausgewogen und durch eine Abschätzung sichergestellt, daß die Massendifferenz vor und nach der Ablösung nicht zu kleine Werte annimmt, die keine hinreichende Meßgenauigkeit gewährleisten. Als grobe Richtgröße kann gelten, daß die Massendifferenz des gesamten Probekörpers nicht kleiner als 0,2% sein sollte. Bei Kleinteilen können selbstverständlich auch mehrere Teile zu einer Probe zusammengefaßt werden, um die Genauigkeit zu erhöhen.

Nochmals sei erwähnt, daß bei diesem Verfahren nur die mittlere Schichtdicke ermittelt werden kann und keinerlei Angabe über die maximale oder minimalste Schichtdicke möglich ist. Im Extremfall können sogar völlig unbeschichtete Stellen unentdeckt bleiben.

Soll nur eine Teilfläche des gesamten Probekörpers abgelöst werden, so ist die Meßstelle sorgfältig auszuwählen, und die Umgebung abzudecken. Für jede Schicht-/ Grundwerkstoff-Kombination gibt es optimale Lösungsmittel, die gewährleisten, daß der Grundwerkstoff durch das Lösungsmittel nicht angegriffen wird.

Die Ablösung des Schichtwerkstoffes kann sowohl chemisch als auch elektrolytisch erfolgen. Soll z. B. Zink von einem Eisensubstrat abgelöst werden, so könnte man eine Natriumchlorid- oder Kaliumchloridlösung als Elektrolyten verwenden. Bei chemischer Ablösung würde für dasselbe Beispiel konzentrierte Salzsäure verwendet werden und um ein Angreifen des Eisensubstrates zu vermeiden, kann Antimonchlorid oder Antimonoxid als Inhibitor eingesetzt werden.

Beim elektrolytischen Ablösen wird die Probe selbst als Anode verwendet. Als Kathode wird im obigen Beispiel ein Stahlblech verwendet, dessen Oberfläche mindestens die fünffache Größe der abzulösenden Fläche haben sollte. Die Stromdichte soll so eingestellt werden, daß sie zwischen 3 – 5 A/dm^2 liegt. Das Ende des Ablösevorganges ist daran zu erkennen, daß der Strom plötzlich abnimmt.

Zur Meßunsicherheit tragen mehrere Faktoren bei, denen besondere Aufmerksamkeit gewidmet werden muß. Neben dem Meßfehler der verwendeten Waage ist vor allen Dingen die Ermittlung der Ablösefläche sehr kritisch. Wird z. B. eine kreisförmige Meßstelle gewählt, so geht bei der Ermittlung des Durchmessers der Fehler quadratisch ein. Der Flächeninhalt der Ablösefläche sollte mindestens mit 1% Genauigkeit bestimmt werden. Aber auch beim Ablösevorgang besteht eine gewisse Unsicherheit, ob der Schichtwerkstoff vollständig abgelöst ist, aber das Substrat selbst noch nicht angegriffen wurde. Besondere Unsicherheiten liegen z.B. bei dem Verzinken im Schmelztauchverfahren vor, wo Übergangslegierungen zwischen Zink und dem Stahl entstehen. Beim Ablösen werden sie teilweise mit abgelöst, so daß zu große Meßwerte für die Dicke bestimmt werden. Eine weitere Unsicherheit liegt darin, daß die Dichte des Schichtwerkstoffes in der Regel nicht mit hinreichender Genauigkeit bekannt ist, da die Dichte des kompakten Schichtwerkstoffes gegenüber derjenigen der Schicht unterschiedlich sein kann. Die Schichtdicke d errechnet sich ebenfalls nach Gl. <3.1>. Weitere Angaben zu dieser Methode finden sich in der Norm *DIN 50988*, Teil 1.

Neben der gravimetrischen Bestimmung der abgelösten Schichtmasse ist auch eine sehr genaue Bestimmung mit Hilfe der Maßanalyse möglich. Die Probenvorbereitung und Ablösung des Schichtwerkstoffes erfolgen wie zuvor beschrieben. Auch hier kann die Ablösung elektrolytisch oder chemisch erfolgen, mit den gleichen Lösungen, wie bei dem gravimetrischen Verfahren.

Zum Unterschied wird hier jedoch die in Lösung gegangene Menge des Schichtwerkstoffes analytisch bestimmt. Auf die verschiedenen Möglichkeiten der quantitativen chemischen Analyse soll hier nicht eingegangen werden. Es soll nur erwähnt werden, daß die Titration das schnellste und genaueste Verfahren in diesem Zusammenhang darstellt. Genauere Informationen finden sich in der Norm *DIN 50988*, Teil 2, speziell für die Bestimmung der flächenbezogenen Masse von Zink- und Zinnschichten auf Eisen.

In jüngerer Zeit hat die Flammenatomabsorptionsspektrometrie FAAS zur quantitativen Bestimmung von Substanzen immer größere Bedeutung erlangt. Sie besticht vor allen Dingen wegen ihrer hohen Genauigkeit bei der quantitativen Bestimmung der gelösten Substanzen und die relativ schnelle Analyse. Die Ablösung der Schicht und die Gewinnung der Probenlösung erfolgt wie bei dem maßanalytischen Verfahren. Sie kann also auch hier chemisch oder elektrolytisch erfolgen. Lediglich die quantitative Bestimmung des gelösten Schichtwerkstoffes in der Lösung erfolgt mit Hilfe der Flammenatomabsorptionspektrometrie. Zu diesem Verfahren ist eine Norm erschienen unter der Nummer *DIN 50990*. Der Aufbau von Atomabsorptionsspektrometern ist in der *DIN 51401*, Teil 2 beschrieben.

3.5.4.2 Coulometrisches Verfahren

Die Umkehrung des galvanischen Vorganges ist die anodische Ablösung. Wird sie zur Massen- bzw. Dickenbestimmung des Schichtwerkstoffes benutzt, so spricht man auch vom coulometrischen Verfahren. Nach dem *Faraday*'schen Gesetz der Elektrolyse ist die abgeschiedene Masse proportional zu der elektrischen Ladung. Auf die Schichtdickenmessung bezogen, drückt dies Gl. <3.21> aus.

$$m = I \times t \times Ae \times \eta = d \times A \times \gamma \qquad \text{Gl. <3.21>}$$

m = abgeschiedene Masse
η = Stromausbeute
I = elektrischer Strom
d = Schichtdicke
t = Zeit
A = Fläche
Ae = elektrochem. Äquivalent
γ = spez. Dichte

Die Stromstärke I mal der Zeit t entspricht der Ladungsmenge. Ae ist das elektrochemische Äquivalent, das die Ladungsmenge darstellt, die nötig ist, um ein Gramm-Äquivalent abzuscheiden. Ein Gramm-Äquivalent ist das Atomgewicht ausgedrückt in Gramm dividiert durch die Wertigkeit. Die Einheit der Ladung ist ein Coulomb. η ist der anodische Wirkungsgrad, der in Prozent angegeben wird und zwischen 10% und 100% schwanken kann. Dieser Faktor muß im Einzelfall experimentell ermittelt werden. Aus Gl. <3.22> kann die Schichtdicke d unmittelbar berechnet werden, sofern die Dichte γ des Schichtwerkstoffes bekannt ist.

Werden alle apparativen Größen in einer Konstante k zusammengefaßt, so läßt sich Gl. <3.19> sehr einfach und übersichtlich in Gl. <3.22> zusammenfassen, womit für die Schichtdickenbestimmung nur noch die Ablösezeit t zu bestimmen ist.

$$d = k \times t \qquad \text{Gl. <3.22>}$$

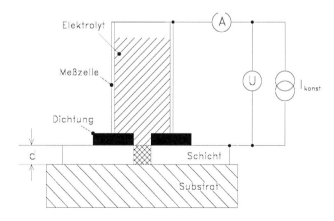

Abb. 3.28: Coulometrisches Verfahren

Die eigentliche Meßzelle ist in *Abb. 3.28* dargestellt.

Die Meßzelle wird mittels einer Gummidichtung auf die zu messende Stelle aufgesetzt. Die Gummidichtung sorgt für eine saubere Abgrenzung der zumeist kreisförmigen Meßfläche. Für die meisten Meßanwendungen genügen einige Quadratmillimeter Ablösefläche.

Der Elektrolyt muß entsprechend der Schicht-/Grundwerkstoffkombination ausgewählt werden und folgende Bedingungen erfüllen:

- Der Elektrolyt darf im stromlosen Zustand die Schicht nicht angreifen;
- Die anodische Stromausbeute soll möglichst 100% betragen und
- der beim Beenden des Ablösevorganges entstehende Potentialsprung soll möglichst deutlich ausfallen.

Die ständige Bereithaltung frischer Elektrolyte für die verschiedenen Schicht-/Grundwerkstoffkombinationen stellt einen gewissen Nachteil des Coulometrischen Verfahrens dar.

Die Umwälzung des Elektrolyten in der Meßzelle kann die Meßgenauigkeit erheblich erhöhen. Bei größeren Schichtdicken ist dies notwendig, um einem Verbrauch des Elektrolyten an den Phasengrenzen entgegen zu wirken. Aber auch die Bildung von Gasblasen auf der Elektrodenfläche, die den Stromfluß unkontrollierbar beeinflussen können, wird damit verhindert.

Die genaue Bestimmung der Ablösezeit t_E kann einen Unsicherheitsfaktor darstellen, wenn der Potentialsprung am Ende der Ablösezeit nicht deutlich genug ist. Dazu wird in *Abb. 3.29* der zeitliche Ablauf der Zellspannung wiedergegeben.

Aus der Abbildung ist ersichtlich, daß sich während der Ablösung ein konstantes Potential einstellt. Am Ende der Ablösezeit erhöht sich das Potential der Meßzelle plötzlich. Dieser Potentialsprung deutet das Ende des Ablösevorganges an.

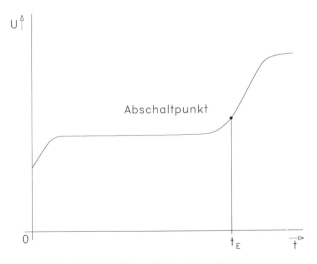

Abb. 3.29: Zeitlicher Verlauf der Zellspannung

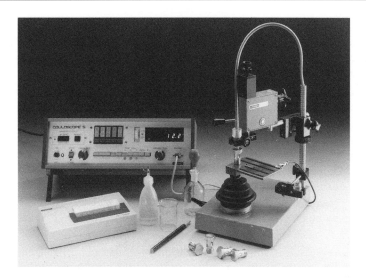

Abb. 3.30: Couloscope der Firma *Fischer*

Es erfordert viel Erfahrung, sauberes Arbeiten und die Verwendung von ständig frischen Elektrolyten, um zu genauen Messungen zu gelangen. Des weiteren muß die Konstante k in Gl. <3.22> immer wieder durch Kalibriermessungen verifiziert werden.

Die Norm *DIN 50955* (ist weitgehend identisch mit der *ISO 2177*) beschäftigt sich mit dem coulometrischen Verfahren und gibt u. a. 27 Reagenzien für die verschiedenen Schicht-/Grundwerkstoffkombinationen an. Einschränkend muß erwähnt werden, daß diese Elektrolyte nicht für alle Meßgeräte uneingeschränkt verwendet werden können, da die Hersteller eigene Elektrolyte empfehlen. In jedem Fall muß bei dem gewählten Elektrolyten zuerst eine Eichmessung anhand von Vergleichsproben erfolgen. Ein Gerät ist in *Abb. 3.30* abgebildet.

3.5.4.3 Strahl-, Tropf- und Tüpfelverfahren

Lediglich der Vollständigkeit halber seien diese Verfahren hier mit erwähnt, da sie hinsichtlich Handhabung und Genauigkeit viele Wünsche offen lassen und eher der Pionierzeit der Schichtdickenmessung zuzurechnen sind. Alle drei Verfahren sind sehr ähnlich und in ihrer Wirkungsweise und Genauigkeit vergleichbar. Bei allen drei Verfahren wird eine Flüssigkeit benötigt, die das Schichtmaterial auflöst. Des weiteren muß das Ende des Prüfvorganges durch ein deutliches Sichtbarwerden des Grundwerkstoffes erkennbar sein.

Beim Strahlverfahren läßt man die Prüfflüssigkeit aus einer Kapillare auf die Prüffläche, die unter 45° geneigt ist, in Form eines Strahles auftreffen. Die Stelle, auf die die Prüflösung auftrifft, muß genau beobachtet werden, um die Zeit mit einer Stoppuhr genau festhalten zu können, bei der die Substratoberfläche erkennbar wird.

Dieses Verfahren ist besonders in Großbritannien verbreitet, wogegen sich in den Vereinigten Staaten die Tropfmethode durchgesetzt hat. Dabei wird nicht ein kontinuierlicher Strahl auf die Prüffläche gerichtet, sondern einzelne Tropfen. Es wird hierbei nicht die Zeit bis zum Ablösen der Schicht mit der Stoppuhr gemessen, sondern die Anzahl der

Tropfen. Es ist klar, daß die Tropfrate und die Temperatur genau konstant gehalten werden muß, da sie das Meßergebnis sehr stark beeinflussen. Alle anderen Größen können in einer Geräte- bzw. Apparaturkonstanten zusammengefaßt werden, die durch vergleichende Messungen an Eichnormalien bestimmt werden muß.

Bei der Tüpfelmethode wird eine gut vorbereitete Meßstelle Z ringförmig durch einen Fett- oder isolierenden Film abgegrenzt. Innerhalb dieses Ringes wird ein Tropfen der Lösung aufgebracht und mit der Stoppuhr die Zeit zwischen Beginn und Ende der Gasentwicklung gemessen. Wenn die Gasentwicklung selbst kein sicheres Indiz für das Ende des Vorganges ist, muß auf das Sichtbarwerden des Grundwerkstoffes geachtet werden. Hält man alle Größen, wie Temperatur, Konzentration der Lösung etc. konstant, so ist die Zeit zu der Schichtdicke direkt proportional. Weiterhin muß beachtet werden, daß dieses Verfahren nur für sehr dünne Schichten, die deutlich unter 1 µm liegen, verwendet werden kann, da sonst zu starke Reaktionen einsetzen, die das gesamte Verfahren in Frage stellen.

Die hier beschriebenen Verfahren haben mehr oder weniger nur orientierenden Charakter und sollten, wenn eben möglich, durch andere Verfahren ersetzt werden, die viel schneller sind und wesentlich genauere Meßwerte liefern.

Literatur zu Kapitel 3

[1] Nitzsche, Karl: Schichtmeßtechnik, Deutscher Verlag für Grundstoffindustrie, Leipzig (1974)

[2] Herrmann, Diethard: Schichtdickenmessung, R. Oldenbourg Verlag, München (1993)

[3] DIN-Normen: Beuth Verlag GmbH, Grafenstraße 6, Berlin

[4] Küpfmüller, Karl: Theoretische Elektrotechnik, Springer Verlag Berlin (1973)

[5] Nix, Norbert: Überzüge prüfen, Maschinenpark Würzburg 94 (1988)

[6] Nix, Norbert: Einrichtung zur Messung der Dicke von festen Überzügen auf einem Grundmaterial, Patentschrift DE 30 19 540 C2 (1980)

[7] Buchanan, J. G. u. a.: The Measurement of Wall Thickness of Metal. Nondestructive testing (1958) H. 1, S. 31-35

[8] Mayer, H.: Physik dünner Schichten, Wiss. Verlagsgesellschaft, Stuttgart 1950

[9] Morgner, W.; Siebner, J.: Zur Theorie und Praxis der thermo-elektrischen Schichtdickenmessung, Wiss. z. Techn. Hochschule Magdeburg 13 (1969) 5, S. 443-449

4 Prüfung der Oberflächenbeschaffenheit

Die äußerliche Beschaffenheit einer metallischen Oberfläche ist durch das Aussehen und die Geometrie der Oberfläche gegeben. Als unmittelbar sichtbare Eigenschaft hat sie für die Beurteilung der Qualität - sei es durch den Abnehmer oder im Rahmen von Qualitätsicherungsmaßnahmen - besondere Bedeutung. Sie muß daher auch mit Hilfe möglichst objektiver Methoden kontrollierbar sein. Die wichtigsten von ihnen sind die visuelle Prüfung, die Rauheitsprüfung und die Glanzmessung.

Bei der visuellen Prüfung wird das Aussehen kontrolliert, das Farbe, Ebenheit, Glätte, Glanz sowie spezielle visuelle Effekte einschließt und besonders für dekorative Schichten von Bedeutung ist. Die Beurteilung erfolgt in der Regel durch den Vergleich mit Etalons.

Die Farbe ist in der Regel durch den Farbton des Schichtmetalls oder durch denjenigen einer Nachbehandlung gegeben. Zu den technischen Schichtmetallen, die besondere Farbgebungen ermöglichen, gehören vor allem Kupfer und Gold sowie ihre Legierungen. Bei den Nachbehandlungen sind dies in der Hauptsache die Metallfärbungen und Chromatierungen einiger Metalle. Vor allem bei den Legierungen und bei der Nachbehandlung kann der Farbton auch durch die Verfahren selbst beeinflußt werden. Bei der galvanischen Abscheidung können Zusammensetzung des Elektrolyten und Abscheidungsparameter die Legierungszusammensetzung und damit den Farbton der Schichten beeinflussen. Ebenheit, Glätte, d. h. Rauheit und Glanz sind in der Hauptsache das Ergebnis der Oberflächenbeschaffenheit des Grundmaterials, der Fertigungstechnologie der Bauteile und der Verfahren der Oberflächenbehandlung. Bei den letztgenannten sind Verfahren der mechanischen Bearbeitung, d. h. Schleifen und Polieren und die Abscheidung einebnender Schichten von Bedeutung.

Die Rauheit der Oberfläche ist vor allem bei funktionell beanspruchten Oberflächen wichtig. Sie beeinflußt u. a. die Dichtheit von Oberflächenpaarungen, die Laufeigenschaften, Reibung und Verschleiß. Sie wird daher in solchen Flächen nicht nur visuell beurteilt oder verglichen, sondern mittels objektiver Methoden gemessen.

Obwohl man sich bei der Kontrolle des Glanzes für die meisten dekorativen Anwendungen von metallischen Schichten meist noch mit der visuellen Beurteilung zufrieden gibt, versucht man wegen der Bedeutung der Qualität immer öfter auf objektive Kontrollmethoden umzustellen. Die Beurteilung durch die Reflektometer-Werte ist zwar auch nur eine Vergleichsmethode, die allerdings unter exakt definierten Bedingungen stattfindet.

4.1 Visuelle Prüfung galvanischer Schichten

Die Sichtprüfung galvanischer Schichten ist eine einfach durchführbare Kontrolle, mit der die meisten Fehler im Aussehen der Schichten ausreichend genau festgestellt werden können.

Außerdem lassen die erkannten Unzulänglichkeiten der Oberfläche in vielen Fällen auch Schlüsse auf Abscheidungsfehler zu. Umgekehrt deutet ein unverändertes Aussehen von galvanisierten Teilen auch auf stabile Abscheidungsbedingungen hin. Die Prüfung ist daher nicht nur in der dekorativen, sondern auch in der funktionellen Galvanotechnik ein wichtiges Hilfsmittel der Qualitätssicherung sowohl bei der Verfahrensüberwachung, als auch bei der Zwischen-, End- und Eingangskontrolle.

4.1.1 Beurteilungskriterien

Das Prinzip der Sichtprüfung besteht in der Beurteilung des Aussehens der Oberfläche unter Berücksichtigung der auf diese Weise feststellbaren, für den jeweiligen Anwendungsfall wesentlichen Schichteigenschaften. Meist geht es um folgende Eigenschaften:

a) Farbe
b) Ebenheit und Glanz
c) Rauhigkeit
d) Gleichmäßigkeit
e) Sichtbare Oberflächenfehler
f) Problemspezifische Eigenschaften

Gleichmäßigkeit bedeutet u. a., daß die in a) bis c) erwähnten Eigenschaften auf der ganzen Oberfläche unverändert bestehen müssen. Zu sichtbaren Oberflächenfehlern gehören Blasen, größere Risse. Unter problemspezifischen Eigenschaften ist beispielsweise zu verstehen, daß wesentliche Flächen bedeckt sein müssen, während andere unbeschichtet bleiben müssen.

4.1.2 Durchführung der visuellen Prüfung

Die visuelle Prüfung erfolgt in der Regel ohne Vergrößerungseinrichtung mit dem unbewaffneten Auge. Da die Beurteilung daher immer mehr oder weniger subjektiv ist, müssen Vorkehrungen getroffen werden, die einerseits optimale (Licht, Lichteinfallswinkel, Betrachtungswinkel u. ä.) und andererseits gleichmäßige Arbeitsbedingungen gewährleisten.

Meist werden spezielle Arbeitsplätze eingerichtet, die mit einer entsprechender Beleuchtung sowie Blenden und Spiegeln zur Lichtführung ausgestattet sind.

Trotzdem gestatten die Ergebnisse der Sichtprüfung nur .qualitative Aussagen, lediglich bei einigen Eigenschaften ist durch Erstellung einer Bewertungsskala u. U. eine halbquantitative Auswertung möglich.

4.1.3 Anwendung der visuellen Prüfung

In der Praxis wird die visuelle Prüfung entweder bei der End- oder Eingangskontrolle beschichteter Bauteile oder zur Kontrolle der Schichterzeugungsverfahren im Rahmen der Qualitätssicherung angewandt.

Die End- und Eingangskontrolle ist meist Gegenstand von Liefer- und Abnahmeverträgen. Es muß daher bekannt sein, welche Eigenschaften geprüft werden, welche Fehler unzulässig oder tolerierbar sind. Alle Kriterien müssen zwischen dem Lieferanten und dem Abnehmer sehr präzise vereinbart werden. Eventuell sind Vergleichsmuster und -standards in Kompaktform oder als Abbildung vorhanden. Die mit solchen Kontrollen zusammenhängenden Absprachen, die benötigte Dokumentation u. ä. werden heute meist im Rahmen von Gütegemeinschaften geregelt.

Bei der visuellen Kontrolle zur Qualitätssicherung ist es ebenfalls notwendig zu vereinbaren, welche Eigenschaften überprüft werden sollen. Dabei sind solche zu wählen, die möglichst aussagekräftige Hinweise über eventuelle Verfahrensfehler ermöglichen.

Tabelle 4.1 enthält eine Zusammenstellung einiger charakteristischer, durch visuelle Prüfung feststellbarer Fehler bei der galvanischen Metallabscheidung, die vom Grundmetall oder von der Bearbeitung herrühren können. In der *Tabelle 4.2* sind beispielhaft Fehler aufgeführt, die ihren Ursprung im Überzugsverfahren haben können.

Tabelle 4.1: Fehler, die vom Grundmetall oder von der Bearbeitung herrühren

Fehler	Ursache
Säume und Überlappungen	entstehen bei Guß durch unregelmäßige Ausfüllung der Form, bei Knetwerkstoffen durch Walzen oder Schmieden unregelmäßiger Oberflächen
Poren	entstehen in Gußteilen durch Gaseinschlüsse oder Schwindrisse, sind in Sinterteilen bei ungenügender Verdichtung enthalten und können auch in Walzblechen auftreten
Schlackenzeilen	sind in das Blech eingewalzte Schlacken- oder Oxidteilchen, die sich als reihenweise auftretende Grübchen äußern
Ziehriefen	sind Längsrillen, die vom Ziehen oder Stanzen herrühren
Putznarben	sind Oberflächenverletzungen, die beim Putzen von Gußteilen (Druckguß) entstehen
Schweißnarben	sind Oberflächenfehler, die von der Lichtbogen- oder Widerstandsschweißung herrühren
Rattermarken	entstehen als wellenförmige Linien hauptsächlich bei spanabhebender Bearbeitung, wenn das Werkstück nicht stabil eingespannt ist, infolge von Eigenschwingungen der Maschine oder des Werkzeuges
Schleifrisse	können infolge starker Temperaturunterschiede beim Schleifvorgang entstehen
Brandflecken	entstehen durch örtliche Überhitzung
Schleifspuren	verbleiben, wenn grobe Schleifkratzer unvollkommen beseitigt werden
Angeschlagene Stellen	können beim Transport entstehen
Orangenschaleneffekt	entsteht durch Fließfiguren (Folge des Biegens oder des Tiefziehens)
Verbrannte (rauhe oder matte) Stellen	rühren von örtlich zu hoher Stromdichte bei galvanischen Verfahren (Verchromung) her

Tabelle 4.2: Fehler, die ihren Ursprung im Überzugsverfahren haben können

Fehler	Ursache
Reliefbildung	ist eine Verstärkung vorhandener Unebenheiten durch nicht einebnende Bäder
Poren	können in galvanischen Überzügen auftreten, wenn sich Wasserstoffbläschen, Schlammteilchen usw. während der Abscheidung festsetzen
Krater	sind größere Poren mit ebener Bodenfläche (z. B. „Ölporen")
Rauhe Oberflächen	entstehen durch das Auftreten von Knötchen bei zu hoher Stromdichte oder durch eingeschlossene Verunreinigungen
Ausblühungen (Auswitterungen)	sind Salzreste, die auf mangelhafte Spülung schließen lassen. Die in Poren zurückgehaltene Beiz- oder Behandlungsflüssigkeit tritt nach außen und trocknet am Porenausgang in Form von weißen oder farbigen Flecken
Risse, Abblätterungen	lassen auf innere Spannungen in wenig duktilen Überzügen oder auf ungenügende Vorbehandlung schließen
Milchiges Aussehen	entsteht durch Einschluß feiner Bläschen im Überzug (z. B. bei Glanzchrom)
Nicht gedeckte Stellen	in Chromüberzügen auf Nickel lassen auf zu geringe Stromdichte oder unrichtige Badzusammensetzung schließen
Schlechte Politur	kann bei bestimmter Blickrichtung ein trübes Aussehen bewirken, infolge von feinen Polierspuren
Ungenügender Glanz	kann bei Hochglanzbädern auf Verunreinigungen oder unrichtige Badzusammensetzung oder zu kurze Abscheidungszeit zurückgehen
Verstärkte Kanten	treten bei galvanischen Überzügen infolge Konzentrierung der Stromlinien auf, lassen sich aber durch Abblenden vermeiden
Ungedeckte Kanten	können bei der Feuerverzinkung oder Feuerverzinnung auftreten, infolge der durch die Oberflächenspannung des geschmolzenen Metalls eintretenden Kantenflucht
Blasen	sind örtliche Aufwölbungen an verunreinigten oder passiven Stellen, die z. B. durch Gasentwicklung unter dem Überzug entstehen

4.2 Rauheitsprüfung

4.2.1 Oberflächengestalt

Ein Werkstück ist durch seine Gestalt charakterisiert. Es unterscheidet sich von der geplanten, geometrisch idealen Gestalt durch herstellungsbedingte Abweichungen. Diese möglichen Gestaltabweichungen werden nach *DIN 4760* in sechs Ordnungen unterteilt.

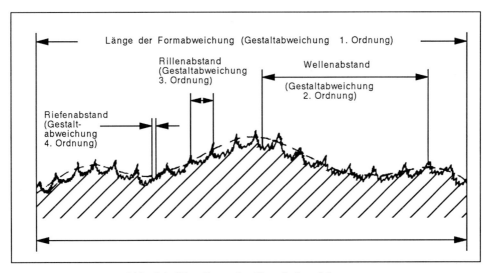

Abb. 4.1: Einteilung der Gestaltabweichungen

Der wesentliche Unterschied zwischen den sich überlagernden Gestaltabweichungen liegt in dem Verhältnis zwischen horizontaler und vertikaler Ausdehnung *(Abb. 4.1)*. Die Formabweichung ist langwellig und erstreckt sich oftmals über die gesamte Funktionsfläche (1. Ordnung / *DIN ISO 1101*). Sie beschreibt grobe Abweichungen der Geradheit, Ebenheit, Rundheit, sowie Zylinder-, Linien- und Flächenform. Sie ist wichtig für Dichtheit, Laufeigenschaften und Präzisionspassungen. Die Welligkeit beeinflußt die Laufeigenschaften, das Schmierverhalten und die Geräuschentwicklung an bewegten Teilen. Der Abstand von Welle zu Welle der Welligkeit (2. Ordnung / *DIN 4774*) ist größer als der Abstand von Rille zu Rille der Rauheit (3. Ordnung). Sie beinhaltet Rillen (*DIN 4762* u. *4771*), die 4. Ordnung Riefen, Schuppen und Kuppen (*DIN 4768*). Diese Abweichungen können je nach Fertigungsverfahren regelmäßig oder unregelmäßig wiederkehren und machen sich bei der Reibung, dem Verschleiß und damit der Lebensdauer bemerkbar.

Die Gefügestruktur (5. Ordnung / *DIN 4776*) und der Gitteraufbau (6. Ordnung) fallen in das Gebiet der Werkstoffprüfung.

4.2.2 Erfassung von Gestaltabweichungen

Die Erfassung und Einhaltung der Oberflächengestalt spielt immer dort eine Rolle, wo eine Fläche eine besondere Funktion zu erfüllen hat: z.B. bei Passungen, als Gleit- oder Schmierfläche oder für optische Eigenschaften.

Der geforderte Grad der Übereinstimmung der geometrisch idealen Oberfläche (Soll-Oberfläche) mit der wirklichen Oberfläche bestimmt oft wesentlich den Fertigungsaufwand. Das Erfassen der Oberflächengestalt geschieht durch Abtasten der Oberfläche mit

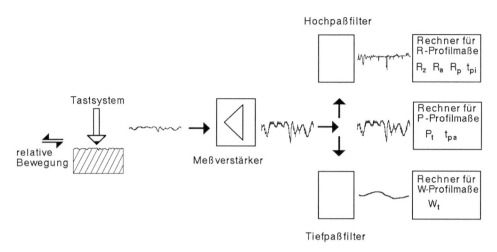

Abb. 4.2: Prinzip eines Tastschnittes

einem geeigneten Tastsystem entlang einer Linie (2-dimensionaler Profilschnitt), *(Abb. 4.2)*. Es wird in der Praxis meist in der Richtung durchgeführt, in der die größte vertikale Profilabweichung erwartet wird. Dies ist in der Regel senkrecht zur Bearbeitungsrichtung. Das dadurch erhaltene Meßsignal wird nach entsprechender Verstärkung und Filterung auf die gewünschten Oberflächenkenngrößen hin ausgewertet. Durch Aneinanderreihen mehrerer Profilschnitte kann ein 3-dimensionales Abbild der Oberfläche gewonnen werden.

4.2.3 Berührende Tastsysteme

Kernstück der berührenden Tastsysteme ist eine kegelförmige Diamantnadel, welche im Normalfall einen Winkel von 90° ± 5' hat. Der Spitzenradius beträgt im allgemeinen 5 µm ± 2 µm bei einer Auflagekraft von 0,7 mN. Die Nadel kann natürlich nur so der wirklichen Oberfläche folgen, wie es ihrer Geometrie entspricht. Überlappungen und enge Risse werden damit nicht erfaßt. Ebenso kann es bei weichen Oberflächen wie z. B. Aluminium, Kupfer, Silber, Gold oder Lack- und Kunststoffen zu Verformungen unter der Nadelspitze kommen. Auf der anderen Seite können sehr harte Oberflächen (Hartstoffe) einen erhöhten Verschleiß der Tastnadel verursachen Die meßtechnisch erfaßte Oberfläche (Ist-Oberfläche) entspricht nicht ganz der wahren Oberfläche. Da die Rauhtiefenmessung aber eine vergleichende Messung ist, spielt dies meist eine untergeordnete Rolle. Es sei aber hier schon darauf hingewiesen, daß ein Vergleich von Rauheitsmessungen nur dann erlaubt ist, wenn sie unter vergleichbaren Bedingungen durchgeführt wurden.

In den *Abb. 4.3* und *4.4* sind sogenannte Bezugsflächentastsysteme (frühere Bezeichnung u.a. Freitastsysteme) dargestellt.

Beim Bezugsflächentastsystem wird das Meßsystem auf einer geometrisch möglichst idealen Bezugsfläche geführt, wobei nur die Tastspitze die Oberfläche berührt. Es wird

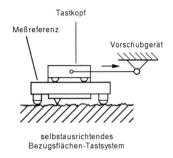 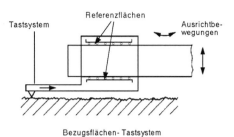

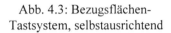

Abb. 4.3: Bezugsflächen-Tastsystem, selbstausrichtend

Abb. 4.4: Bezugsflächen-Tastsystem, manuelle Ausrichtung

die Relativbewegung zwischen Tastspitze und Bezugsfläche gemessen. Die Bewegung des Tasters über die Oberfläche kann durch eine Vorschubeinrichtung des Tastsystems bei ruhender Probe oder einen Transport der Probe bei starrem Tastsystem geschehen. Bedingung ist, daß die Bewegung mit konstanter Geschwindigkeit und geradlinig erfolgt.

Ein Bezugsflächentastsystem ist ideal für die Oberflächenprüfung, da es in der Lage ist, das Profil praktisch unverfälscht abzufahren. Zur Messung des ungefilterten Profils ist es erforderlich, daß die Bezugsfläche des Tastsystems parallel zur zu messenden Fläche ausgerichtet wird. Bei neuen Meßgeräten reicht eine Grobausrichtung, die Feinausrichtung erfolgt einfach mit Hilfe eines Rechners. Nachteilig ist, daß Systeme nach *Abb. 4.4* eine gewisse Neigung für Schwingungen zeigen. Dies trifft bei dem selbstausrichtenden System nicht zu, dafür erfordert es eine entsprechende Werkstückgröße.

In den *Abb. 4.5* und *4.6* sind sogenannte Kufen-Tastsysteme dargestellt. Das Kufen-Tastsystem stützt sich mit einer oder zwei Kufen auf der zu messenden Oberfläche ab. Dadurch entfällt die sonst notwendige Ausrichtung.

Die Kufe folgt der Form der Oberfläche und in Abhängigkeit des Kufenhalbmessers auch der Welligkeit, darum ist diese Gestaltabweichung mit einem derartigen System nur bedingt bzw. nicht erfaßbar. Es kann sogar zu erheblichen Verfälschungen des Ist-Profils kommen. Wenn z. B. der Abstand von der Tastspitze zur Kufe dem des Wellenabstandes

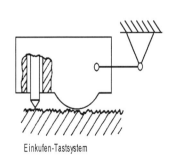 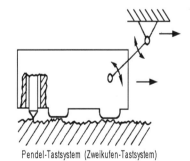

Abb. 4.5: Einkufen-Tastsystem

Abb. 4.6: Pendel-Tastsystem

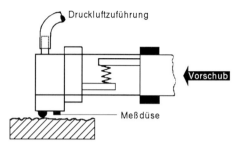

Abb. 4.7: Pneumatisches Tastsystem

entspricht, wird die Welligkeit mechanisch ausgefiltert. Entspricht dieser Abstand dem halben Wellenabstand, so wird die Welligkeit um den Faktor 2 vergrößert.

Bei Verwendung eines Kufen-Tastsystems ist es deshalb empfehlenswert, eine Vergleichsmessung mit einem Bezugsflächen-Tastsystem durchzuführen, um Aussagen über die Art und Größe der Profilverfälschungen zu erhalten.

In *Abb. 4.7* ist das Prinzip eines berührungsfreien (abgesehen von der Gleitkufe) pneumatischen Meßwertaufnehmers dargestellt. Die Messung erfolgt nach der Differenzdruck-Methode. Diese Art der Oberflächenabtastung findet besonders im fertigungsnahen Bereich ihre Anwendung, da sie die Messung von verschmutzten Oberflächen erlaubt (Öl, Kühlmittel, Späne).

Das Meßsignal wird durch die Oberflächenstruktur und Rauheit unterschiedlich beeinflußt. Ein Vergleich mit Kennwerten, die mit einem Nadeltaster erhalten wurden, ist deshalb nur bedingt möglich. Vor der Messung ist es erforderlich, daß das pneumatische Meßgerät zunächst kalibriert wird.

4.2.4 Berührungsfreie Tastschnittsysteme

Laser-Stylus

In der *Abb. 4.8* ist ein berührungsfreier, der Diamantnadel nachempfundener Laser-Stylus dargestellt. Er arbeitet nach dem Prinzip der dynamischen Fokussierung. Der Strahl einer IR-Laserdiode wird über ein bewegliches Objektiv auf die Probenoberfläche zu einem Fokus von etwa 2μm Durchmesser und über ein im rückwärtigen Strahlengang liegendes Prisma auf eine Differentialphotodiode abgebildet. Die Optik ist dabei so ausgelegt, daß der bildseitige Lichtpunkt gleichförmig zwei Photodioden beleuchtet, wenn der Objektabstand der Brennweite der Objektivlinse entspricht. Verändert sich der Objektivabstand durch Verfahren des Laser-Stylus (oder der Probe) aufgrund von Höhenunterschieden im Profil, werden die Photodioden ungleichmäßig beleuchtet. Über eine Regelmimik wird die Objektivlinse solange verschoben, bis eine gleichförmige Beleuchtung der Fotodioden wieder gewährleistet ist. Das Regelsignal ist somit proportional dem Oberflächenverlauf.

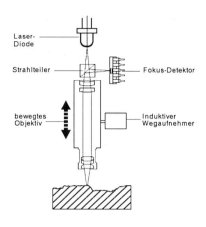 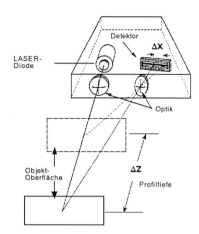

Abb. 4.8: Laser-Fokusverfahren   Abb. 4.9: Triangulation

Der berührungsfreie Laser-Stylus vermeidet den Nachteil der Beeinflussung des Meßsignals durch die Tastspitzengeometrie bzw. Last. Er erlaubt das Abtasten von weichen, empfindlichen Oberflächen. Die Abtastgeschwindigkeit kann höher als bei den be-rührenden Tastsystemen gewählt werden, so daß eine schnellere Profilaufzeichnung sowie eine 3-dimensionale Erfassung der Oberflächentopographie möglich ist (Laser-Raster-Mikroskopie). Es ist jedoch wichtig, daß die Oberfläche sauber ist, da der Laserstrahl nicht wie eine Tastnadel eventuell vorhandene Schmutzpartikel zur Seite schieben kann. Eine gewisse Einschränkung ergibt sich durch das Wegreflektieren des Meßstrahls an steilen Profilkanten. Obgleich der Sensor noch messen kann, wenn weniger als 10 Prozent des reflektierten Lichts auf die Objektivlinse treffen, wird die Meßgeschwindigkeit durch diesen Effekt herabgesetzt. Wie bei einem Photoapparat muß man um so länger belichten, je weniger Licht vorhanden ist. Eine andere Möglichkeit ist, daß der Laserstrahl von der Probe absorbiert wird, wie es bei Epoxidharz der Fall sein kann. Abhilfe schafft ein leichtes Bedampfen der Probe z.B. mit Graphit. Wenn man gleichzeitig mit dem Profil auch die Intensität des reflektierten Lichtes mit aufzeichnet, kann ein Kriterium für die Vertrauenswürdigkeit des Meßsignals erhalten werden.

Da sich die Durchmesser der Diamant- und der Lasertaster wesentlich unterscheiden, werden sich die mit beiden Tastern an einer Probe aufgenommenen Profilschnitte auch unterscheiden. Durch den feineren Laserstrahl können mehr enge Gestaltabweichungen detektiert und damit u. U. eine größere Rauhigkeit angezeigt werden. Um die beiden Profilschnitte vergleichbar zu machen, gibt es die Möglichkeit, mit einem rechnerischen „Nadelfilter" eine Diamantspitze zu simulieren. Dieser Nadelfilter ist aber nicht generell gültig. Seine Größe muß für jede Oberfläche entsprechend kalibriert werden.

Triangulation

Bei der Laser-Triangulation wird ein Laserstrahl in definierter Art auf das Meßobjekt gerichtet *(Abb. 4.9)*. Abhängig von der Oberfläche wird Licht zurückgestreut. Dieses trifft auf einen Empfänger, der sich unter einem bestimmtem Abstand und Winkel zur Lichtquelle befindet. Je nach Abstand des Objektes ändert sich der Winkel, unter dem die zurückgestreute Strahlung auf den Detektor auftrifft. Aus dieser Winkeländerung läßt sich die Entfernung berechnen. Dieses Verfahren hat eine einfache Geometrie und keine bewegten Teile.

Messungen nach diesem Prinzip sind besonders bei Werkstücken mit matter, rauher Oberfläche angebracht. Die Triangulation erlaubt einen deutlich größeren Arbeitsabstand als beim Laser-Stylus, allerdings wird dieser Vorteil nur durch einen viel größeren Strahldurchmesser bei einer geringeren Auflösung von über 1 µm ermöglicht. Die Reflektionseigenschaften des Meßobjekts beeinflussen stark die Meßgenauigkeit. Sie ist am besten, wenn die Intensität des reflektierten Strahls eine *Gauß*'sche Verteilung aufweist. Sehr nachteilig wirkt sich ein Eindringen des Strahls in die Probenoberfläche aus. Trotzdem ist diese Methode zum schnellen Erfassen von gröberen Strukturen gut geeignet.

Rastersonden-Mikroskopie
Diese Methode erlaubt es, die Struktur einer Oberfläche bis zu einer Ausschnittsgröße von ca. 0,2 mm × 0,2 mm abzubilden und quantitativ z.B. mit Profil- oder Rauhigkeitswerten zu charakterisieren. Die erreichbare Auflösung einer solchen Messung gelangt bis in atomare Dimensionen.

Das Gerät benutzt eine sehr feine Spitze als Sonde, die in geringem Abstand über der Oberfläche den Bildausschnitt zeilenförmig abrastert. Der Abstand zwischen Spitze und Oberfläche wird dabei konstant gehalten. Als Abstandssensor werden verschiedene Arten der Wechselwirkung benutzt, z.B. Strom (Rastertunnelmikroskopie – STM) oder Kraft (Kraftmikroskopie – AFM). Somit wird die Topographie der Probe zerstörungsfrei über die Bewegung der Spitze abgebildet. Es können Leiter, Halbleiter und Isolatoren untersucht werden. Eine spezielle Präparation der Oberfläche ist nicht erforderlich.

Nahfeld-Akustik-Taster
Eine kleine Quarzstimmgabel wird mit Hilfe des piezoelektrischen Effekts in Schwingungen versetzt. Ein Schenkel trägt einen Diamantkegel mit einem Spitzenradius von 5 µm. Wird dieser sehr nah, bis 0,1 µm, an eine Oberfläche herangeführt, wird die freie Luftströmung behindert und für eine konstante Schwingungsamplitude wird eine höhere Leistungsaufnahme benötigt. Über eine Abstandsregelung wird die Leistungsaufnahme konstant gehalten. Das Regelsignal wird somit proportional dem Oberflächenverlauf.

Die Abtastung entspricht weitgehend der mit berührender Tastnadel und hat den Vorteil der Berührungslosigkeit. Der Anwendungsbereich reicht damit von weichen empfindlichen bis zu sehr harten Oberflächen.

4.2.5 Vor- und Nachteile des Tastschnittverfahrens

Das Oberflächen-Tastschnittverfahren ist derzeit das einzige Meßverfahren, das in der Lage ist, genormte und weitere nicht genormte Oberflächenkennwerte zu berechnen und je nach Durchführung und Auswerteeinheit 2- oder 3-dimensional darzustellen. Es können Abweichungen von Form, Welligkeit oder Rauheit von einer Größenordnung im Nanometerbereich bis über 1000 µm gemessen werden. Weiterhin sind Schichtdickenmessungen über einen Stufensprung möglich *(DIN EN ISO 4518)*.

Die Ermittlung der Oberflächen-Kennwerte erfolgt aus einem 2-dimensionalen Profilschnitt, obwohl die Oberfläche 3-dimensional ist. Sie werden nur aus Teilbereichen der Oberfläche errechnet. Die Meßstrecken betragen je nach Rillenabstand und Rauheitsgröße 0,4 bis 40 mm. Die Art des Tastsystems beeinflußt das gemessene Tastprofil, deshalb können nur unter vergleichbaren Bedingungen durchgeführte Tastschnitte miteinander verglichen werden.

Rauheitsmessungen sind somit stets Stichprobenmessungen. Es ist unerläßlich, daß deswegen Vereinbarungen über die Art, Anzahl der Messungen und die Meßmethode getroffen werden.

4.2.6 Weitere Verfahren zur Oberflächenerfassung

Streulicht-Verfahren

Das Streulicht-Verfahren nach *Thurn* und *Gast* beruht auf dem Streuverhalten rauher Oberflächen *(Abb. 4.10)*. Die zu prüfende Fläche wird mittels eines intensiven IR-Strahlenbündels beleuchtet. Sie streut das auftreffende Licht entsprechend ihrer lang- und kurzwelligen Struktur (Welligkeit und Rauheit) zurück in den Sensor. Dort wird die Intensitätsverteilung (Streukurve) mit einem Photodiodenarray ausgewertet. Die resultierende Meßgröße ist der optische Rauheitskennwert S_N. Größere Rauheit drückt sich in einer Verbreiterung der Verteilung aus, während Formabweichung und Welligkeit den Kurvenschwerpunkt verschieben.

Dieses Verfahren erlaubt die schnelle flächige Erfassung eines Oberflächenbereichs. Für ein vorgegebenes Fertigungsverfahren im Feinbearbeitungsbereich besteht in der Regel eine Korrelation zwischen S_N und den Rauheitskennwerten, die durch vergleichende Messung mit einem Tastschnittgerät ermittelt werden kann. Sie sollte aber statistisch gesichert sein.

Interferometer

Interferometer zur Prüfung optisch spiegelnder Oberflächen werden schon lange eingesetzt.

Das Prinzip beruht auf der Aufspaltung eines Lichtstrahls in zwei Teilstrahlen, die unterschiedlich lange Wege zurücklegen. Einer beleuchtet senkrecht die Probe, der andere einen Spiegel. Deren Wegunterschiede machen sich nach Wiedervereinigung durch Interferenzen sichtbar. Bei einem Gangunterschied von der halben Lichtwellenlänge (Interferenzbedingung) kommt es zur Auslöschung und es entstehen bei einfarbigem Licht schwarze Streifen im Abstand von der halben Lichtwellenlänge, bzw. farbige Streifen bei Weißlicht. An Rauhigkeiten wie Rillen oder Stufen werden die Interferenzstreifen gegeneinander verschoben. Aus der Verschiebung um das entsprechende Vielfache des Streifenabstandes kann die Höhe der Rauhigkeit abgelesen werden. Diese Methode ist geeignet für Riefen und Stufen bis 3 µm. Bei einer allgemeinen Rauhigkeit können die Streifen nicht mehr lokalisiert werden.

Bei schrägem Lichteinfall ist die Interferometrie bis zu einer Profilabweichung von 100 µm anwendbar *(Abb. 4.11)*. Als Lichtquelle dient ein Laser, dessen Strahl aufgeweitet

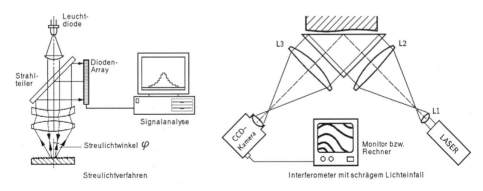

Abb. 4.10: Streulichtverfahren   Abb. 4.11: Interferometer

wird. Durch ein Prisma trifft dieser die Probe, und die reflektierten Strahlen interferieren an dessen Hypothenusenfläche. Dieses Bild kann mit einer CCD-Kamera sichtbar gemacht werden. Der Ort eines Streifens ist vom Abstand eines Oberflächenpunktes der Probe vom Prisma und vom Einfallswinkel des Lichtstrahles abhängig. Letzterer kann variiert werden. Zum Beispiel kann man den Winkel so einstellen, daß gerade 1 µm Höhendifferenz zwischen zwei Streifen liegt.

Diese Methode reduziert zwar die Empfindlichkeit gegenüber der klassischen Interferometrie, sie liegt jedoch in der gleichen Größe wie die der Tastschnitt-Verfahren. Der Vorteil liegt darin, daß in kurzer Zeit eine Rauhtiefenaussage über einen Flächenbereich getroffen werden kann.

4.2.7 Auswertung eines Tastschnittes - Kennwerte für Gestaltabweichungen

Nach einer Festlegung des zu untersuchenden Oberflächenbereiches und Überprüfung auf Eignung (Sichtprüfung auf Sauberkeit, keine Inhomogenitäten) wird meist zuerst ein orientierender Tastschnitt über eine bestimmte Taststrecke l_t durchgeführt.

Die Taststrecke besteht aus einer Vorlaufstrecke l_v, der Gesamtmeßstrecke l_m und der Nachlaufstrecke l_n. Ausgewertet wird nur l_m. Sie besteht aus 5 Einzelmeßstrecken l_e. l_e ist auch die Länge der Grenzwellenlänge λ_c (cut off) eines Profilfilters und legt fest, welche Wellenlängen der Rauheit und welche der Welligkeit zugeordnet werden. Es ergibt sich das ungefilterte Ist-Profil oder auch P-Profil *(Abb. 4.12)*. Es enthält die Summe der Gestaltabweichungen 1. – 5. Ordnung.

Man kann jetzt schon eine qualitative Aussage über die Grobform des Profils machen: spitzkämmig oder rundkämmig; periodische oder aperiodische Strukturen. Nach einer eventuell erforderlichen Ausrichtung oder Anpassung der Meßmimik erfolgt dann die richtige Messung und quantitative Auswertung, je nach der gewünschten Kenngröße und der entsprechenden Filterung.

Ausrichtung:

An das ungefilterte Profil werden zwei parallele Linien gelegt, welche es innerhalb l_m kleinstmöglich einschließen, und anschließend wird horizontal ausgerichtet. Die mittlere

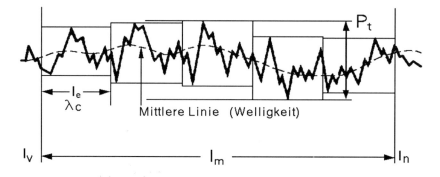

Abb. 4.12: Ungefiltertes, ausgerichtetes Ist-Profil (P-Profil)

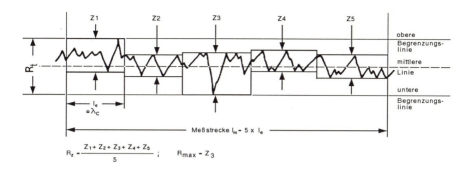

Abb. 4.13: Gefiltertes Rauheitsprofil R

Linie teilt das ertastete Profil derart, daß der Flächeninhalt der werkstofffreien Profiltäler gleich dem der werkstofferfüllten Profilerhebungen ist *(Abb. 4.13)*.

Filterung:

Durch ein Hochpaßfilter werden die längerwelligen Abweichungen (Welligkeit und Teile der Formabweichung) ausgefiltert und man erhält das Rauhigkeitsprofil R *(Abb. 4.13)*. Es stellt alle Profilabweichungen von der mittleren Linie dar.

Das Tiefpaßfilter unterdrückt die kurzwelligen Anteile (Rauheit) und läßt nur die Welligkeit und Formabweichung durch. Die ausgerichtete mittlere Linie entspricht dem Welligkeitsprofil W. Entsprechend der Profiltiefe wird hier die Maximale Wellentiefe W_t definiert als Abstand von zwei parallelen Linien, welche es innerhalb l_m kleinstmöglich einschließen.

Für die Wahl des Filters bestehen bezüglich der Rauheit nach *DIN 4768* (RC-Filterung) folgende Forderungen: Bei periodischen Profilen (gedreht, gehobelt) soll die Grenzwellenlänge λ_c des Filters 2,5 bis 8 mal größer sein als der Rillenabstand. Bei aperiodischen Profilen (Schleifen, Honen usw.) richtet sich der Filter nach der Rauheitsgröße. Bezüglich der Welligkeit gelten die in *DIN 4774* festgelegten Bedingungen.

Nach *DIN 4776* gilt ein Sonderfilter für hochbeanspruchte Funktionsflächen mit Riefenunterdrückung. Ein neuer phasenkorrigierter Filter soll nach *DIN 4777* ein filterbedingtes Überschwingen des RC-Filters vermeiden.

Der Wellenfilter stellt die wichtigste Meßbedingung dar. Falsch gewählter Filter bedeutet falscher Meßwert.

Profiltiefe P_t (DIN 4771):

Der Abstand zwei paralleler Linien, welche das Ist-Profil innerhalb der Meßstrecke l_m kleinstmöglich einschließen, ist die Profiltiefe P_t *(Abb. 4.12)*. Die Länge der Bezugsstrecke ist anzugeben.

Dieser Wert ist wichtig für Paßflächen, Gleitlagerflächen, statische Dichtflächen. Die Erfassung geschieht mit einem Bezugsflächentastsystem. Die Länge der Meßstrecke und Ausreißer beeinflussen P_t stark.

Rauhtiefe R_t (DIN 4762/1960)

R_t ist der Abstand von höchster Profilerhebung bis zum tiefsten Profiltal innerhalb der Meßstrecke l_m.

Da keine genormten Meßbedingungen hinsichtlich Wellenfilter und Meßstrecke vorliegen, sollte dieser Kennwert besser durch R_z bzw. R_{max} ersetzt werden.

Gemittelte Rauhtiefe R_z (DIN 4768/1)

R_z ist der Mittelwert aus den Einzelrauhtiefen fünf aufeinanderfolgender Einzelmeßstrecken l_e.

R_z ist eine charakteristische Kenngröße, wenn es nicht auf extreme Spitzen oder Spalten ankommt.

Maximale Rauhtiefe R_{max} (DIN 4768)

R_{max} ist die größte Einzelrauhtiefe aus den fünf aufeinanderfolgender Einzelmeßstrecken l_e.

R_{max} und R_t können gleich groß sein. Im allgemeinen ist R_{max} kleiner als R_t.

Grundrauhtiefe R_{3z} (Daimler Benz Werknorm N 31007/1983)

R_{3z} ist in Anlehnung an DIN 4768 der Mittelwert aus den Einzelrauhtiefen fünf aufeinanderfolgender Einzelmeßstrecken l_e. R_{3z} ist der senkrechte Abstand zwischen der dritthöchsten Profilerhebung und der drittgrößten Profilvertiefung.

Dadurch bleiben einzelne Spitzen unberücksichtigt, wie auch bei dem genormten Wert R_k.

Arithmetischer Mittenrauhwert R_a (DIN 4768, ISO 4287/1)

R_a ist der arithmetische Mittelwert aller Beträge des Rauheitsprofils R innerhalb der Gesamtmeßstrecke l_m.

R_a ist relativ unabhängig von der Profilform und vernachlässigt durch die Flächenintegration einzelne Profilausreißer. In englischsprachigen Ländern wird dafür die Bezeichnung CLA (Center Linie Average) und in den USA AA (Arithmetical Average) verwendet. Anstelle von R_a werden insbesondere in der Schweiz die Rauheitsklassen N1 bis N12 nach *DIN/ISO 1302* verwendet.

Quadratischer Mittenrauhwert R_q (DIN 4762)

R_q ist der quadratische Mittelwert der Profilabweichungen innerhalb von l_m, englisch RMS (Root Mean Square).

R_q ist bei den meisten Oberflächenprofilen ca. 25 Prozent größer als R_a.

Materialtraganteil (DIN 4776)

Die graphische Darstellung der Materialanteile in Abhängigkeit der Schnitthöhen des Oberflächenprofils ergibt die sogenannte Materialtraganteil- oder *Abott*-Kurve *(Abb. 4.14)*. Aus dem Kurvenverlauf kann das zu erwartende Funktionsverhalten beurteilt werden. Eine flach abfallende Kurve beschreibt ein fülliges Profil mit wenig Vertiefungen und wahrscheinlich gutem – und eine steilabfallende Kurve eine stärker zerklüftete Oberfläche mit ungünstigem Verschleißverhalten.

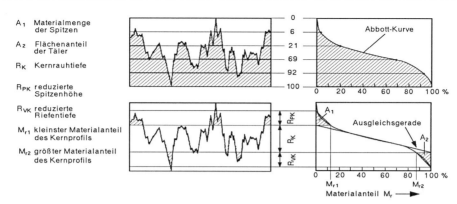

Abb.. 4.14: Materialtraganteilkurve/Abbott-Kurve

Aus der *Abott*-Kurve können mit Hilfe einer neuen Ausgleichsgerade weitere die Profilform beschreibende Kenngrößen abgelesen werden.

Kernrauhtiefe R_k
R_k ist die Tiefe des Rauheitsprofils unter Ausschluß herausragender Profilspitzen und Riefen.

Reduzierte Spitzenhöhe Rpk
R_{pk} kennzeichnet die Höhe der aus dem Kernbereich herausragenden Profilspitzen, wichtig für das Einlaufverhalten.

Reduzierte Spitzentiefe Rvk
R_{vk} gibt Auskunft über die unter den Kernbereich ins Material hineinragenden Profilriefen und damit die Größe eines zu erwartenden Schmierstoffvolumens.

4.3 Glanz- und Reflexionsmessung an Oberflächen

4.3.1 Glanz als Qualitätsmerkmal

Glanzeffekte beruhen auf dem Zusammenwirken von Licht und physikalischen Körpereigenschaften, sie hängen aber auch von physiologischen Bewertungsmaßstäben ab. Der erste Eindruck von einem Produkt wird stark von seiner Oberflächenqualität geprägt. Gleichmäßiger Glanz gilt bei vielen Erzeugnissen als ein dekoratives Qualitätsmerkmal und wird von zahlreichen Produktionsfaktoren beeinflußt.

Das menschliche Auge ist nach wie vor das beste optische Instrument zur Glanzbeurteilung, so kann es z.B. ohne weiteres Helligkeitsunterschiede von 1 zu 10 Millionen verarbeiten [1].
Dennoch ist die visuelle Oberflächenprüfung unzureichend, da
- meist keine definierten Abmusterungsbedingungen vorliegen,
- das Urteil von der Tagesform des Prüfers abhängt und
- verschiedene Prüfer unterschiedlich sehen und bewerten.

Für eine zuverlässige und praktikable Qualitätssicherung ist es erforderlich, den Glanz von Oberflächen durch objektive, meßbare Kriterien zu erfassen. Glanzmeßgeräte sind bereits seit den 30er Jahren im Einsatz. Besondere Glanzeffekte führten zur Entwicklung neuer Meßsysteme mit verbesserter Übereinstimmung zum visuellen Empfinden [2, 3, 4].

4.3.2 Wie wird Glanz wahrgenommen?

Glanz ist neben Farbe eine visuelle Empfindung, die bei der Betrachtung einer Oberfläche entsteht. Bewertet wird dabei die Fähigkeit der Oberfläche, auftretendes Licht gerichtet zu reflektieren, d.h. Lichter oder Objekte zu spiegeln. Die Glanzwahrnehmung wird von den folgenden Faktoren bestimmt *(Abb. 4.15)*:

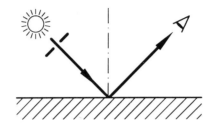

Abb. 4.15: Die Komponenten der Glanzwahrnehmung: Lichtquelle, Oberfläche, Beobachter

Beschaffenheit der Oberfläche
- Material (z.B. Metall, Lack, Kunststoff)

Topographie der Grenzschicht
- glatt, rauh oder strukturiert
- Transparenz und Untergrund

Art der Beleuchtung
Voraussetzung für die Glanzbeurteilung ist eine gerichtete Beleuchtung. Bei diffuser Beleuchtung ist auch die Reflexion diffus, d.h. der Glanzeindruck ist vermindert.

Beobachter
Bei der visuellen Beurteilung spielt das Sehvermögen (Physiologie) und die Stimmungslage (Psychologie) des Beobachters eine entscheidende Rolle.

Wir können eine Oberfläche betrachten indem wir unser Auge entweder auf das Spiegelbild einer Lichtquelle scharfstellen (fokussieren), oder auf die Oberfläche selbst [5]. Beide Beobachtungsformen tragen zum Gesamteindruck Glanz bei *(Abb. 4.16)*.
Wenn man auf eine an der Oberfläche reflektierte Lichtquelle schaut *(Abb. 4.17)* so erhält man Informationen über die Abbildungseigenschaften der Oberfläche [6]. Die Lichtquelle kann brillant oder matt erscheinen (Reflektometerwert). Im Bild einer Kante kann der Hell/Dunkel-Übergang ganz scharf oder verschwommen sein (Bildschärfe) und der dunkle Bereich um die Lichtquelle kann leicht erhellt erscheinen (Glanzschleier).
Wenn wir auf die Oberfläche selbst fokussieren *(Abb. 4.18)*, erhalten wir zusätzlich einen Eindruck über die Größe und Form von Strukturen. Wir sehen diese als ein welliges Mu-

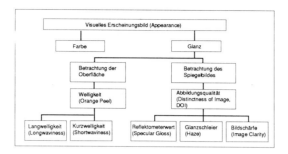

Abb. 4.16: Die Kriterien zur optischen Beobachtung von Oberflächen

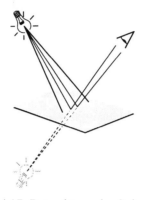

Abb. 4.17: Betrachtung des Spiegelbildes

Abb. 4.18: Betrachtung der Oberfläche

ster heller und dunkler Felder. Bei lackierten Flächen wird diese Welligkeit häufig als Orange Peel oder Verlaufsstörung bezeichnet.

4.3.3 Das Reflexionsverhalten von Oberflächen

Glanz ist eine subjektive Empfindung, also keine physikalische Eigenschaft der Oberfläche. Physikalisch meßbar sind jedoch die Reflexionseigenschaften der Oberfläche – also der Anteil, den sie zum Glanzeindruck beiträgt.

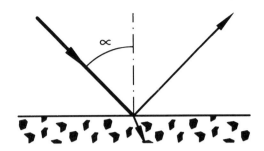

Abb. 4.19: Gerichtete Reflexion an der Oberfläche

Hochglänzende, vollkommen ebene Oberfläche

Bei ebenen, polierten Oberflächen gilt das Reflexionsgesetz: Einfallswinkel = Reflexionswinkel *(Abb. 4.19)*.

Solche Flächen bezeichnet man auch als bildgebend. Es können klare Spiegelbilder beobachtet werden. Das einfallende Licht wird an der Oberfläche gerichtet reflektiert, d. h. nur in die Hauptreflexionsrichtung. Die Intensität hängt vom Einstrahlwinkel und von den Materialeigenschaften ab:

Metalle	hohe Intensität, kaum winkelabhängig
Nichtmetalle	geringe Intensität, abhängig vom Einstrahlwinkel und vom Brechungsindex des Materials

Bei Metallen ist zu beachten, daß sie oft von einer dielektrischen, also nichtmetallischen Schicht überzogen sind. Dabei kann es sich z. B. um einen Klarlack oder um eine dünne Oxidschicht handeln. Die Reflexionseigenschaften solcher Oberflächen werden von beiden Komponenten bestimmt: Ein Teil des einfallenden Lichtes wird am Dielektrikum reflektiert, der übrige Lichtanteil dringt in die Schicht ein und wird vom darunterliegenden Metall reflektiert.

Mit zunehmendem Beleuchtungswinkel, d. h. flacherer Einstrahlung steigt der Einfluß der nichtmetallischen Schicht. Der visuelle Eindruck hängt also auch stark von der Beleuchtungs- und Beobachtungrichtung ab.

Mittelglänzende Oberfläche

Bei einer rauhen Oberfläche wird das Licht nicht nur in die Hauptreflexionsrichtung, sondern auch diffus in andere Richtungen reflektiert *(Abb. 4.20)*.

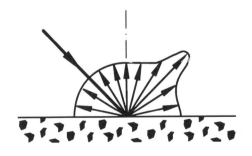

Abb. 4.20: Gerichtete und diffuse Reflexion an der Oberfläche

Die Abbildungsqualität der Oberfläche – also die Fähigkeit, Objekte wiedererkennbar zu spiegeln, ist stark vermindert. Je gleichförmiger das Licht in den Raum verteilt wird, um so geringer ist die Intensität der gerichteten Komponente und um so matter empfinden wir die Oberfläche.

Hochglänzende Oberfläche mit Glanzschleier (Reflection Haze)
Liegen bei einer hochglänzenden Oberfläche mikroskopisch feine Störungen vor, so kommt es neben dem Hauptreflex zu Streulicht geringer Intensität *(Abb. 4.21)*. Der überwiegende Anteil wird in die Hauptreflexionsrichtung reflektiert, so daß die Oberfläche hochglänzend und bildgebend erscheint, aber von einem milchig-trüben Schleier überlagert ist.

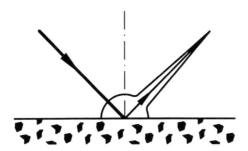

Abb. 4.21: Gerichtete Reflexion mit Glanzschleier (Haze)

Glänzende, strukturierte Oberfläche (Orange Peel)
Bei welligen Oberflächenstrukturen von etwa 0,1 – 10 mm Größe wird das Licht entsprechend dem Neigungswinkel der einzelnen Strukturelemente in verschiedene Richtungen „abgelenkt" *(Abb. 4.22)*. Nur solche Flächenelemente werden als hell gesehen, die das Licht in Richtung Auge reflektieren. Wir sehen auf der Oberfläche ein welliges Muster heller und dunkler Felder (Orange Peel).

Zur Unterscheidung von matt-, mittel- und hochglänzenden Oberflächen genügt es meist, die gerichtete Reflexion zu messen (Reflektometer). Liegen besondere Oberflächeneffekte wie Glanzschleier oder Orange Peel vor, so sind zur vollständigen Charakterisierung zusätzliche Informationen erforderlich.

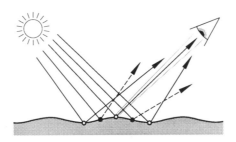

Abb. 4.22: Reflexion an einer welligen Oberfläche (Orange Peel)

4.3.4 Reflektometer zur Glanzmessung

Das Prinzip des Reflektometers beruht auf der Messung der gerichteten Komponente der Reflexion *(Abb. 4.23)*. Dazu wird das reflektierte Licht in einem durch die sogenannte Aperturblende (AP) eingegrenzten Winkelbereich in seiner Intensität gemessen. Die Oberfläche wird über ein Linsensystem von der Lichtquelle parallel beleuchtet, wobei eine Blende (AP1) für eine definierte Beleuchtungsapertur sorgt *(Abb. 4.24)*. Ein photoelektrischer Empfänger mißt das durch die Blende AP2 tretende Licht.

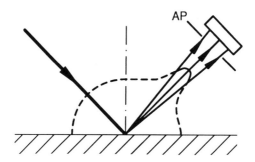

Abb. 4.23: Messung der gerichteten Reflexion

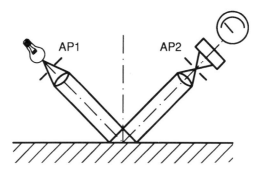

Abb. 4.24: Strahleneingang in einem Reflektometer

Bei der Messung des Reflektometerwertes (R') handelt es sich um eine Relativmessung. Dazu wird die Messung auf einen schwarzen, polierten Glasstandard mit einem definierten Brechungsindex bezogen. Für diesen Standard wird der Meßwert R' gleich 100 Glanzeinheiten gesetzt (Kalibrierung).

Daneben ist es im Metallbereich auch üblich, die Messung auf die eingestrahlte Lichtmenge zu beziehen und in Prozenten von ihr anzugeben (Reflexionsgrad r).

Um vergleichbare Meßergebnisse zu erhalten, wurden die Reflektometer und ihre Handhabung international genormt. Die wichtigsten Normen sind *ISO 2813, ASTM D 523, DIN 67530* und *ISO 7668* [7, 8, 9,10].

Beschrieben werden dort im wesentlichen
- der optische Strahlengang (Ein- und Abstrahlwinkel, Blendenapturwinkel, Beleuchtungsart und Empfängerempfindlichkeit)
- Kalibrierung des Gerätes

- Durchführung der Messung
- Anwendungsbereich und Beschaffenheit der Oberfläche.

Besonders stark beeinflußt der verwendete Einstrahlwinkel den Reflektometerwert. Ein Teil des eingestrahlten Lichtes wird an der Oberfläche reflektiert, der verbleibende Teil dringt ins Material ein. Je größer der Einstrahlwinkel ist, um so größer ist der reflektierte Anteil.

Um eine gute Differenzierbarkeit der Meßergebnisse über den gesamten Bereich von hochglänzenden bis zu stumpfmatten Flächen zu erzielen, wurden drei Einstrahlwinkel und damit Meßbereiche genormt *(Abb. 4.25):*

- 20° hochglänzende Oberflächen
- 60° mittelglänzende Oberflächen
- 85° matte Oberflächen

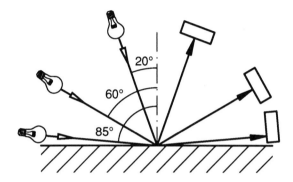

Abb. 4.25: Die genormten Ein- und Abstrahlwinkel

Bei Metallen kann die Doppelreflexion an Metall und Dielektrikum eine starke Winkelabhängigkeit bewirken. Zur vollständigen Bewertung der Oberflächenqualität ist es daher nötig, mit allen drei Geometrien zu messen.

Neben stationären Geräten, die für die besonderen Anforderungen im Labor entwickelt wurden, sind heute sehr handliche Geräte mit den drei Normgeometrien 20°, 60° und 85°

Abb. 4.26: Portables Reflektometer mit 20°, 60° und 85° Geometrie *(Foto: Dr. Lange)*

erhältlich, so daß auch vor Ort durch einfaches Umschalten der richtige Meßbereich gewählt werden kann *(Abb. 4.26)*.

4.3.5 Messung von Glanzschleier (Haze)

Ursachen von Glanzschleier sind meist spezifische Parameter in der Produktion wie z.B.
- Applikations- und Verarbeitungsverfahren
- Form-, bzw. Werkzeugoberfläche
- Walztextur, Walzenverschleiß
- Vorzugsrichtungen (Schleifen, Bürsten)
- Anodisierprozeß, Badverschmutzung

Auch Witterung und mechanische Beanspruchung (Reinigung, Politur, Abrieb) können zu Glanzschleier führen.

Bei Oberflächen mit Glanzschleier tritt im Bereich von ca. 1 – 3° neben der Hauptreflexion (Glanzspitze) ein diffuser Streulichtanteil auf [11].

In der Vergangenheit verwendete man Goniophotometer, um die sogenannte Reflexionsindikatrix zu messen. Diese Methode ist jedoch sehr aufwendig und zeitintensiv.

Glanzschleier ist nur bei bildgebenden – also hochglänzenden Oberflächen zu beobachten. Es liegt also nahe, in Anlehnung an das Reflektometer die 20°-Geometrie zu verwenden. Mit einem Reflektometer ist der Glanzschleier jedoch nicht zu charakterisieren. Der diffuse Streulichtanteil ist in seiner Intensität so gering, daß er sich in der gerichteten Komponente nicht deutlich niederschlägt *(Abb. 4.27)*. Der Winkelbereich in der 20°-Geometrie des Reflektometers beträgt ± 0,9°, also 1,8°.

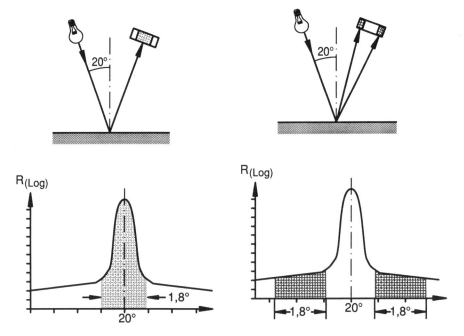

Abb. 4.27: Messung der gerichteten Reflexion (Reflektometer)

Abb. 4.28: Messung von Glanzschleier

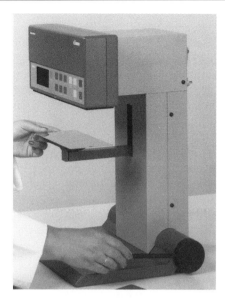

Abb. 4.29: Stationäres Glanzmeßgerät mit 20°, 60° und 85° Geometrie sowie Glanzschleiermessung (*Werkfoto: BYK Gardner*)

Zusätzlich wird durch je einen weiteren Detektor links und rechts neben der Reflektometerblende die Intensität des Streulichtes gemessen *(Abb. 4.28)*.

Durch dieses neuartige Konzept ist es möglich, sowohl die gerichtete Reflexion als auch das diffuse Streulicht schnell und einfach in einem Meßvorgang zu erfassen *(Abb. 4.29)*.

4.3.6 Meßpraxis

Vor dem Gebrauch muß das Meßgerät kalibriert werden. Insbesondere bei stark schwankenden Temperaturen, z. B. bei wechselndem Einsatzort, sollte das Gerät vor einer neuen Meßserie wieder kalibriert werden. Die Meßgeräte werden üblicherweise mit einem Arbeitsstandard für die tägliche Kalibration geliefert. Darüber hinaus empfiehlt sich die Anschaffung eines Referenzstandards, der unter Verschluß gehalten und nur für die regelmäßige Prüfmittelüberwachung verwendet wird.

Die Meßgenauigkeit wird durch die Kalibration auf einem verschmutzten oder beschädigten Standard erheblich beeinträchtigt. Die Oberfläche der Standards ist sehr empfindlich, daher muß man sehr pfleglich mit den Standards umgehen. Ihre Oberfläche darf nicht berührt werden und ist vor Verkratzen zu schützen. Auch das Reinigen der Standards muß mit großer Sorgfalt und Vorsicht erfolgen. Selbst bei schonender Behandlung können sich die Standards mit der Zeit durch Umwelteinflüsse verändern, deshalb sollte der Referenzstandard jährlich durch den Hersteller oder ein Prüfinstitut kontrolliert werden.

Neben der korrekten Kalibration ist die Beschaffenheit der Prüfoberfläche von großer Bedeutung. Die Messung an verschmutzten oder anderweitig gestörten Bereichen des Prüflings ist nicht sinnvoll, es sei denn, daß man mittels Glanzmessung eine Aussage über den Grad derartiger Störungen erzielen will. Da man nicht davon ausgehen kann, daß das

Glanzvermögen über die gesamte Oberfläche des Prüflings konstant ist, sollte man an mehreren, verschiedenen Stellen der Probe messen und den Mittelwert bestimmen.

Nur an ebenen Flächen sind einwandfreie Messungen möglich. Die Glanzmessung basiert auf der Erfassung des räumlichen Reflexionsverhaltens, dieses wird jedoch durch Krümmungen stark beeinflußt. Je nach Einstrahlwinkel und Glanzgrad schlägt sich dies bereits bei Krümmungsradien von kleiner 100 cm nieder. Hinzu kommt die Gefahr des Verkippens und Fremdlichteinfalls.

Wenn die Proben gerichtete Strukturen oder richtungsabhängige Glanzeigenschaften aufweisen wie man es z. B. bei Walztextur oder Schleif- und Bürstriefen findet, sollte man sowohl parallel, als auch quer zur Vorzugsrichtung messen. Im Prüfbericht sind die Strukturmerkmale der Probe und die Lichteinfallrichtung bei der Messung anzugeben.

Grobe Oberflächenstrukturen wie z. B. Orangenschaleneffekt können die Meßergebnisse verfälschen und haben relativ große Meßstreuungen zur Folge. Werden solche Proben verglichen, so sollten sie die gleichen Strukturmerkmale aufweisen.

4.3.7 Zusammenfassung

Die visuelle Empfindung Glanz ist ebenso wie Farbe eine mehrdimensionale Größe. Reflektometer zur Messung der gerichteten Komponente werden bereits seit vielen Jahren in Labor und Qualitätssicherung eingesetzt.

Um das visuelle Erscheinungsbild von Oberflächen vollständig zu beschreiben sind jedoch zusätzliche Meßgrößen erforderlich.

Eine präzise Charakterisierung des Glanzeindruckes dient nicht nur der Qualitätskontrolle, sondern vor allem der Qualitätssteigerung und der Optimierung von Produktionsprozessen.

Die Reflexionseigenschaften unterliegen Material und Verarbeitungseinflüssen, deren Analyse mehr Informationen als nur gut/schlecht-Aussagen erfordern. Die Messung der Glanzparameter macht die Zusammenhänge zwischen Oberflächenqualität und deren Ursachen transparenter und trägt damit auch zur Wirtschaftlichkeit der Fertigung bei.

Literatur zu Kapitel 4

[1] Ladstädter, E. u. Geßner, W.: Die quantitative Erfassung von Reflexionsvermögen, Verlaufsqualität und Glanzschleier mit dem Gonioreflektometer GR-COMP. Farbe und Lack 85, Nr. 11 (1979), S. 920-924
[2] Hunter, R.S.: The Measurement of Appearance. Wiley New York (1975)
[3] Czepluch, W.: Visuelle und meßtechnische Oberflächencharakterisierung durch Glanz. Industrie-Lackierbetrieb 58, Nr. 4 (1990) S. 149-153
[4] Inter-Society Color Council: Appearance, Williamsburg Conference Proceedings, February 8-11, 1987
[5] Lex, K.: Die erweiterte Glanzmessung und die Messung von Oberflächenstrukturen. In: Prüftechnik bei Lackherstellung und Lackverarbeitung, C. R. Vincentz Verlag, Hannover (1992) S. 70-74
[6] Zorll, U.: Abgrenzung der Anwendungsbereiche von Glanzmeßsystemen auf visueller Bewertungsgrundlage, DFBO-Mitteilungen, Band 24, Heft 11 (Nov. 1973) S. 193-200
[7] International Standard ISO 2813 (1978) Paints and Varnishes – Measurement of specular gloss of nonmetallic paint films at 20°, 60° and 85°
[8] American National Standard ASTM D 523-89: Standard Test Method for Specular Gloss
[9] International Standard ISO 7668 (1986): Anodized Aluminium and Aluminium alloys – Measurement of specular reflectance and specular gloss
[10] Deutsche Normen DIN 67 530 (1982): Reflektometer als Hilfsmittel zur Glanzbeurteilung an ebenen Anstrich- und Kunststoffoberflächen
[11] Informationsschrift Applikation 2 der BYK-Gardner GmbH, Lausitzer Str. 8, D-82538 Geretsried
[12] Fensterseifer, F.: Measurement of gloss and reflection. European Coatings Journal Nr. 9 (1993)

5 Poren - und Rißprüfung

Durch Poren und Risse in metallischen Überzügen können korrosive Medien wie Staub, Feuchtigkeit, Handschweiß und andere u. U. bis zum Grundmaterial eindringen und zu dessen Korrosion führen. Deshalb sind Porenprüfungen besonders bei Schichten, die dem Korrosionsschutz dienen, von besonderer Bedeutung.

Oft werden metallische Überzüge nur visuell auf Poren geprüft. Genauere Angaben, wie sie heute zur Bestätigung der Qualität und im Rahmen der Qualitätssicherung benötigt werden, beruhen auf den Prüfmethoden, wie sie in diesem Kapitel beschrieben werden. Daneben werden in der Praxis heute auch Kurzzeitkorrosionsprüfungen *(s. Kap. 6)* zur Beurteilung der Porosität herangezogen.

5.1 Definition

Nach *DIN 50903* [1] versteht man unter Poren und Rissen Unterbrechungen bzw. Materialtrennungen des Überzugs. Die wichtigsten Begriffe legt die Norm durch die im folgenden aufgeführten Definitionen fest.

Grundbegriffe
Poren und Risse in metallischen Überzügen sind örtlich begrenzte Unterbrechungen des Überzugswerkstoffes.
  a) Poren sind Unterbrechungen mit vorwiegend räumlicher Ausdehnung, die nicht mit festen oder flüssigen Stoffen gefüllt sind.
  b) Risse sind Unterbrechungen mit vorwiegend flächenhafter Ausdehnung. Die Begrenzungsflächen verlaufen häufig senkrecht zur Überzugsoberfläche.

Arten der Poren und Risse
Von der Art her unterscheidet man folgende Poren und Risse *(Abb. 5.1 und 5.2):*
  – Durchgehende Poren und Risse reichen von der Überzugsoberfläche bis zum Grundwerkstoff. Sie können angreifenden Mitteln unmittelbaren Zutritt zu diesem gestatten.
  – Nicht durchgehende Poren und Risse können offen oder geschlossen sein.
  – Offene, nicht durchgehende Poren (Grübchen) und Risse (Hautrisse) sind zur Überzugsoberfläche hin offen, stehen aber mit dem Grundwerkstoff nicht in Verbindung.

– Geschlossene (maskierte) Poren und Risse haben keinen Ausgang zur Oberfläche des Überzuges. Sie sind entweder allseitig vom Überzugswerkstoff begrenzt oder grenzen an den Grundwerkstoff.

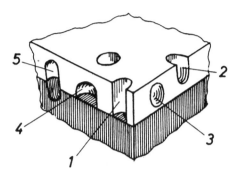

Abb. 5.1: Schematische Darstellung verschiedener Porenarten

1- durchgehende Pore,
2 - offene, nicht durchgehende Pore,
3 - geschlossene, allseitig vom Überzug begrenzte Pore,
4 - geschlossene, an den Grundwerkstoff angrenzende Pore,
5 - geschlossene, in den Grundwerkstoff eindringende Pore

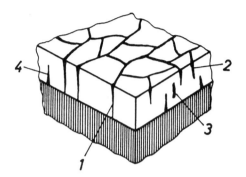

Abb. 5.2: Schematische Darstellung verschiedener Rißarten

1 - durchgehender Riß
2 - offener, nicht durchgehender Riß
3 - geschlossener, allseitig vom Überzug begrenzter Riß
4 - geschlossener, an den Grundwerkstoff angrenzender Riß

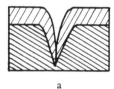 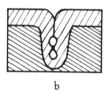 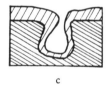

a   b   c

Abb. 5.3: Poren durch Fehler im Grundwerkstoff
a: V-förmige Kerbe, b: U-förmige Kerbe, c: Poren im Grundmetall (z. B. Sinterteil)

Größe der Poren und Risse

Von der Größe her unterscheidet man grobe, feine und mikroskopische (Mikro-) Poren und Risse.

– Als grobe Poren und Risse werden solche bezeichnet, die mit normalsichtigem Auge aus der Bezugssehweite von 250 mm erkennbar sind.
– Als feine Poren und Risse werden diejenigen bezeichnet, die nur bei Anwendung einer Lupe (Vergrößerung bis 6fach) erkennbar sind.
– Als mikroskopische (Mikro-) Poren und Risse bezeichnet man solche, die nur bei einer Vergrößerung über 6fach erkennbar sind.

Grobe Poren entstehen beispielsweise durch Inhomogenitäten der Grundmetalloberfläche wie Hohlräume, Poren und Lunker, an denen der Überzug gestört aufwächst. Sie können

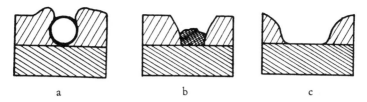

Abb. 5.4: Poren durch örtliche Bedeckung
a - Wasserstoffporen, b - Schlammporen, c - Ölporen

 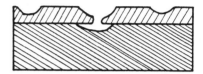

Abb. 5.5: Rißnetz durch innere Spannungen in einem spröden Überzug (Chromschicht)

Abb. 5.6: Lochfraß durch nachträgliche Einwirkung von Elektrolytresten

auch die Folge mechanischer oder chemischer Verletzungen sein. Grobe Poren und Risse gehen fast immer bis zum Grundmaterial hindurch *(Abb. 5.3)*.

Feine Poren entstehen meist als Folge fehlerhafter Abscheidebedingungen beim Galvanisieren. Ursache können Wasserstoffbläschen, von den Bauteilen oder den Anoden stammende Feststoffe, unlösliche Rückstände, ausgefallene Schwermetallverbindungen oder Schwebestoffe im Elektrolyten sein *(Abb. 5.4)*. Ursachen sind auch innere Spannungen in spröden Schichten *(Abb. 5.5)* oder Lochfraß durch die nachträgliche Einwirkung von beispielsweise Elektrolytresten *(Abb. 5.6)*. Die feinen Poren gehen nur selten bis zum Grundmetall hindurch. Sie können an der Oberfläche beginnen und innerhalb der Schicht enden. Oft sind sie nur in der Schicht vorhanden oder gehen vom Grundmetall aus, ohne nach oben hin „offen" zu sein. Die Wahrscheinlichkeit, daß der Überzug „durchgehende" Poren aufweist. nimmt mit steigender Schichtdicke ab.

Besonders stark beeinträchtigen Poren im galvanischen Überzug die Korrosionsbeständigkeit bei sogenannten kathodischen Überzügen, wenn das Schichtmetall edler ist als das Grundmetall. In solchen Fällen führen durchgehende Poren durch den in ihnen befindlichen Elektrolyten zur Bildung von Lokalelementen, in denen der Überzug die Kathode darstellt und das Grundmetall zur Anode wird, die sich verstärkt auflöst. Je höher der Strom, der in einem Lokalelement fließt, um so schneller die Auflösung.

Durch die Poren im Überzug bilden sich über die gesamte Oberfläche zahlreiche Lokalelemente, die zur Korrosion des Gesamtsystems führen. Je geringer die Porendichte d.h. die Anzahl der Poren pro Flächeneinheit ist, um so mehr Strom konzentriert sich auf diese Stellen. Dadurch entstehen in den Lokalelementen sehr hohe Korrosionsströme. Die Auflösung der Anoden geht schnell vonstatten und die Oberfläche korrodiert stark.

Daneben ist die Höhe des Korrosionsstromes aber auch noch von den Potentialdifferenzen zwischen Grund- und Schichtmetall abhängig. Je größer die Potentialdifferenz zwischen dem edleren und dem unedleren Metall, um so höher ist der Korrosionsstrom.

5.2 Grundlagen der Porenbestimmung

Die chemischen und elektrochemischen Methoden zur Porenbestimmung beruhen darauf, daß die poröse Oberfläche mit einer Prüflösung in Kontakt gebracht wird, die mit dem am Porengrund freigelegten Grundmetall unter Bildung farbiger Reaktionsprodukte reagiert. Die porösen Stellen und ihre Umgebung werden dabei gefärbt und unterscheiden sich von den nichtporösen Stellen im Überzug. Wichtig ist, daß die Prüflösung nicht oder nur sehr wenig auf das Schichtmetall chemisch einwirkt.

Mit diesen Methoden können allerdings lediglich Poren in kathodisch wirkenden Überzügen nachgewiesen werden, sofern diese bis zum Grundmetall reichen. Bei anodischen Überzügen, bei denen das Schichtmetall unedler ist als das Grundmetall, wird dieses durch das als Opferanode wirkende Schichtmetall im Bereich von Mikroporen geschützt. Dadurch kommt keine chemische Reaktion zwischen der Prüflösung und den Ionen des Grundmetalls zustande.

Um die Prüflösung mit dem zu prüfenden Gegenstand in Kontakt zu bringen, stehen grundsätzlich folgende Möglichkeiten zur Verfügung:
 - Bei der Tauchmethode wird der zu prüfende Gegenstand in die Lösung eingetaucht;
 - Die Filterpapiermethode besteht darin. daß ein mit der Lösung getränktes Filterpapier auf den zu prüfenden Gegenstand aufgelegt bzw. aufgedrückt wird;
 - Bei der sogenannten Gelmethode wird die Viskosität der Prüflösung durch den Zusatz eines Verdickungsmittels erhöht. Das gelartige Produkt wird auf den zu prüfenden Gegenstand aufgetragen, im Bereich der Poren entstehen farbige Punkte. Der Vorteil besteht darin, daß diese in der gelartigen Masse fixiert werden;
 - Die chemischen Reaktionen der genannten Verfahren können auch elektrochemisch durchgeführt werden, wodurch ihre Empfindlichkeit größer wird. Dazu wird das Grundmetall des zu prüfenden Teils mit Hilfe einer Gleichstromquelle anodisch geschaltet, wodurch es sich schneller auflöst. Als Kathode dient ein Blech aus Platin oder einem anderen geeigneten Metall;
 - Ein spezielles Verfahren stellt die Porenbestimmung mit Hilfe von Gasen vor. Dabei wirken anstelle von Flüssigkeiten Gasgemische oder Dämpfe auf das Teil ein. Ihre Zusammensetzung wird so gewählt, daß das in den Poren freiliegende Grundmetall korrodiert.

Alle Methoden gestatten neben der qualitativen Beurteilung auch eine quantitative Auswertung der Porosität. Diese kommt dadurch zustande, daß die Zahl der Poren, d.h. der farbigen Punkte auf einer Flächeneinheit ausgezählt wird. Dadurch erhält man die sogenannte Porendichte, die in der Regel als Anzahl der Poren/dm^2 angegeben wird.

5.3 Methoden zur Porenbestimmung

5.3.1 Tauchverfahren

Das Eintauchen in eine Prüflösung zählt zu den häufigsten Prüfmethoden. Die Prüfung wird in einem Gefäß ausgeführt, dessen Gestalt und Volumen der Größe des zu untersuchenden Gegenstandes so angepaßt ist, daß der Gegenstand die Gefäßwände nicht berührt.

Die Prüflösungen enthalten häufig Gelatine, um dem Zerfließen der entstandenen Flecken (farbige Reaktionsprodukte) vorzubeugen. Die Zusammensetzung der einzelnen Lösungen ist von der Grund- und Überzugsmetallart abhängig.

Die Prüfung wird folgendermaßen ausgeführt:

Der entfettete und getrocknete Probekörper wird für eine definierte Zeit in die Prüflösung eingetaucht, danach mit Wasser gespült und im Heißluftstrom getrocknet. Anschließend werden mit bloßem Auge die unter der Einwirkung der Prüflösung entstandenen farbigen Punkte gezählt. Um die Bestimmung der Porenzahl an flachen Prüfgegenständen zu erleichtern, wird eine Scheibe aus einem durchsichtigen Werkstoff mit aufgetragenem quadratischem Raster (Seitenlänge 1 cm) benutzt.

Bei der Tauchmethode besteht die Gefahr, daß die Zahl der farbigen Punkte größer ist als die effektive Porenzahl des Überzugs. Es ist daher zu empfehlen, die Prüfung zu wiederholen oder gleichzeitig an mehreren Stellen durchzuführen.

5.3.1.1 Die Ferroxylprobe

Mit Hilfe der Ferroxylprobe werden Poren in Chrom-, Zinn-, Kupfer-, Messing-, Nickel- und Bleischichten auf Stahl bestimmt. Obwohl das Verfahren in verschiedenen Normen aufgeführt ist, wird es in der Fachliteratur wegen der mangelhaft reproduzierbaren Ergebnisse als nicht ausreichend aussagekräftig beurteilt. So besteht bei der Prüfung von Nickelüberzügen beispielsweise die Gefahr, daß braune Flecken, die von der Reaktion der Prüflösung mit den im Niederschlag eingebauten Glanzzusätzen herrühren, fälschlicherweise als Poren ausgelegt werden.

Die Ferroxylprobe beruht auf der Farbreaktion einer Kaliumhexacyanoferrat (III)- haltigen Natriumchloridlösung mit Eisenionen zu Berliner Blau. Die Konzentration dieser Chemikalien wird von verschiedenen Autoren bzw. in verschiedenen Vorschriften unterschiedlich angegeben.

Nach der Norm *DIN 50900* enthält die Lösung:

  1 g/l Kaliumcyanoferrat(III)
  30 g/l Natriumchlorid

Die Lösung muß in destilliertem Wasser angesetzt, filtriert und in einer braunen Flasche verwahrt werden. Sie ist nicht haltbar und muß immer wieder frisch angesetzt werden.

Auch die Durchführung der Probe wird je nach Quelle unterschiedlich gehandhabt, z.B. durch Tauchen, Auflegen von getränktem Filterpapier oder Auftragen einer mit Gelatine verfestigten, weniger fließfähig gemachten Lösung.

Das üblichste Verfahren besteht darin, daß ein Filterpapier mit dieser Lösung getränkt und auf die gut gereinigte (Lösemittel, wäßrige Aufschlämmung von Wiener Kalk) Prüfstelle aufgelegt wird. Nach einer Einwirkungszeit von 10 Minuten nimmt man den Papierstreifen ab und trocknet ihn ohne vorheriges Spülen zwischen zwei Filterpapieren. Die Temperatur des Prüflings der Lösung soll möglichst 20 ± 1 °C betragen.

Zur Auswertung zählt man die blauen Flecken auf Eisengrundmaterial bzw. die braunen Flecken auf Messing- oder Kupferzwischenschichten, die sich auf der auf dem Metall aufliegenden Seite des Papiers gebildet haben. Das Ergebnis wird in Poren/dm² angegeben.

Lösungen mit einem höherem Gehalt an Kaliumhexacyanoferrat(III) (beispielsweise 10 g/l, wie in einer *VW*-Norm vorgeschrieben), greifen den Überzug so stark an, daß die mit ihr durchgeführten Prüfungen eigentlich als Korrosionsversuche gewertet werden können. Ob sie aber Hinweise auf das wirkliche Korrosionsverhalten geben können, ist nicht ausreichend bekannt.

5.3.1.2   Tauchen in Kupfersulfatlösung

Nach Eintauchen in eine schwefelsaure Kupferlösung scheidet sich an der Oberfläche von elektrolytisch beschichteten Gegenständen aus Stahl oder Zink an den Poren metallisches Kupfer in Form von rotbraunen Flecken oder glänzenden Kristallen ab. Diese Methode findet Anwendung u.a. zur Porenprüfung bei Nickel- und Chromüberzügen auf Stahl.

5.3.1.3   Tauchen in Wasserstoffperoxid

Diese Methode wurde von *Nobel*, *Ostrow* und *Thomson* als eine zur Prüfung von galvanischen Goldüberzügen auf Transistoren angewandte Methode beschrieben. Bei dieser Prüfung werden die Transistoren für die Dauer von 2 Minuten in Stearinsäure bei einer Temperatur von 200 °C eingetaucht, in Trichlorethylen gewaschen und für 1 Stunde in eine 30 %ige Wasserstoffperoxidlösung getaucht.

5.3.1.4   Tauchen in oxidische Kochsalzlösung

Diese Methode wird verhältnismäßig wenig angewandt. Es wird eine verdünnte Natriumchloridlösung (5,8 g/l) mit Zusatz einer Wasserstoffperoxidlösung (3 ml einer 3,6 Vol.-%igen H_2O_2-Lösung pro Liter) benutzt. Die Eintauchzeit beträgt je nach Literaturangabe zwischen 10 Minuten und 4 Stunden. Die Poren im Überzug werden als rostfarbige Punkte sichtbar.

5.3.1.5   Heißwasserprüfung

Bei dieser Prüfung werden die zu untersuchenden Probekörper in heißes (90 – 95 °C) destilliertes Wasser (pH = 7) eingetaucht. Die Eintauchdauer beträgt etwa 6 bis 18 Stunden. Gewöhnlich ist eine Zeit von 6 Stunden ausreichend, um die Anwesenheit von Poren, die als rostfarbige Punkte sichtbar werden, festzustellen.

Diese Methode ist in einigen Ländern genormt und wird besonders bei Zinnüberzügen mit Erfolg angewandt.

5.3.1.6   Tauchen in Polysulfidlösung

Es wird eine gesättigte Natriumsulfidlösung hergestellt, pro Liter werden 250 g sublimierter Schwefel (Schwefelblume) zugesetzt und stehengelassen. Diese Lösung wird anschließend soweit verdünnt, daß bei einer Temperatur von 27 °C die Dichte 1,142 beträgt. Anschließend wird sie mit 25 g Natriumhydroxid pro Liter versetzt.

Mit diesem Verfahren werden vor allem Goldschichten auf Transistoren geprüft. Diese werden bei einer Temperatur von 70 °C in die Lösung getaucht, gespült und getrocknet. Die Oberfläche wird unter dem Mikroskop betrachtet, wobei an Stellen der Poren dunkle Punkte zu beobachten sind.

5.3.1.7 Tauchen in siedende Salpetersäure

Die Methode wird zur Porenprüfung an Goldüberzügen angewandt. Die zu prüfenden Teile werden in siedende, konzentrierte Salpetersäure eingetaucht. Es wird dabei beobachtet, ob während der Eintauchzeit von 5 Minuten Spuren eines Korrosionsangriffs auf der Oberfläche aufgetreten sind.

5.3.1.8 Tauchen in Säuregemische

Diese Methode wird ebenfalls zur Porenprüfung von Goldüberzügen auf Transistoren angewandt. Dabei besteht das Grundmetall unter dem Goldüberzug vielfach aus Eisenlegierungen. Deshalb ist es notwendig, das zu der Untersuchung benutzte Korrosionsmedium entsprechend anzupassen.

Für Transistoren wird häufig folgendes Säuregemisch bei Raumtemperatur verwendet:

konz. Salpetersäure   60 ml
konz. Fluorwasserstoffsäure   20 ml

Nach Spülen und Trocknen wird die Oberfläche mikroskopisch auf einen Korrosionsangriff des Grundmetalls untersucht. Damit kann die Porosität der zu prüfenden Goldschicht ermittelt werden. Eine andere empfohlene Lösung hat folgende Zusammensetzung:

konz. Salpetersäure   50 ml
Eisessig   30 ml
konz. Fluorwasserstoffsäure   30 ml
Brom, flüssig   10 Tropfen

5.3.1.9 Lösungen mit organischen Reagenzien

Diese Methoden beruhen auf der Anwendung von organischen Stoffen, die farbige Reaktionen mit dem Grundmetall eingehen. Am häufigsten werden Lösungen von organischen Reagenzien in Wasser, Alkohol oder Äther verwendet.

Zum Nachweis von Poren in Nickel- und Zinnüberzügen auf Stahl wird eine 0,1 %ige Lösung von α-Nitroso-β-naphthol in Methanol angewandt. Bei der Reaktion mit zweiwertigem Eisen wird an den Porenstellen eine grün gefärbte Verbindung gebildet. Das Verfahren ist auch unter der Bezeichnung *„Porotest"* bekannt.

Ähnlich wird zur Feststellung von Poren bzw. Rissen in Chromüberzügen auf Nickel eine Lösung von Dimethylglyoxim in Alkohol benutzt.

Eine Hämatoxylinlösung dient zur Prüfung von Silberüberzügen auf Kupfer und Messing. In der Regel kommt bei diesen Verfahren die Filterpapiermethode zur Anwendung.

5.3.2 Benetzungsverfahren

Das Benetzungsverfahren stellt eine Modifikation der Tauchmethode dar und wird bei der Porenprüfung von Überzügen auf einfachen, ebenen Bauteilen angewandt. Zur Abdeckung der nicht zu prüfenden Teile einer Oberfläche wird Paraffin, Ceresin oder ein anderes Abdeckmittel benutzt. Anschließend wird die Prüflösung auf dem entfetteten und getrockneten Teil der Oberfläche mittels eines Pinsels aufgetragen. Nach Ablauf der vorgegebenen Zeit wird der Probekörper mit Wasser gespült, im Heißluftstrom getrocknet und die Anzahl der entstandenen Farbflecken bestimmt.

5.3.3 Auflegen von getränktem Filterpapier

Ein etwas weniger genaues Verfahren als das Tauchen oder Benetzen besteht darin, einen Streifen Filterpapier zuerst mit der Prüflösung zu tränken und auf die zu prüfende Fläche aufzulegen. Ein Vorteil dieses Verfahrens ist, daß die Filterstreifen aufbewahrt werden und trotz nicht zu vermeidendem Zerlaufen der Färbung doch als eine Art Dokumentation zumindest zum Vergleichen verwendet werden können.

Filterpapier entsprechender Reinheit (vor allem ohne Eisengehalt) wird in die Prüflösung getaucht und solange abtropfen gelassen, bis die überschüssige Lösung entfernt ist. Dann wird es auf die entfettete und getrocknete Oberfläche für eine bestimmte Zeit aufgelegt. Um Eintrocknen des aufgelegten Filterpapiers zu vermeiden, wird es notwendigerweise auch öfters mit frisch getränktem Filterpapier überdeckt. Nach Ablauf der Expositionszeit wird das Filterpapier abgenommen, mit Wasser gespült und auf einer sauberen Glasscheibe getrocknet.

An den Stellen von Poren zeigt das Papier farbige Flecke. In einigen Fällen erscheinen diese nicht sofort, sondern müssen entwickelt werden. Meist geht es um Eisen(II)-Verbindungen, die mit einer cyanidischen Eisen(III)-Ionen enthaltenden Lösung eine Blaufärbung geben.

5.3.4 Elektrochemische Verfahren

Bei den elektrochemischen bzw. elektrographischen Verfahren wird die farbbildende Reaktion durch den elektrischen Strom beschleunigt. Wie schon erwähnt, geht es meist darum, das in Lösunggehen des anodischen Grundmaterials zu beschleunigen und dadurch ausreichend Ionen zum Ablauf der Reaktion zu liefern.

Auch die elektrochemischen Verfahren werden in mehreren Modifikationen eingesetzt.

5.3.4.1 Elektrochemische Filterpapier-Methode

Ähnlich wie bei der chemischen Filterpapier-Methode *(s. Kap. 5.3.3.)* wird ein mit dem entsprechenden Elektrolyten getränktes Filterpapier auf die zu prüfende Fläche aufgebracht. Dann wird das Grundmaterial in einem Gleichstromkreis anodisch geschaltet. Als Gegenelektrode (Kathode) wird ein Platinblech verwendet. Ein Nachteil des Verfahrens besteht darin, daß die Farbpunkte nicht lange beständig sind, sondern verhältnismäßig schnell zerfließen.

5.3.4.2 Fotopapier-Methode

Bei der sogenannten Fotopapiermethode wird auf die Probe ein nicht fixiertes Fotopapier aufgebracht. Dabei wird das Papier in einem speziellen Elektrolyten mit Indikatoren eingeweicht. Bei der Elektrolyse werden die Poren des Überzuges auf dem Fotopapier abgebildet. Nach Fixierung können die Poren (Punkte) ausgezählt werden. Ein Nachteil der Methode ist das verhältnismäßig teure lichtempfindliche Material.

5.3.4.3 Gelmethode

Bei der Gelmethode werden die bei der Filterpapiermethode empfohlenen Elektrolyte verwendet. Die Elektrolyte werden durch Eindickmittel, z.B. Gelatine, verfestigt. Vor der Eindickung werden die kontaktierten Prüflinge in den Elektrolyten eingebracht. Nach dem Erstarren des Mediums wird eine Elektrolyse durchgeführt.

Die Gelmethode bietet gegenüber den vorgenannten Verfahren eine Reihe von Vorteilen. Durch die Anwendung kleiner Ströme und Verwendung eines Gelelektrolyten wird eine bessere Indikation der Poren ermöglicht.

5.3.4.4 Beispiel der Porenprüfung auf galvanisch abgeschiedenen Goldüberzügen (elektrographische Methoden nach *ISO Norm 4524/3*-1985)

a)   *Porenprüfung durch Verwendung von Cadmiumsulfid*

Schichtaufbau: Überzugsmetall Gold oder Goldlegierung, Grundmetall Kupfer.

Eine Lösung von Cadmiumchlorid wird auf ein Filterpapier aufgebracht und durch Tauchen in eine Natriumsulfidlösung zu gelbem Cadmiumsulfid umgesetzt. Das getrocknete Cadmiumsulfidpapier wird auf die gereinigte Oberfläche des Prüflings aufgelegt. Durch das zusätzliche Auflegen eines mit destilliertem Wasser angefeuchteten Filterpapiers wird die notwendige Feuchtigkeit zugeführt. Den Abschluß bildet ein Kontakt aus Aluminium oder rostfreiem Stahl.

Das vorstehende System wird mit 14 – 17 N auf den Prüfling aufgedrückt und eine Gleichstromquelle (12 Volt) angeschlossen (Prüfzeit 30 Sekunden). Nach dem Trocknen des Cadmiumsulfidpapieres werden Poren durch braune Punkte an den aufliegenden Stellen angezeigt.

b)   *Porenprüfung durch Verwendung von Diacetyldioxim*

Schichtaufbau: Überzugsmetall Gold oder Goldlegierungen, Grundmetall Nickel oder Zinn-Nickellegierungen.

Der Prüfling wird in eine Gelatinelösung, welche die Indikatorlösung (ammoniakalische Diacetyldioximlösung) enthält, eingetaucht. Das Grundmetall, hier z.B. Nickel, wird als Anode geschaltet. Als Kathode dient üblicherweise ein Platinnetz. Die Stromdichte beträgt 1 mA/cm², die Prüfzeit 20 Sekunden.

Nach der Herausnahme des Prüflings aus der Gelatine läßt man diese auf dem Teil bei Raumtemperatur 30 Minuten trocknen. Anschließend werden die Poren, die sich als rote Punkte abzeichnen, ausgezählt.

5.3.5 Chemische Prüfung in der Gasatmosphäre

Die chemischen Untersuchungen in der Gasatmosphäre bilden eine Sondergruppe der Porenprüfung von Überzügen. Sie beruhen darauf, daß Gase und Dämpfe eine bestimmte

Zeit bei konstanter Temperatur auf die Oberfläche einwirken. Anschließend wird die Zahl der Poren ausgezählt.

In Abhängigkeit von der Art des Schichtsystems werden die verschiedensten Gase oder Gasgemische verwendet, wie Ammoniak, Schwefeldioxid, Schwefelwasserstoff, Salpetersäure u.a.

Mit Hilfe von Ammoniakdämpfen kann die Porosität von Zinn auf Kupferlegierungen geprüft werden. Nach einer bestimmten Zeit (z.B. 4 Stunden) wird die Oberfläche auf blaue Verfärbungen untersucht.

Goldüberzüge auf Silber oder Kupfer- und Kupferlegierungen können mit Hilfe von Schwefelwasserstoff geprüft werden. Hierzu wird auf den Boden eines Exsikkators eine verdünnte Polysulfidlösung gegeben und in einem offenen Gefäß Eisessig dazugestellt. Durch die Reaktion der beiden Substanzen wird Schwefelwasserstoff freigesetzt, der auf die im Exsikkator eingehängten Bauteile einwirkt. Nach einer festgelegten Zeit (z.B. 5 Stunden) dürfen keine Veränderungen an der Oberfläche auftreten.

Eine Variante davon ist die Verwendung von Schwefel bei einer Temperatur von 60 °C in einem geschlossenen Exsikkator.

Salpetersäuredämpfe werden zur Prüfung von Goldüberzügen auf Kupfer- und Kupferlegierungen verwendet. Die Prüfung erfolgt auch hier in einem geschlossenen System, in das konzentrierte Salpetersäure eingebracht wird und in dem sich der zu prüfende Gegenstand befindet. Nach einer Prüfdauer von 2 Stunden wird das Bauteil herausgenommen und im Trockenschrank bei 100 °C 10 – 15 Minuten nachbehandelt. Porige Oberflächen weisen grünliche Verfärbungen auf.

5.4 Porennachweis für verschiedene Kombinationen Grund-/Schichtmetall

In der *Tabelle 5.1* sind die beschriebenen und einige weitere Verfahren für verschiedene Kombinationen von Grund-/Schichtmetallen übersichtlich zusammengefaßt. Bei einigen Verfahren, die nicht beschrieben sind, werden auch nähere Angaben aufgeführt.

Tabelle 5.1: Einige Verfahren zum Nachweis von Poren in metallischen Schichten

Grund-metall	Schicht-metall	Verfahren/Reagenz	Ausführung	Nachweis
Stahl	Chrom, Zinn, Kupfer, Messing, Nickel	Ferroxyl Kalium-cyanoferrat(III)	Tauchen, Streichen, Filterpapier	blaue Flecken
	Nickel, Chrom	Kupfersulfat	Tauchen	Kupferabscheidung
	Gold	Salpetersäure + Fluorwasserstoffsäure	Tauchen	Korrosion (mikroskopisch)

Tabelle 5.1 (Fortsetzung)

Grund-metall	Schicht-metall	Verfahren/Reagenz	Ausführung	Nachweis
	Nickel, Zinn	Porotest α-Nitroso-β-Naphthol + Methanol	Tauchen	grüne Flecken
	Blei	10 g/l Kalium-cyanoferrat(III) 20 g/l Schwefelsäure	Tauchen	blaue Flecken
	Zink, Cadmium	0,1 g/l Kalium-permanganat	Tauchen	braune Flecken
Kupfer	Zinn	Rhodanidverfahren 20 g/l Ammonium-rhodanid + 10 g/l Wasserstoff-peroxid + 10 g/l Essigsäure	Tauchen 15 min	rote Eisen-flecken
	Gold	Salpetersäure	Dampf	blaue Tröpfchen
Kupfer, Silber	Gold	Salpetersäure (1:10) 10 g/l Natriumsulfid	Tauchen 15 h	braunrote Flecken
Aluminium	Nickel Messing	Natronlauge, Hämatoxylin	Tauchen (heiß) Filterpapier	Gasblasen blaue Flecken
Messing, Kupfer	Nickel Zinn Silber	Ferroxyl Kalium-cyanoferrat (III)	Filterpapier	blaue Flecken
	Silber	Hämatoxylin	Filterpapier	blaue Flecken
	Chrom Zinn	Ammoniak	Dampf	blaue Tröpfchen
Nickel Neusilber	Silber	Dimethylglyoxim	Filterpapier	rote Flecken
Nickel Kupfer Messing	Chrom	5% Ammoniumpersulfat	Tauchen (55°C)	Poren und Rißnetz

Literatur zu Kapitel 5

[1] DIN 50903: Metallische Überzüge; Poren, Einschlüsse, Blasen und Risse; Begriffe

6 Prüfung der Korrosionsbeständigkeit

6.1 Korrosionsschutz durch galvanische Überzüge

6.1.1 Begriffe

Die *DIN 50900* behandelt die Korrosion der Metalle. In Teil 1 und 3 sind Begriffe festgelegt und erläutert, die für dieses Kapitel grundsätzlich sind. Nachfolgend werden daher einige Grundbegriffe näher behandelt.

- *Korrosion*
  Reaktion eines metallischen Werkstoffs mit seiner Umgebung, die eine meßbare Veränderung des Werkstoffs bewirkt und zu einer Beeinträchtigung der Funktion eines metallischen Bauteils oder eines ganzen Systems führen kann. In den meisten Fällen ist diese Reaktion elektrochemischer Natur, in einigen Fällen kann sie jedoch auch chemischer (nicht elektrochemischer) oder metallphysikalischer Natur sein.
- *Korrosionserscheinung*
  Die meßbare Veränderung eines metallischen Werkstoffs durch Korrosion.
- *Korrosionsschaden*
  Beeinträchtigung der Funktion eines metallischen Bauteils oder eines ganzen Korrosionssystems durch Korrosion. Neben einem Werkstoffschaden kann auch eine Beeinträchtigung durch Korrosionsprodukte, z. B. Beeinträchtigung des geforderten Aussehens oder einer Funktion als Schaden angesehen werden.
- *Korrosionsschutz*
  Maßnahmen mit dem Ziel, Korrosionsschäden zu vermeiden
  a) durch Beeinflussung der Eigenschaften der Reaktionspartner und/oder durch Änderung der Reaktionspartner
  b) durch Trennung des metallischen Werkstoffs von der korrosiven Umgebung durch aufgebrachte Schutzschichten sowie
  c) durch elektrochemische Maßnahmen
- *Korrosionsschutzsystem*
  System, bestehend aus dem metallischen Werkstoff, Korrosionsmedium und allen zugehörigen Phasen, deren chemische und physikalische Variable die Korrosion beeinflussen.
- *Korrosionsuntersuchung*
  Eine Korrosionsuntersuchung umfaßt Korrosionsversuche und Versuchsauswertung. Sie kann eines oder mehrere der folgenden Ziele haben:

- Aufklärung von Korrosionsreaktionen
- Erlangen von Kenntnissen über das Korrosionsverhalten von Werkstoffen unter Korrosionsbelastung
- Auswahl von Maßnahmen für den Korrosionsschutz
- Aussagen über Eigenschaften eines Korrosionssystems

- *Korrosionsprüfung (Korrosionstest)*

  Die Korrosionsprüfung ist eine Korrosionsuntersuchung, bei der die Korrosionsbelastung und die Beurteilung der Versuchsergebnisse durch Bestimmungen (Normen, Prüfblätter und ähnlichem) und/oder Vereinbarungen, z. B. Lieferbedingungen, festgelegt sind. Sie dient im wesentlichen der Qualitätskontrolle bei der Herstellung und Weiterverarbeitung von Werkstoffen sowie der Beurteilung von Korrosionsschutzmaßnahmen.

- *Korrosionsversuch*

  Der Korrosionsversuch ist der experimentelle Teil einer Korrosionsuntersuchung bzw. einer Korrosionsprüfung.

- *Korrosionsbelastung*

  Die Korrosionsbelastung ist die Gesamtheit der bei der Korrosion von Werkstoffen vorliegenden Einflüsse der chemischen Belastung durch das Angriffsmittel (z. B. chemische Zusammensetzung, pH-Wert, Strömungszustand), der elektrischen (z. B. Potential, Streuströme), der mechanischen (z. B. statisch oder dynamisch, Reibung), der thermischen Belastung (z. B. Temperatur, Wärmeübergang) sowie gegebenenfalls weiterer Belastungsarten.

- *Korrosionsbeanspruchung*

  Die Korrosionsbeanspruchung ist die Gesamtheit der am und im Werkstoff als Folge der Korrosionsbelastung auftretenden Einwirkungen. Sie bewirkt Art und Geschwindigkeit einer Korrosion. Bei gleicher Korrosionsbelastung hängt die Korrosionsbeanspruchung von der Korrosionsanfälligkeit des Werkstoffs oder von der Wirksamkeit von Korrosionsschutzmaßnahmen ab.

- *Korrosionsversuch unter betriebsnaher Korrosionsbelastung*

  Beim Korrosionsversuch unter betriebsnaher Korrosionsbelastung entspricht die Korrosionsbelastung der betrieblichen Belastung soweit wie möglich. Der Korrosionsmechanismus ist gegenüber der betrieblichen Belastung nicht verändert. Die Dauer des Korrosionsversuchs kann durch Fortfall von Betriebsperioden, in denen die Korrosionsbelastung wesentlich geringer ist, abgekürzt werden.

- *Korrosionsversuch unter verstärkter Belastung*

  Beim Korrosionsversuch unter verstärkter Korrosionsbelastung ist diese gegenüber der betrieblichen Belastung zum Abkürzen der Versuchsdauer verstärkt. Der Korrosionsmechanismus kann von dem bei betrieblicher Belastung vorliegenden Mechanismus abweichen. Aus solchen Versuchen ermittelte Korrosionsgrößen können zur Vorhersage des betrieblichen Verhaltens von Korrosionssystemen nur verwendet werden, wenn ausreichende Erfahrungen über die Übertragbarkeit der Versuchsergebnisse vorliegen.

- *Schnellkorrosionsversuch*
  Der Schnellkorrosionsversuch ist ein Korrosionsversuch bei dem die Korrosionsbelastung von der betrieblichen Belastung abweicht und die Versuchsdauer extrem kurz ist. Schnellkorrosionsversuche dienen zum schnellen Ermitteln bestimmter Werkstoffeigenschaften (z.B. Beständigkeit gegen interkristalline Korrosion, Beständigkeit gegen Spannungsrißkorrosion) oder zum Beschreiben der Eigenschaften von Korrosionsschutzbeschichtungen (z. B. Porigkeit). Schnellkorrosionsversuche liefern vergleichende Aussagen über die ermittelten Werkstoffeigenschaften.

- *Laboratoriumsversuch*
  Der Laboratoriumsversuch ist ein Korrosionsversuch im Laboratoriumsmaßstab. Die Art der Korrosionsbelastung ergibt sich häufig aus der Notwendigkeit, betriebliche Belastungen nachzuahmen. Bei Korrosionsprüfungen ist die Korrosionsbelastung stets genormt oder vorgeschrieben.

- *Technikumsversuch*
  Der Technikumsversuch ist ein Korrosionsversuch im halbtechnischen Maßstab, bei dem die Korrosionsbelastung den betrieblichen Bedingungen weitgehend angenähert ist.

- *Betriebsversuch*
  Der Betriebsversuch ist ein Korrosionsversuch unter betrieblichen Bedingungen in einer betrieblichen Einrichtung.

- *Naturversuch (Feldversuch)*
  Der Naturversuch (Feldversuch) ist ein Korrosionsversuch in der natürlichen Umgebung: Atmosphären (Klimate), Gewässer, Erdböden.

- *Modellversuch*
  Der Modellversuch ist ein Korrosionsversuch, bei dem eine bestimmte Korrosionsbelastung im Laboratoriumsmaßstab oder im halbtechnischen Maßstab modellmäßig nachgebildet wird.

6.1.2 Allgemeines zur Korrosionsbeständigkeit

Die Korrosionsbeständigkeit eines galvanischen Überzugs wird von verschiedenen Randbedingungen bestimmt. Hierzu zählen Art und Oberflächenbeschaffenheit des zu schützenden Werkstoffes, die Art der Grundwerkstoff-Vorbehandlung, die Art, Dicke und Porigkeit des galvanischen Überzugssystems, die Art und Dauer der klimatischen Einflüsse sowie mögliche mechanische, thermische und chemische Belastungen.

Im Hinblick auf die möglichst praxisgerechte Prüfung eines Beschichtungssystems sollten die wesentlichen Randbedingungen bei der Versuchsplanung, Herstellung der Probekörper sowie der Auswahl und Durchführung von Prüfungen weitgehend berücksichtigt werden.

Im Idealfall sollten zur Ermittlung der Beständigkeit eines Schutzsystems die im Betrieb zu erwartenden Umgebungsbedingungen herangezogen werden. Dies können z. B. unterschiedliche Klimate sein (Küstenklima, Industrieklima, Stadtklima, Landklima), spezifische Bedingungen eines Chemiebetriebes, Beanspruchungen im Untertagebau oder Beanspruchungen von Fahrzeugen einschließlich der dynamischen Fahrbelastung. Derartige Prüfungen sind zwar für Grundsatzuntersuchungen unentbehrlich, wegen ihrer Dauer jedoch oftmals für Entwicklungsaufgaben und Fertigungskontrollen nicht verwendbar.

6.2 Kurzzeitprüfungen

Zur Zeitraffung wurden Korrosions – Kurzzeitprüfmethoden entwickelt. Sie haben den Vorteil, daß sich definierte Prüfbedingungen einstellen und einhalten lassen. Durch Kombination solcher Prüfungen (Kombinationsprüfmethoden) lassen sich u. U. auch komplexe Beanspruchungen simulieren. Allerdings geben Ergebnisse aus Kurzzeitprüfungen keine Aussage über die Lebensdauer eines Bauteiles bzw. Gerätes. Ziel von Korrosions-Kurzzeitprüfungen ist das rasche Erkennen von Schwachstellen im Überzugssystem. Weiterhin werden die Kurzzeitprüfungen als Abnahmeprüfungen im Rahmen von Vereinbarungen verwendet.

Aus der großen Zahl von Kurzzeitprüfungen werden einige genormte Methoden national und international besonders oft verwendet. Es handelt sich um:

DIN 50017	Kondenswasserklimate
DIN 50018	Kondenswasser-Wechselklima mit schwefeldioxidhaltiger Atmosphäre
DIN 50021	Sprühnebelprüfungen mit verschiedenen Natriumchloridlösungen
DIN 50958	Modifiziertes Corrodkote-Verfahren
DIN 4046-V	Teil 36 + 37 Prüfklimate für elektrotechnische Bauteile mit Edelmetallkontakten
DIN-ISO 10062 E	Korrosionsprüfungen in künstlicher Atmosphäre mit sehr niedrigen Konzentrationen von Schadgasen

6.2.1 Kondenswasserklimate

Die Korrosionsbeanspruchung besteht in der Einwirkung warmer, mit Wasserdampf gesättigter Luft mit oder ohne Zwischenabkühlung auf Raumtemperatur. Beim Erwärmen der Proben durch die mit Wasserdampf gesättigte Luft bildet sich Kondenswasser, das während der ganzen Dauer der Einwirkung der warmen, mit Feuchtigkeit gesättigten Luft erhalten bleibt. Diese Beanspruchungen dienen zur Erprobung des Verhaltens von Werkstoffen, Schutzschichten aller Art, Bauelementen und Geräten für feuchte Einsatzklimate. Sie eignen sich im besonderen zum Beurteilen der Korrosionsbeständigkeit von metallischen Werkstoffen und Schutzüberzügen auch in konstruktionsbedingten Kombinationen verschiedener Werkstoffarten.

Es werden folgende drei Kondenswasserklimate unterschieden: (siehe auch *Tabelle 6.1*)

- Kondenswasser-(Feuchte- und Temperatur-) Wechselklima
  Kurzbezeichnung: *DIN 50017-KFW*
- Kondenswasser- Temperatur-Wechselklima
  Kurzbezeichnung: *DIN 50017-KTW*

- Kondenswasser-Konstantklima
    Kurzbezeichnung: *DIN 50017-KK*

Im allgemeinen ist eine Zyklendauer von 24 Stunden anzuwenden.
Die meist verwendete Prüfvariante ist die Prüfung nach *DIN 50017-KFW*, da der Korrosionsbeginn bei vielen Werkstoffen bei wechselnden Bedingungen schneller eintritt. Bis zum Auftreten markanter Veränderungen sind in der Regel 20 Zyklen notwendig.

Tabelle 6.1 Kondenswasser-Klimate *DIN 50017*

Zweck	Werkstoff-, Bauelemente- und Geräteprüfung				
Anwendung	Prüfung von Werkstoffen, Schutzschichten aller Art, Bauelementen und Geräten für feuchte Einsatzklimate				
Benennung	Kondenswasser-Wechselklima (Luftfeuchte und Temperatur)		Kondenswasser-Wechselklima (Temperatur)		Kondenswasser-Konstantklima
Kennzeichnung	*DIN 50 017-KFW*		*DIN 50 017-KTW*		*DIN 50017-KK*
Dauer eines Zyklus	24 Stunden		24 Stunden		24 Stunden
Temperatur im Prüfraum	40°C ± 3°	Raum-Temp.	40°C ± 3°	Raum-T.	40°C ± 3°
Relative Luftfeuchte	100%	<75%	100%	100%	100%
Dauer der Einzeleinwirkungen	8 Stunden	16 Stunden	8 Stunden	16 Stunden	24 Stunden

Die wichtigsten Prüfbedingungen bezüglich der Anordnung der Proben sind nachfolgend aufgeführt:

- Abstand von den Wänden und der Decke: mind. 100 mm
- Abstand der Probenunterkante von der Wasseroberfläche: mind. 200 mm
- Abstand zwischen den Proben: mind. 20 mm
- Anordnung möglichst nur auf gleicher Höhe
- Kondenswasser darf nicht von einem Prüfkörper auf einen anderen tropfen
- Proben sollen sich gegenseitig nicht beeinflussen

6.2.2 Kondenswasser-Wechselklima mit schwefeldioxidhaltiger Atmosphäre

Die *DIN 50018* beschreibt die allgemeinen Bedingungen, die bei der Beanspruchung von Proben in Kondenswasserklima mit schwefeldioxidhaltiger Atmosphäre eingehalten werden müssen, damit bei der Prüfung in verschiedenen Laboratorien vergleichbare Ergebnisse erhalten werden.

Die Prüfung gestattet das schnelle Erkennen von Fehlern in Korrosionsschutzsystemen. Die Beanspruchung in diesen Prüfklimaten ermöglicht keine unmittelbaren Aussagen über die Lebensdauer der geprüften Teile unter Bedingungen des praktischen Einsatzes. Dies schließt aber nicht aus, daß bei ausreichenden Erfahrungen über das Langzeitverhalten spezieller Systeme im Industrieklima eine Beziehung zwischen dem Verhalten im praktischen Einsatz und dem Verhalten, insbesondere im Klima *DIN 50018-KFW 0,2 S* (= 0,067 Vol.-% SO_2) hergestellt werden kann.

Weitere Variationen sind: (siehe auch *Tabelle 6.2)*
    DIN 50018-KFW 1,0 S
    DIN 50018-KFW 2,0 S

Tabelle 6.2: Kondenswasser-Wechselklima mit schwefeldioxidhaltiger Atmosphäre *DIN 50018*

Anwendung: Schnelles Erkennen von Fehlern in Korrosionsschutzsystemen				
Kurzbezeichnung		DIN 50018 KFW 0,2 S	DIN 50018 KFW 1,0 S	DIN 50018- KFW 2,0 S
Theoretische SO_2-Konzentration zu Beginn eines Zyklus in Vol.-%		0,067	0,33	0,67
Zyklus	1. Prüfabschnitt Stunden	8 einschließlich Anwärmen		
	2. Prüfabschnitt Stunden	16 einschließlich Abkühlen (Prüfkammer geöffnet bzw. belüftet).		
	Gesamt Stunden	24		
Verhältnisse im Prüfraum	1. Prüfabschnitt Temperatur °C Rel. Luftfeuchte %	(40 ± 3) etwa 100 (Betauung der Prüflinge)		
	2. Prüfabschnitt Temperatur °C Rel. Luftfeuchte %	18 - 28 max. 75		

Tabelle 6.3: Abnahme der Schwefeldioxid-Konzentration mit zunehmender Prüfdauer nach *DIN 50018*

	Mittlere Schwefeldioxid-Konzentration (ppm)				
Versuchsbeginn	½ h	1 h	2 h	3 h	8 h
670 (0,2 l/300 l)	245	160	75	20	0
3330 (1 l/300 l)	1200	1050	750	450	15
6700 (2 l/300 l)	1900	1575	1130	950	125

Aus der *Tabelle 6.3* ist ersichtlich, daß die Schwefeldioxid-Konzentrationen im Prüfraum die üblicherweise vorkommenden SO_2-Konzentrationen der Luft beachtlich übersteigen. Diese zu Versuchsbeginn stark überhöhten SO_2-Konzentrationen fallen jedoch mit fortlaufender Prüfdauer stark ab.

Für eine Prüfung in feuchtwarmer, schwefeldioxidhaltiger Atmosphäre ist eine allseits abgeschlossene und abgedichtete Prüfkammer von mindestens 300 l Volumen mit Wänden aus einem korrosionsbeständigen Material erforderlich. Wenn keine anderen Vereinbarungen getroffen werden, muß die Gesamtfläche der eingehängten Proben $0,5 \pm 0,1$ m² je 300 l Prüfkammervolumen betragen und aus jeweils gleichartigen Proben (Beschichtungen) bestehen.

Entsprechend *Kapitel 6* der oben genannten Norm ist es erforderlich, in angemessenen Zeitabständen eine Funktionsprüfung der Prüfeinrichtung durchzuführen. Hierzu werden Proben der Stahlsorte St 37 fünf Zyklen entsprechend den Prüfbedingungen KFW 0,2 S ausgesetzt. Die wesentlichen Daten dieser Funktionsprüfung sind:

- *Versuchsmaterial*:
  5 Bleche je 50 mm x 100 mm x 0,6 – 1,5 mm aus St 37 (walzblank) nach *DIN 17100*- oder St 1405 (walzblank) nach *DIN 1623 Teil 1*
- *Blindproben*:
  Zwei Blindproben zur Gewährleistung der erforderlichen Oberflächen im Prüfraum von jeweils 250 mm Breite, 400 mm Länge und 1 mm Dicke der gleichen Qualität
- *Probenvorbereitung*:
  Reinigung mit Testbenzin und weichem Lappen; Wägung auf ± 1 mg
- *Durchführung*:
  Proben senkrecht in Prüfkammer bringen; Fünf Zyklen nach KFW 0,2 S
- *Entfernung der Korrosionsprodukte*:
  Tauchen in 10 % HCl mit Zusatz von 3,5 g/l Hexamethylentetramin bei 18 – 28 °C; Spülen mit Wasser; Trocknung; Wägung bei Raumtemperatur ± 1 mg;
- *Auswertung*:
  Zulässiger Masseverlust (Mittelwert): (125 ± 25) g/m², Abweichung Einzelwert von Mittelwert: max. ± 20 %

Weitere Bedingungen für eine DIN-gerechte, reproduzierbare Prüfung sind:
- Die Proben sollen sich gegenseitig nicht beeinflussen
- Die Anordnung der Proben soll folgenden Kriterien entsprechen:
  - Abstand von Wänden: mind. 100 mm
  - Abstand Probenunterkante von Wasseroberfläche: mind. 200 mm
  - Abstand zwischen den Proben: mind. 20 mm
- Die Gesamtoberfläche der Proben darf 0,5 m² + 0,1 m² je 300 l nicht überschreiten. (Besteht die Gesamtprüfung aus mehreren Zyklen, so müssen Art und Größe der Teile stets gleich bleiben)
- Das Wasser in der Bodenwanne ist vor jedem Zyklus zu erneuern.

6.2.3 Sprühnebelprüfungen mit verschiedenen Natriumchloridlösungen nach *DIN 50021*

Eine gängige Methode zur Prüfung von Korrosionsschutzsystemen ist die Salzsprühebelprüfung nach *DIN 50021* mit drei Varianten. Für die Prüfung von organischen Beschichtungen gilt *DIN 53167*. Die Prüflinge werden in der Regel einer Natriumchlorid-Lösung (50g/l) bei einer Temperatur von (35 ± 2)°C in einer Prüfkammer ausgesetzt (= *DIN 50021 SS*). Weitere Varianten werden nachfolgend beschrieben.

Sprühnebelprüfungen im Sinne der o. g. Norm sind Prüfungen mit einer kontinuierlich versprühten, wäßrigen 5%igen Natriumchloridlösung (Hauptbestandteil) als angreifendes Mittel. Obwohl diese Prüfmethode früher in Deutschland nicht angewandt wurde, hat sie inzwischen in nahezu allen Prüfrichtlinien für metallische und nichtmetallische Schutzsysteme Eingang gefunden. Sie dient wegen der sehr gerafften Prüfzeit sowohl als allgemeine Korrosionsprüfmethode als auch zur Simulierung von Meeres- und Küstenklima bzw. der Straßenverschmutzungen durch Auftausalze.

Es werden 3 Varianten der Sprühnebelprüfungen unterschieden (siehe auch *Tabelle 6.4*)

Salzsprühnebelprüfung *DIN 50021-SS*
Essigsäure-Salzsprühnebelprüfung *DIN 50021-ESS*
Kupferchlorid-Essigsäure-Salzsprühnebelprüfung *DIN 50021-CASS*.

Tabelle 6.4: Sprühnebelprüfungen *DIN 50021*

	Benennung Kurzbezeichnung	Salzsprühnebelprüfung *DIN 50021-SS*	Essigsäuresalzsprühnebelprüfung *DIN 50021-ESS*	Kupferchloridessigsäuresalzsprühnebelprüfung *DIN 50021-CASS*
Zu versprühende Lösung	Natriumchloridgehalt in g/l		50 ± 5	
	Weitere Zusätze	keine	Essigsäure zum Einstellen des pH-Wertes auf 3,1 bis 3,3 bei 23 °C $\pm$ 2°	0,26 g/l $\pm$ 0,02 g/l $CuCl_2 \times 2H_2O$ und Essigsäure zum Einstellen das pH-Wertes auf 3,1 bis 3,3 bei 23 °C $\pm$ 2°
Aufgefangene Lösung	Natriumchloridgehalt in g/l		50 ± 5	
	pH-Wert	6.5 bis 7,2 bei 23°C $\pm$ 2°	3,1 bis 3,3 bei 23°C $\pm$ 2°	
	Temperatur im Prüfraum	35 °C $\pm$ 2°	50°C $\pm$ 2°	

In der genannten Norm sind die Bedingungen festgelegt, denen die Prüfeinrichtungen und die angreifenden Mittel bei den verschiedenen Sprühnebelprüfungen entsprechen müssen. Als wesentliche Kriterien sind die Prüftemperatur sowie die Menge und Verteilung des Sprühnebels festgelegt. Die wichtigsten Daten sind nachfolgend aufgeführt:

– Prüfkammer:
  ≤ 400 l; Tropfen dürfen nicht auf die Prüfkörper fallen
– Prüftemperatur:
  (35 ± 2) °C bzw. (50 ± 2) °C
  ggf. Wärmeisolierung
– Menge und Verteilung des Sprühnebels:
  Auffanggefäß mit Auffangfläche von 80 cm²; Mittelwert der aufgefangenen Flüssigkeitsmenge:
  $1,5 \pm 0,5$ ml/h (Zeitspanne 16h).

Die *DIN 50021* enthält einen Abschnitt "Funktionsprüfung der Prüfeinrichtung". Die wichtigsten Daten sind nachfolgend aufgeführt.
- Versuchsmaterial:
  5 Bleche je 50 mm × 100 mm × 0,6 – 1,5 mm aus *St 37* (walzblank) nach *DIN 17100* oder *St 1405* (walzblank) nach *DIN 1623* Teil 1;
- Probenvorbereitung:
  Reinigung mit Testbenzin oder anderen geeigneten Lösemittel und weichem Lappen oder Pinsel;
- Durchführung:
  Proben werden hochkant in einem Winkel von 60° bis 75° zur Horizontalen geneigt, im Prüfstand mit der Testfläche nach oben aufgestellt, durch Prüfung *DIN 50021-SS* beansprucht;
- Entfernung der Korrosionsprodukte:
  10 % HCl mit Zusatz von Hexamethylentetramin (3,5 g/l) bei 18 – 28 °C; Spülen mit Wasser; Trocknung bei 18 – 28 °C; Wägung bei Raumtemperatur auf ± 1 mg;
- Auswertung:
  zulässiger Masseverlust jedes Prüflings: 140 ± 20 g/m².

6.2.4 Modifiziertes Corrodkote-Verfahren

In begrenztem Umfang wird das speziell für Kfz-Bauteile in den USA entwickelte und für Deutschland gering modifizierte Verfahren zur Simulation der Korrosivität des Fahrbetriebes auf der Straße (Straßenschmutz) eingesetzt.

Das Prüfverfahren dient zur Ermittlung der Korrosionsbeständigkeit von Gegenständen aus Stahl, Zinkdruckguß, Kupfer oder Kupferwerkstoffen mit Nickel-Chrom- bzw. Kupfer-Nickel-Chrom-Überzügen. Nach der in *DIN 50958* genormten Methode (siehe *Tabelle 6.5*) werden die Prüfkörper mit einem pastenförmigen Korrosionsmedium, das aus Eisen(III)-Chlorid, Kupfernitrat, Ammoniumchlorid, Wasser und Kaolin als Anteigmittel besteht, bestrichen und während einer festgelegten Zeit in einem feuchtwarmen Klima (100 % rel. Luftfeuchte bei 40 ± 3°C entsprechend dem Klima nach *DIN 50017-KK*) gelagert. Ein Prüfzyklus beträgt 16 Stunden. Nach dieser Lagerung werden Anzahl und Fläche der Korrosionsstellen ermittelt.

Tabelle 6.5 Korrosionsprüfung von verchromten Gegenständen nach dem modifizierten *Corrodkote*-Verfahren *DIN 50958*

Zweck und Anwendung	Korrosionsprüfung von Gegenständen aus Stahl, Zinkdruckguß, Kupfer und Kupferwerkstoffen mit (Kupfer-) Nickel- und Chromüberzügen
Bezeichnung des Verfahrens	DIN 50958
Prüfzyklus	16 Stunden
Prüfklima	(40 ± 3) °C; 100 % rel. Luftfeuchte
Zusammensetzung der Paste	1 g FeCl$_3$ · 6H$_2$O; 0,2 g Cu (NO$_3$)$_2$ · 3H$_2$O; 6 g NH$_4$Cl; 300 ml H$_2$O und 180 g Kaolin

6.2.5 Prüfklimate für elektrotechnische Bauteile mit Edelmetallkontakten

Mit der Vornorm *DIN 40046 Teil 36 und 37* vom März 1987 wurde eine Prüfmethode für elektrische Kontakte mit dem Ziel geschaffen, den Einfluß von chemischen Luftverunreinigungen einschließlich einer angemessenen Zeitraffung simulieren zu können. Die wichtigsten Hinweise zur Anwendung, über die Prüfkammer *(Abb. 6.1)*, Prüfbedingungen, Beanspruchungsdauer und sonstige Beanspruchungskriterien sind in *Tabelle 6.6* aufgeführt.

Tabelle 6.6: Umweltprüfungen für die Elektrotechnik (Vornorm *DIN 40046 Teil 36 + 37*)

Anwendung:			
Diese Prüfung dient zur Beurteilung der korrosiven Wirkung von SO_2 bzw. H_2S als Bestandteil verunreinigter Luft auf: – Kontakten aus Edelmetall oder mit Edelmetallüberzug – elektrischen Steckverbindungen – lötfreien elektrischen Verbindungen – anderen elektrotechnischen Erzeugnissen, z.B. Leiterplatten			
Prüfkammer: – Prüfkammer-Werkstoff darf weder SO_2 bzw. H_2S absorbieren noch damit reagieren – Prüfatmosphäre ist durch die Prüfkammer zu leiten, wobei ein drei- bis fünfmaliger Luftaustausch je Stunde erreicht werden muß – keine Betauung und kein Lichteinfall			
Prüfbedingungen – Art und Konzentration des Schadgases – Temperatur – Relative Luftfeuchte	$SO_2(1 \pm 0{,}3)\dfrac{cm^3}{m^3}$ $(25 \pm 2)\,°C$ $(75 \pm 5)\,\%$	$SO_2(10 \pm 2)\dfrac{cm^3}{m^3}$ $(25 \pm 2)\,°C$ $(75 \pm 5)\,\%$	$H_2S(1 \pm 0{,}3)\dfrac{cm^3}{m^3}$ $(25 \pm 2)\,°C$ $(75 \pm 5)\,\%$
Beanspruchungsdauer	1, 4, 10 oder 21 d	1, 4, 10 oder 21 d	1, 4, 10 oder 21 d
Sonstige Beanspruchungskriterien: – der Prüfling soll in unverpacktem, strom- und spannungslosem Zustand und in seiner üblichen Gebrauchslage in die Prüfkammer gebracht werden. – die Prüflinge dürfen sich nicht berühren und sich nicht gegenseitig die Prüfatmosphäre abschirmen. – die Einzelbestimmung muß vorschreiben, ob Kontakte offen oder geschlossen sein sollen.			

6.2.6 Korrosionsprüfungen in künstlicher Atmosphäre mit sehr niedrigen Konzentrationen von Schadgasen *(ISO 10062 – DIN ISO 10062* Entwurf)

Diese Norm legt Prüfungen fest, die zur Bestimmung des Einflusses von ein oder mehreren Schadgasen in Konzentrationen (Volumenanteilen) von maximal 10^{-6} auf Proben und/oder Gegenstände aus metallischen Werkstoffen mit oder ohne Überzug unter festgelegten Bedingungen für Temperatur und relative Feuchtigkeit vorgesehen sind.

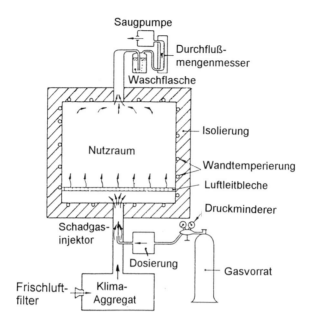

Abb. 6.1: Prüfeinrichtung für elektronische Produkte gemäß Vornorm *DIN 40046, Teil 36 u. 37*

Diese Prüfungen gelten für
- Metalle und ihre Legierungen,
- bestimmte metallische Überzüge (anodisch und kathodisch),
- bestimmte Umwandlungsschichten,
- bestimmte anodisch erzeugte oxidische Überzüge,
- organische Beschichtungen auf metallischen Werkstoffen.

Bei der Konstruktion der Prüfeinrichtung und der Wahl der Baustoffe ist besonders zu beachten, daß die Bedingungen im gesamtem Nutzraum konstant und wiederholbar (weniger als ± 1 °C für die Temperatur und ± 3 % für die relative Feuchtigkeit) sowie in der Lage sind, eine Kondensation in der Prüfkammer auszuschließen.

Die Prüfeinrichtung muß die Anwendung von Schadgasen, z. B. SO_2, H_2S, Cl_2 und NO_2, einzeln oder in Gemischen, zumindest bis zu der für das jeweilige Prüfverfahren geforderten Schadgaskonzentration ermöglichen.

Wichtige Parameter sind:
- für die Prüfkammer und das innerbetriebliche Beförderungssystem des Gases verwendete Werkstoffe,
- äußere Form der Prüfkammer,

- Strömungsgeschwindigkeit und -charakteristik des Gases,
- Homogenität des Gasgemisches,
- Stärke der auftreffenden Beleuchtung.

Funktionsüberwachung

Um die Funktion der Prüfkammer bei jeder Prüfung zu kontrollieren, sollten gleichzeitig mit den Proben im Nutzraum der Prüfkammer geeignete Vergleichsproben aus Metall (Kupfer oder Silber) eingebracht und die Korrosionserscheinungen auf diesen Proben beurteilt werden (andere Beispiele: Kupfer, Silber, Nickel und Gold auf Kupfer).

Auswertung der Ergebnisse

Zur Beurteilung der Korrosionsbeständigkeit der Metalle und Legierungen mit und ohne Korrosionsschutz gibt es viele Kriterien, z. B.:

a) Veränderung des Aussehens der Probe während der Prüfung,
b) Zeit, die vergeht, bevor erste Anzeichen einer Korrosion des Grundmetalls oder des Überzuges auftreten,
c) Anzahl, Tiefe und Verteilung der Korrosionsschäden,
d) Veränderung der Masse (siehe *ISO 8407*),
e) Veränderung der Maße (besonders der Dicke),
f) Veränderung der mechanischen, elektrischen, optischen und sonstigen Eigenschaften.

6.2.6.1 Prüfverfahren

Prüfschärfe

Die in der jeweiligen Einzelbestimmung anzugebende Prüfschärfe wird bestimmt durch

- Art, Konzentration und Strömung des Schadgases
- Temperatur
- relative Feuchtigkeit
- Dauer der Korrosionsbelastung

Vorgeschlagene Prüfverfahren

- *Verfahren A*
  Schadgas $SO_2 = (0{,}5 \pm 0{,}1)\ 10^{-6}$ (Volumenanteil)
  Temperatur $(25 \pm 1)\ °C$
  Relative Feuchtigkeit $(75 \pm 3)\ \%$

- Verfahren B
  Schadgas $H_2S = (0{,}10 \pm 0{,}02)\ 10^{-6}$ (Volumenanteil)
  Temperatur $(25 \pm 1)\ °C$
  Relative Feuchtigkeit $(75 \pm 3)\ \%$

- *Verfahren C*
  Schadgasgemisch $SO_2 = (0{,}5 \pm 0{,}1)\ 10^{-6}$ (Volumenanteil)
                         $H_2S = (0{,}10 \pm 0{,}02)\ 10^{-6}$ (Volumenanteil)
  Temperatur $(25 \pm 1)\ °C$
  Relative Feuchtigkeit $(75 \pm 3)\ \%$

– *Verfahren D*
Schadgasgemisch $H_2S = (0{,}10 \pm 0{,}02) \cdot 10^{-6}$ (Volumenanteil)
                       $SO_2 = (0{,}20 \pm 0{,}05) \cdot 10^{-6}$ (Volumenanteil)
                       $Cl_2 = (0{,}02 \pm 0{,}005) \cdot 10^{-6}$ (Volumenanteil)
Temperatur (25 ± 1) °C
Relative Feuchtigkeit (75 ± 3) %

Da die Korrosionsbelastung bei den Verfahren A, B, C und D unterschiedlich ist, sind die nach diesem Verfahren erhaltenen Ergebnisse nicht vergleichbar.

Andere Verfahren dürfen später erforderlichenfalls aufgenommen werden (z.B. Erhöhung der relativen Feuchtigkeit)

Dauer der Prüfung

Die Gesamtdauer der Prüfung hängt für jedes Prüfverfahren vom Ziel der Prüfung, der Beschaffenheit der untersuchten Metalle und Legierungen und den angewandten Schutzmaßnahmen ab.

Als Belastungsdauer werden empfohlen: 24 h, 48 h, 96 h, 240 h, 480 h, 720 h und 2160 h.

6.3 Kombinierte Prüfungen

Die Korrosionsprüfungen nach *DIN 50017, 50018* und *50021* beruhen auf sehr unterschiedlichen Korrosionsmechanismen und können daher nicht für alle Werkstoffe bzw. Werkstoffsysteme eine praxisgerechte Prüfungsmethode darstellen. Daher werden in der deutschen Industrie bereits seit 1978 verstärkt Kombinationen von bestehenden genormten Korrosionsprüfmethoden eingesetzt. Insbesondere die Kfz-Industrie war an derartigen Kombinationsprüfungen interessiert, da zu diesem Zeitpunkt auch international das Anforderungsprofil z.B. der „Anti-corrosion code for motor & vehicles" durch die Regierung von Kanada erlassen wurde. Der Code dient dem Verbraucherschutz und stellt an die Automobilhersteller genau definierte Forderungen.

Der Verband der Automobilhersteller in Deutschland *(VDA)* erarbeitete eine zyklisch wechselnde Beanspruchung, die im *VDA-Arbeitsblatt 621 - 412* veröffentlicht ist.

Ein Prüfzyklus dauert 7 Tage und besteht aus

1 Tag = 24 h Salzsprühnebelprüfung DIN 50021-SS

2 Tage = 48 h Raumtemperatur 18 bis 28 °C nach *DIN 50014*

4 Tage = 4 Zyklen Kondenswasser-Wechselklima *DIN 50017-KFW*

Unabhängig von dieser *VDA*-Richtlinie wurden in einigen Automobilwerken hiervon abweichende Kombinationsprüfmethoden entwickelt. In *Abb. 6.2* ist der zeitliche Verlauf der Temperatur und der rel. Luftfeuchte des *VDA*-Tests und des Wechseltests nach der *VW-Spezifikation 1210 c* dargestellt.

Im Rahmen eines FE-Vorhabens wurde an verzinkten (12 µm Zink) und gelbchromierten Stahlbauteilen eine vergleichende Prüfung zwischen dem *VDA*-Test und der Prüfung nach *DIN 50021-SS* vorgenommen. In Bezug auf die beginnende Korrosion der Zinkschicht (Weißrost) ergab sich folgende Korrelation:

5 Zyklen *VDA*-Test entsprechen 240 Stunden Prüfung nach *DIN 50021-SS*

VDA-Testzyklus

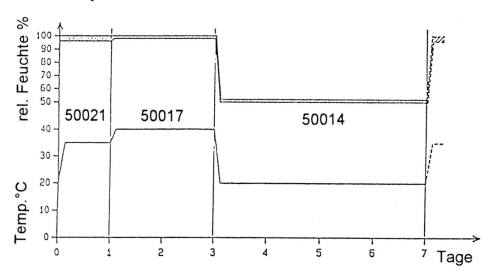

Wechseltest nach VW-Spezifik. 1210 C

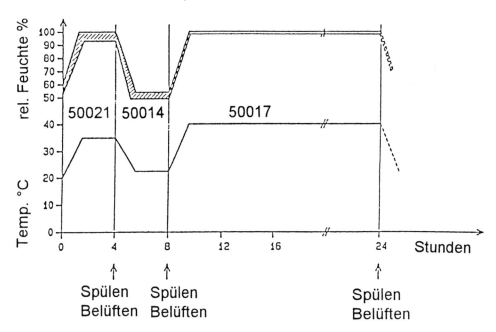

Abb. 6.2: Ablauf und Prüfparameter des Korrosionswechseltests gemäß VDA 621-412 und VW 1210 *(Bild: Heraeus-Vötsch)*

6.4 Umweltsimulation

Unter dieser Bezeichnung werden Korrosionsprüfungen verstanden, mit deren Hilfe die Umweltbedingungen simuliert werden, denen ein Gebrauchsgegenstand während seiner gesamten Lebensdauer ausgesetzt ist. Gleichzeitig sollen diese Verfahren eine Dauersimulation im Labormaßstab ermöglichen.

Die „Umweltsimulation" soll im technischen Bereich in der Hauptsache folgende Aufgaben erfüllen:

- Sie soll den Nachweis erbringen, daß ein technisches Erzeugnis unter den gegebenen bzw. zu erwartenden Umweltbedingungen seine Funktion erfüllt und keinen Ausfall erleidet.
- Sie soll ermöglichen, die voraussichtliche Lebensdauer des Erzeugnisses unter diesen Bedingungen abzuschätzen.

Die Erarbeitung eines solchen Systems, die auch als *Tailoring* bezeichnet wird, umfaßt mehrere Phasen.

In der ersten wird der Ablauf des Lebenszyklus des Erzeugnisses analysiert, wobei u. a. folgende Kriterien zu beachten sind:

- Die Hauptphasen, welche ein Erzeugnis innerhalb seines Lebenszyklus durchläuft, sind der Versand und Transport, die Lagerung und Versorgungslogistik, der Einsatz und die endgültige Verwendung.
- Ergänzend dazu sind auch die Ruhephasen, Reparatur- und Wartungsphasen zu berücksichtigen sowie in Erwägung zu ziehen, in welchen geographisch bedingten klimatischen Bedingungen die einzelnen Phasen stattfinden.
- Die einzelnen Phasen bzw. Ereignisse müssen anhand ihrer absoluten und relativen Dauer, ihrer Häufigkeit, der Eintrittswahrscheinlichkeit, sowie der Einwirkungsmöglichkeiten und des Verwendungszweckes des Erzeugnisses beurteilt werden.

Im zweiten Schritt des *Tailoring* werden die Umweltbedingungen identifiziert, denen das Erzeugnis in den einzelnen Phasen und Ereignissen seines Lebenszyklus ausgesetzt ist. Während man diese Bedingungen seit etwa 30 Jahren vor allem den Normen entnimmt, soll dem in Zukunft nach einer neuen Vorgehensweise nicht mehr so sein. Die Situation soll vielmehr konkret und unmittelbar am Einsatzort, d. h. im Fahrzeug, im Flugzeug oder in der Fabrikhalle ermittelt werden.

Der dritte Schritt besteht schließlich darin, die Umweltbedingungen auf die einzelnen Phasen bezogen ingenieurmäßig auszuwerten und als Grundlage für das aus Einzel- und Kombinationsprüfungen bestehende Simulationsprogramm zu verwenden. Bei der Erarbeitung dieser Phase ist zu gewährleisten, daß die zu prüfenden Gegenstände durch die Prüfmethoden weder unter- noch überbelastet werden.

Da die Unweltsimulation durch die Optimierung der Produkte im Hinblick auf ihre Lebensdauer und Qualität einen wichtigen Beitrag zur Ressourcenschonung leistet, wird die von ihr angewandte Life-cycle-Methodik immer mehr auch für die Lösung ökologischer Aufgabenstellungen herangezogen, Dadurch wird sie immer mehr zu einem Bindeglied zwischen Ökonomie und Ökologie.

6.4.1 Beschleunigtes Korrosionsverfahren für komplette Fahrzeuge (EK II)

Beispiel für eine „Umweltsimulation" für komplette Fahrzeuge unter Einbeziehung der dynamischen Fahrbelastung ist der von der *Volkswagen AG* ausgearbeitete *Korrosionstest EK II*.

Der *EK II* wird auf einem speziell hierzu errichteten Prüfgelände durchgeführt. Die Fahrzyklen laufen auf den Zustandsstrecken zur dynamischen Fahrzeugbeanspruchung sowie auf speziell abgestimmten Sand-, Staub-, Splash- und Schotterstrecken, durch Schlamm- und Salzwasserdurchfahrten.

Die Standzyklen werden in den hierfür erstellten Feuchtwärmekammern, Salzsprühkammern und Garagen durchgeführt.

Die Verknüpfung der einzelnen Prüfvarianten mit den speziellen technischen Daten sind nachfolgend dargestellt.

Vorkonditionierung:
- 4 Tage im Zweischichtbetrieb, Fahrstrecken 2400 km
- Fahrzeuge werden auf speziell aufbereiteten Zustandsstrecken mit Split, Salzwasser, Sand, Schotter und salzhaltigem Wasser beaufschlagt
- Ziel: Schwachpunkte werden frühzeitig zu Korrosionsschäden führen

Aufenthalt in Garage:
- eine Woche bei 20 °C
- Ziel: Ausbildung erster Korrosionserscheinungen

60 - Zyklen - Korrosionstest (1 Zyklus - 1 Tag)
- Feuchtwärmekammer 19,5 Std.
- Salzsprühtest *DIN 50 021 - SS*, 1 Std.
- Betätigung aller aufbauspezifischen Teile, 15 Min.
- Verwindungsstrecke: 3,25 Std./57 km
- Splash-Strecke: Salzwasser, 5% NaCl - 2 m Höhe -0,4 km
- Schlackenstrecke: 2,6 km, 50 km/h
- Splitstrecke: 2,6 km, 50 km/h
- Schlackenstrecke: 2,6 km, 50 km/h
- Split- und Sandstrecke: 2 km, 20 km/h
- Salzwasserdurchfahrt: 2% NaCl - 80 cm Höhe - 110 m

Gesamtprüfung (60 Zyklen); 6 Jahre Feldbelastung in korrosionskritischen Gebieten.

6.5 Freibewitterung

In *DIN 50917 Teil 1* sind die Bedingungen festgelegt, unter denen das Korrosionsverhalten beschichteter Metalle bei atmosphärischer Beanspruchung geprüft werden soll. Im Hinblick auf die starken Veränderungen der Zusammensetzung der Atmosphäre (Immissionssituation) in den zurückliegenden Jahrzehnten hat die Freibewitterung für die

Ermittlung des Korrosionsverhaltens von Werkstoffen und Beschichtungen eine sehr große Bedeutung erlangt. Vor allem können wegen der weltweiten und regionalen Veränderungen der Luftschadstoff-Konzentrationen Werkstoffdaten aus früheren Veröffentlichungen oft nicht mehr herangezogen werden.

Kriterien:
Grundsätzliche Kriterien für die Freibewitterung sind nachfolgende:
- Das Korrosionsverhalten ungeschützter und geschützter Metalle wird durch die klimatischen Bedingungen und die Zusammensetzung der Atmosphäre bestimmt. Daher sollte in der Nachbarschaft zum Freibewitterungsstand eine meteorologische Umweltmeßstation vorhanden sein.
- Diese Bedingungen unterliegen zeitlichen Schwankungen.
- Die Sicherheit einer Aussage über das Langzeit – Korrosionsverhalten nimmt mit zunehmender Versuchsdauer zu.
- Wegen des Einflusses der jahreszeitlich bedingten klimatischen Schwankungen auf die Versuchsergebnisse sollten Versuchsintervalle von einem Jahr eingehalten werden. Die Mindestprüfdauer sollte dabei drei Jahre betragen.
- Die Auslagerung metallischer Prüfkörper sollte mit Beginn der Heizperiode vorgenommen werden.
- Da Klimadaten und Analyse der Luftzusammensetzung die Beurteilung der Korrosivität einer Atmosphäre noch nicht erlauben, sind zur Charakterisierung der Korrosionsbeanspruchung am Prüfort Vergleichsproben durchzuführen.
- Vergleichsproben sind fünf verschiedene Werkstoffe, die in Form eines etwa 1m langen Drahtes von 3 mm Durchmesser zu einer Wendel gewickelt und auf Gewindebolzen aus Polyamid von 10 mm Durchmesser befestigt sind. Es werden verwendet: Spritzdraht *DIN 8566* - Al 99,5; Zn 99,99; E-Cu 57; Pb, USD 7.

Die Versuchsdurchführung sollte normenkonform vorbereitet und durchgeführt werden. Hierzu zählen folgende wichtige Punkte:

Proben:
- Probenform und Anzahl der Proben sind der Fragestellung des Versuches und der Art der Auswertung anzupassen.
- Die Sicherheit der Aussage nimmt mit steigender Größe der Prüffläche und der Probenanzahl zu. Daher sollte die Prüffläche einer Probenseite nicht kleiner als 100 cm^2 und die Anzahl der Parallelproben nicht kleiner als drei sein.

Prüfstand:
- Der Standort ist so zu wählen, daß unerwünschte Faktoren, welche die Prüfbedingungen verfälschen, ausgeschlossen sind. Hierzu zählen z. B. abnormale Staubablagerungen, Schotterwirkung und Spritzwasser.
- Bei der Konstruktion von Freibewitterungsständen sind zu berücksichtigen:
    - Prüfflächen müssen einen Neigungswinkel von 45° nach Süden zeigen (siehe *Abb. 6.3*)
    - Der Abstand der untersten Probe vom Erdboden muß mindestens 1 m betragen
    - Das Material des Prüfstandes muß gegen atmosphärische Korrosion genügend beständig sein

- Um eine auf Kontaktkorrosion zurückzuführende Beeinflussung des Korrosionsverhaltens der Proben zu vermeiden, dürfen die Proben keinen elektrisch leitenden Kontakt zueinander oder zum Prüfstand selbst haben.

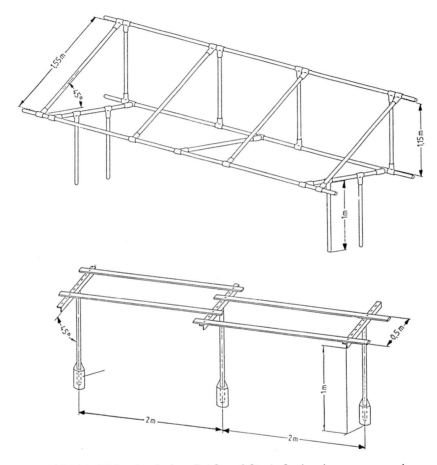

Abb. 6.3: Nicht überdachter Prüfstand für Außenbewitterungsversuche

Grundsätzlich werden im Rahmen der Freibewitterung vier atmosphärische Gebiete unterschieden:
- Küstenatmosphäre
- Industrieatmosphäre
- Stadtatmosphäre
- Landatmosphäre

7 Messung von Eigenspannungen

7.1 Allgemeines

Galvanisch abgeschiedene Metallüberzüge weisen oft innere Spannungen auf, die das mechanisch-technologische Verhalten der galvanisierten Teile stark beeinflussen. So können Zugspannungen zur Rißbildung und zum Abblättern des Überzuges führen. Auch die Wechselfestigkeit der Teile wird durch sie erheblich herabgesetzt. Druckspannungen können bei ungenügender Haftung Blasenbildung hervorrufen.

Das Auftreten innerer Spannungen in galvanischen Überzügen ist bereits seit dem Jahre 1877 bekannt. *Mills* und *Bouty* [1] haben wohl als erste innere Spannungen in elektrolytisch erzeugten Metallniederschlägen nachgewiesen, indem sie Metalle an einer versilberten Thermometerkugel abschieden. Sie beobachteten ein Ansteigen der Quecksilbersäule (Kontraktion = Zugspannungen) infolge der Verspannungen der Kugel bei Niederschlägen von Eisen, Kupfer, Nickel und Silber. Ein Absinken der Quecksilbersäule (Dilatation = Druckspannungen) trat ein bei der Abscheidung von Zink oder Cadmium.

Die auftretenden inneren Spannungen unterscheiden sich sowohl durch die Größe der beeinflußten Bereiche als auch durch ihre Vorzeichen (+ = Zug- und - = Druckspannungen). Zugspannungen haben die Tendenz zur Verringerung des Volumens und Druckspannungen haben die Tendenz zur Vergrößerung des Volumens.

Die Art und die Intensität der inneren Spannungen werden von einigen Faktoren bestimmt:
- der Art des Grundmetalls
- der Art des Niederschlages
- den Abscheidebedingungen
- den Elektrolytzusammensetzungen (u. a. Art und Konzentration der Glanzzusätze)

Nach *Fischer* [2] unterscheidet man arteigene und artfremde innere Spannungen.

Artfremde Spannungen in galvanischen Niederschlägen entstehen, wenn ein Überzug auf einer strukturell unterschiedlichen Unterlage mit abweichender Gitterkonstante abgeschieden wird. Diese Spannungen sind an der Grenzfläche Metallüberzug/Grundmetall am höchsten und nehmen mit zunehmender Dicke des Überzuges ab. Den artfremden Spannungen überlagern sich die arteigenen Spannungen, die unabhängig von der Unterlage und für den betreffenden Überzug charakteristisch sind.

Man kann die inneren Spannungen noch unterteilen in solche der 1., 2. und 3. Art.

Innere Spannungen 1. Art beruhen auf ungleichmäßiger makroskopischer Verteilung von Zug- oder Druckspannungen im Überzug. Sie sind innerhalb eines größeren Volumens (mehrere Körner) konstant.

Spannungen 2. Art sind nur innerhalb kohärenter Gitterbereiche konstant und wechseln ihre Richtung von Korn zu Korn. Sie sind ziemlich gleichmäßig im System verteilt und heben sich über makroskopische Abmessungen auf, d.h. sie sind nach außen nicht bemerkbar.

Innere Spannungen 3. Art gehen von submikroskopischen Bereichen des Gitters aus. Es sind statistisch verteilte Spannungen innerhalb kohärenter Gitterbereiche, die meist durch den Einbau von Fremdstoffen verursacht werden. Ihre Wirkung hebt sich bereits innerhalb dieser Gitterbereiche, z.B. innerhalb eines Kornes, auf.

7.1.1 Messung der Eigenspannungen

Zur Messung der inneren Spannungen gibt es eine Reihe von Meßverfahren. Man unterscheidet die mechanischen und die röntgenographischen Verfahren. Mit den mechanischen Verfahren, die alle auf die Methode des biegsamen Streifens und der Streifendehnungsmethode zurückgehen, lassen sich nur die makroskopischen, also die Spannungen 1. Art, erfassen. Mit den röntgenographischen Verfahren können auch die Spannungen 2. und 3. Art bestimmt werden. Diese Verfahren haben den Nachteil, daß Spannungsänderungen während des Schichtwachstums nicht erfaßt werden können, was mit den kontraktometrischen Verfahren möglich ist.

Arteigene innere Spannungen lassen sich bisher nur mit Hilfe der Röntgenbeugungsmethode erfassen. Eine direkte Messung artfremder innerer Spannungen ist mit den hier beschriebenen Verfahren nicht möglich. Alle Verfahren die eine Veränderung von Eigenschaften der Unterlage in Wechselwirkung mit Zug- oder Druckspannungen des Niederschlages messen, erfassen zugleich auch arteigene Spannungen des Niederschlages.

7.1.2 Messung der Eigenspannungen 1. Art

Die wichtigsten Verfahren zur mechanischen Messung der Inneren Spannungen 1. Art werden in die Meßmethoden des biegsamen Streifens und die Methoden zur Streifendehnung unterteilt.

Methoden des biegsamen Streifens bzw. der biegsamen Membran sind:
- Stressometer nach *Kushner*
- Spiralkontraktometer nach *Brenner - Senderoff*
- Streifenkontraktometer nach *Hoar* und *Arrowsmith*
- Stalzomat nach *Stalzer*
- Methode der Streifendehnung
- Längenkontraktometer (IS-Meter)

7.1.2.1 Meßprinzip der Methode des biegsamen Streifens

Die Meßkathode in Form eines dünnen Metallstreifens wird an einem Ende parallel zur Anode am Elektrodenhalter fest eingespannt. Die Beschichtung erfolgt einseitig, die Gegenseite ist mit Lack isoliert.

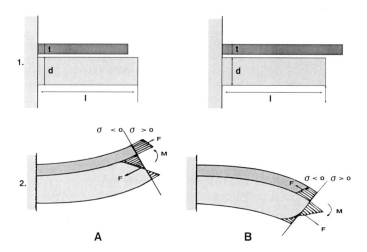

Abb. 7.1: Darstellung des Spannungszustandes des Systems Unterlage Beschichtung nach der Methode des biegsamen Streifens [3]
1. Längenänderung der Schicht, stellt man sie sich gelöst von der Unterlage vor
2. Elastische Wechselwirkung der Unterlage mit dem Überzug
A = Zugspanung, B = Druckspannungen

Entstehen Zugspannungen im Überzug, strebt dieser danach, sich zusammenzuziehen *(Abb. 7.1)*. Bei der elastischen Wechselwirkung der Schicht mit der Unterlage liegen die entgegengerichteten Normalkräfte nicht auf der gleichen Wirkungslinie. Infolgedessen entsteht ein Biegemoment M *(Abb. 7.1 A)*. Die Überlagerung der Normalspannungen mit den Biegespannungen im System Unterlage – Schicht führt zu einem komplizierten Spannungszustand.

In den nahe zum Überzug liegenden Substratschichten wirken Druckspannungen, während in den weiter entfernten Zugspannungen entstehen. In der Unterlage ist dennoch eine spannungslose Schicht vorhanden.

Im Verhältnis zur Ausgangslage biegt sich dadurch das bewegliche Kathodenende zur Anode. Diese Ablenkung wird registriert. Bei Druckspannungen erfolgt die Ablenkung in umgekehrter Richtung [3] *(Abb. 7.1 B)*.

Berechnungen der Spannungen

$$s = \frac{E_0 \times d^2}{3 \times l^2} \times \frac{(1 + \gamma \times \delta^3)}{(1 + \delta)} \times \frac{f}{t} \qquad \text{Gl. <7.1>}$$

σ = Mittelwert der Spannungen, die in der Schicht nach der Abscheidung verbleiben
E_0 = E-Modul der Unterlage
d = Dicke der Unterlage
l = Länge der Probe

t = Dicke des Überzuges
f = Ablenkung des Streifens
δ = t/d
γ = E/E_0

Modifikationen der Methode des biegsamen Streifens sind das schon erwähnte Spiralkontraktometer von *Brenner-Senderoff* und das Meßprinzip von *Hoar-Arrowsmith*.

7.1.2.2 Meßprinzip der Streifendehnmethode

Die Meßkathode in Form eines dünnen Metallbandes (Anfangslänge l_0, Dicke d) wird an beiden Enden eingespannt *(Abb.7.2)*. Eine der beiden Fixierungen ist beweglich. Der Metallstreifen wird beidseitig mit einem galvanischen Überzug der Dicke t beschichtet. Bei Zugspannungen entsteht in der Schicht das Bestreben, sich zusammenzuziehen, d.h. sie würde sich - wenn man sie sich von der Unterlage abgelöst vorstellt - verkürzen *(Abb. 7.2/1)*.

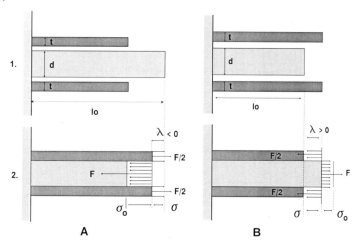

Abb. 7.2: Schematische Darstellung der Längenänderung des Systems Unterlage - Überzug bei der Streifendehnungsmethode [3]
  1. Längenänderung der Schicht, stellt man sie sich gelöst von der Unterlage vor
  2. Elastische Wechselwirkung der Unterlage mit der Schicht
     A = Zugspannung, B = Druckspannungen

Der Überzug ist jedoch mit dem Grundmaterial fest verbunden und so besteht der nächste Schritt in der elastischen Wechselwirkung der Schicht mit der Unterlage. Unter der Einwirkung entgegengerichteter Kräfte F werden Überzug und Unterlage auf eine einheitliche Länge gebracht *(Abb. 7.2/2)*.

Das System hat sich im Vergleich zur Ausgangslänge um das Stück λ verkürzt, das bei der Messung registriert wird. Bei Druckspannungen wird sich das System um λ verlängern.

A - Zugspannungen ($\lambda < 0$) ; B - Druckspannungen ($\lambda > 0$)

Um eine Deformation der Probe beim Galvanisieren zu verhindern, wird diese mit Hilfe eines Gegengewichtes oder einer Feder vorgespannt. Die Längenänderung kann auf unterschiedliche Weise gemessen werden: optisch, mechanisch (Meßuhr), induktiver Wegaufnehmer oder kapazitiver Meßwertumformer.

Berechnung der inneren Spannungen:

$$\sigma = \frac{E_0 \times d \times \lambda}{2 \times t \times l_0}$$
Gl <7.2>

δ = Mittelwert der Spannungen, die im Überzug nach der Abscheidung verbleiben

E_0 = Elastizitätsmodul des Grundwerkstoffes

d = Dicke der Probe

t = Dicke des galvanisch erzeugten Überzuges

l_0 = Anfangslänge der Probe

λ = $l_1 - l_0$, Unterschied zwischen der Anfangslänge und der Länge des Metallstreifens nach der Abscheidung.

7.2 Beschreibung der verschiedenen Meßmethoden

7.2.1 Das Stressometer

Dieses von *Kushner* [3] entwickelte Gerät *(Abb. 7.3)* besteht aus einer als Kathode geschalteten Scheibe, die von einer Seite vom Elektrolyten und von der anderen Seite von einer Flüssigkeit umgeben ist, die in einem langen Steigrohr endet. Verformt sich die Scheibe infolge der inneren Spannungen während des Beschichtungsvorganges, so steigt oder sinkt der Flüssigkeitsspiegel in dem Steigrohr. Steht ein Überzug auf der Scheibe unter Zugspannungen, so wölbt sich diese nach innen. Die Flüssigkeit wird in das Rohr verdrängt und der Flüssigkeitsspiegel steigt dort an. Bei Druckspannungen sinkt der Flüssigkeitsspiegel. Aus der Veränderung der Steighöhe läßt sich die Größe der inneren Spannungen berechnen.

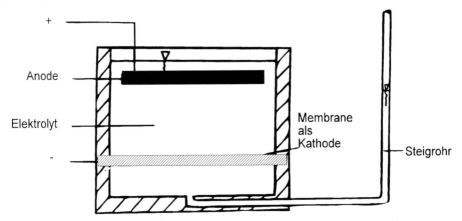

Abb. 7.3: Meßanordnung nach *Kushner (Stressometer),* nach [10] verändert

Die Eigenspannungen errechnen sich nach der Formel

$$\sigma = \frac{3 \times r^2 \times \Delta H}{4 \times K \times h \times d}$$ Gl <7.3>

r = Radius der Kapillare
ΔH = Änderung des Flüssigkeitsstandes in dem Steigrohr
K = Biegungskonstante der Scheibe
h = Scheibendicke
d = Dicke des Überzuges

7.2.2 Das Spiralkontraktometer

Das Gerät von *Brenner* und *Senderoff (Abb. 7.4)* beruht auf dem Prinzip der Verformung eines spiralförmig gebogenen Blechstreifens. Das obere Ende wird unbeweglich eingespannt, das untere ist frei beweglich und mit einer Spindel verbunden. Beim einseitigen Galvanisieren verdreht sich die Spirale unter der Wirkung der inneren Spannungen. Die Deformation der Spirale durch die inneren Spannungen wird auf einen Zeiger übertragen. Der Ausschlag des Zeigers ist ein Maß für die Größe der Spannungen im Überzug. Die Anzeige kann mechanisch, optisch oder mit einem kapazitiven Meßwertumformer [4] erfolgen. Das Gerät ermöglicht die kontinuierliche Messung während der Abscheidung.

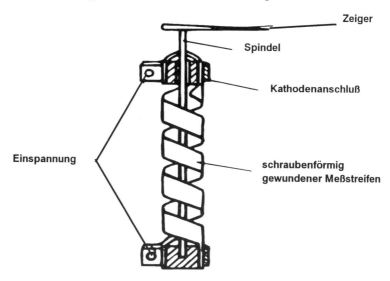

Abb. 7.4: Spiralkontraktometer nach *Brenner-Senderoff*

7.2.3 Das Streifenkontraktometer nach *Hoar* und *Arrowsmith*

Hier wird ein einseitig isolierter Streifen oder ein Plättchen an einem Ende fest am Boden des Bades eingespannt *(Abb. 7.5)*. Am anderen Ende befindet sich ein Spiegel und ein Eisendraht, der einen als Zeiger dienenden Lichtstrahl reflektiert. Außen fixiert befindet sich eine als Elektromagnet dienende Spule auf jeder Seite des Eisendrahtes, so daß je nach Stromfluß eine bestimmte Anziehungskraft auf eines der beiden Drahtenden ausgeübt wird. Die Lage des optischen Zeigers wird bestimmt (Null-Punkt). Beim Beschichten

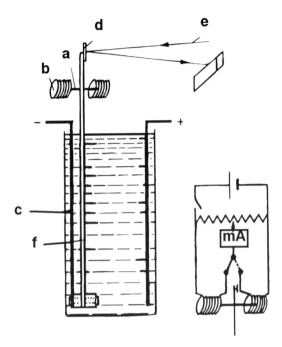

Abb. 7.5: Streifenkontraktometer nach *Hoar* und *Arrowsmith* [5]
a dünner Eisenstab, b Elektromagnet, c Probenhalter,
d Spiegel, e Lichtstrahl, f Kathode

ist der Strom so zu regeln, daß der jeweils entstehende Druck am Streifen durch die Magnete kompensiert wird, wodurch der Metallstreifen am Durchbiegen gehindert wird und in derselben Lage verbleibt. Der dazu notwendige Strom ist der im Streifen entstandenen Spannung proportional und wird abgelesen [5]. *Stalzer* [6] entwickelte nach diesem Prinzip ein Meßgerät mit automatischem Registrieren der Kraft (des Stromes).

Bei diesen Verfahren ist es möglich, die Spannungen zu berechnen, ohne die Elastizitätskonstante des Grundmaterials einzubeziehen. Bei dickeren Schichten ist lediglich die Dickenzunahme des Streifens zu berücksichtigen.

7.2.4 Der Stalz-o-mat

Bei diesem selbstkompensierenden und selbstregistrierenden Gerät *(Abb. 7.6)* erfolgt die Kompensation des durch die Spannung im Metallstreifen verursachten Drucks mit einer Spule in einem starken Magnetfeld. Je nach Stärke und Richtung des in der Spule fließenden Stroms wird diese mit bestimmter Kraft in der einen oder anderen Richtung bewegt. Kann sich die Spule nicht bewegen, ist die Kraft (Druck) der Stromstärke proportional.

Die Spule ist auf einem Träger befestigt, der in einer Spitze endet. Darauf ist ein dünnes Glasrohr angebracht, das den Druck an den Metallstreifen überträgt. Der Meßstreifen wird einseitig abgedeckt und in der Halterung befestigt. Die Halterung wird so am Gerät fixiert, daß die Probe die Spitze des Glasrohres gerade noch nicht berührt. Mit Hilfe einer Schraube wird die Probe langsam gegen das Glasrohr bewegt, bis auf dem Schreiber ein

Abb. 7.6: Meßaufbau des Gerätes Stalz-o-mat

Anstieg der Stromstärke zu bemerken ist. Wird jetzt der Stromkreis in der Zelle geschlossen, entstehen an der Kathode (Probenblech) Spannungen, die das Gerät durch Gegendruck kompensiert. Der Druck (Strom) zur Kompensation des von der Probe ausgeübten Druckes wird registriert und kann kontinuierlich aufgezeichnet werden.

Zur Berechnung der inneren Spannungen benötigt man wie bei *Hoar* und *Arrowsmith*
- den Kompensationsdruck (-strom)
- die Dicke des Niederschlages
- Abmessungen des Streifens (Probe)

Berechnung der inneren Spannungen:

$$\sigma = \frac{2 \times l \times F}{b \times t \times d} \qquad \text{Gl <7.4>}$$

l = Länge des galvanischen Niederschlages
F = Kraft, die zur Kompensation notwendig ist (Stromwert)
b = Breite des Streifens
t = Dicke des Streifens (Probe)
d = Dicke des Niederschlages

Vorteil des Verfahrens ist eine schnelle und übersichtliche Erfassung der Spannungswerte von galvanisch abgeschiedenen Schichten. Der Spannungsverlauf kann während der Beschichtung kontinuierlich aufgezeichnet werden. Die Abtastung mittels eines Fühlers gestattet eine genaue Messung.

Das Gerät eignet sich für die Badentwicklung und -kontrolle im Labor.

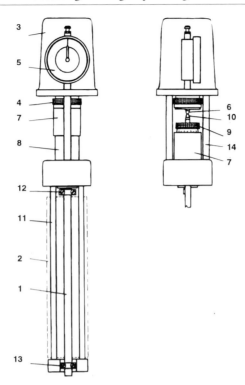

Abb. 7.7: Prinzip des Meßsystems IS-Meter [8]
1 = Meßstreifen, 2 = Einspannvorrichtung,
3 = Schutzhaube, 4,9 = Rändelmutter,
5 = Meßuhr, 6 = Testbolzen, 7,8 = Schutz-
zylinder, 10 = Berührungsbolzen,
11, 14 = Säulen, 12, 13 = Klemmen

7.2.5 Das Längenkontraktometer

Die Streifendehnungsmethode wurde im Jahre 1961 von *Poperka* [2, 7] vorgeschlagen. Später beschrieben *Dvorak* und *Vrobel* [8, 9] im Jahre 1971 ein Meßgerät, das sogenannte *„Internal Stress" (IS)-Meter (Abb. 7.7)*.

Der Metallüberzug, dessen innere Spannungen geprüft werden sollen, wird auf einem vorgespannten dünnen Probestück (Metallstreifen) abgeschieden. Die im Überzug entstehenden Spannungen rufen eine Verkürzung oder Dehnung der Probe hervor. Diese Längenänderung wird mit einer empfindlichen Meßuhr bestimmt. Aus der gemessenen Längenänderung des Probestückes berechnet man die inneren Spannungen im gebildeten Überzug.

Um eine unerwünschte Deformation der Meßprobe beim Galvanisieren zu verhindern, wird vor Beginn der Messungen mit dem Spannsystem die empfohlene kalibrierte Vorspannung der Probe eingestellt.

Als Proben können bandförmige Probestücke oder auch Draht verwendet werden. Zu beachten ist, daß bei Messung in galvanischen Bädern mit erhöhter Temperatur, das Gerät vorab zu temperieren ist. Bei der Messung der Längenänderung mit einem induktiven

Wegaufnehmer kann der Spannungsverlauf während der Beschichtung kontinuierlich aufgezeichnet werden.

Vorteil dieser Methode gegenüber den Verfahren des biegsamen Streifens ist die beidseitige Beschichtung der Probe. Das Aufbringen einer gut haftenden isolierenden Schicht auf einer Seite der Probe ist hier nicht notwendig.

Literatur zu Kapitel 7

[1] Fischer, H.: Elektrolytische Abscheidung und Elektrokristallisation von Metallen; Springer Verlag; 1954
[2] Sotirova-Chakarova, G.; Armyanow, S.: Galvanotechnik; 81 (1990) 62
[3] Kushner, J. B.: Metal Finishing (1956) 4, 48-57
[4] Koh, F. B.; Maker, R. A.; Simms, D. L.; Gard, R.: Plating Surf. Fin., 63 (1976) 1, 46
[5] Hoar, T. P.; Arrowsmith, D. J.: Trans. Inst. Met. Fin., 34 (1957) 354
[6] Stalzer, M.; Metalloberfläche 18 (1964) 263
[7] Poperka, M. Yq.: "Internal Stresses in Electrolytically Deposited Metals", NSDC Doc. 1970
[8] Dvorak, A.; Prusek, J.; Vrobel, L.: Metalloberfläche 27 (1973) 284
[9] Dvorak, A.; Vrobel, L.: Trans. Inst. Met. Fin., 49 (1971) 153
[10] Weiler, G.; Bloch, Th.: Metalloberfläche 29 (1975) 11

8 Bestimmung der Härte

8.1 Vorbemerkungen

8.1.1 Definition der Härte

Die gebräuchlichste Definition der Härte ist:
„Unter Härte versteht man den Widerstand, den ein Körper dem Eindringen eines anderen Körpers entgegensetzt".

Allerdings werden dem Begriff im praktischen Gebrauch unterschiedliche Bedeutungen zugeordnet. So wird u.a. hohe Härte mit hoher Verschleißfestigkeit, geringer Verformungsfähigkeit oder hoher Festigkeit gleichgesetzt. Dies trifft jedoch nicht in jedem Fall zu. Die Beziehungen zwischen den verschiedenen technologischen Eigenschaften sind nur empirisch für jeden Schicht- bzw. Legierungstyp zu ermitteln.

An dieser Stelle soll unter Härte lediglich ein nach einem festgelegten Prüfverfahren ermittelter Materialkennwert verstanden werden. Die am häufigsten verwendeten – und hier ausschließlich betrachteten – Verfahren beruhen darauf, daß ein harter Prüfkörper mit definierter Form in das weichere Prüfstück eingedrückt wird Dabei ist die Prüfkraft entweder eindeutig vorgegeben oder in bestimmten Bereichen variabel. Der erzeugte Eindruck wird vermessen (Eindruckdurchmesser – Diagonale oder Tiefe) und (unter Berücksichtigung der Prüflast) in Kennzahlen (Härteeinheiten) umgerechnet.

8.1.2 Übersicht über die einzelnen Härteprüfverfahren

Die Härteprüfverfahren wurden aus rein praktischen Gesichtspunkten heraus entwickelt und sind daher auf bestimmte Anwendungsgebiete zugeschnitten.

Die wichtigsten (genormten) Verfahren sind:

    a) *Brinell*-Härteprüfung (HB)
    b) *Vickers*härte mit den speziellen Verfahren der Mikrohärteprüfung nach *Vickers* und *Knoop* (HV)
    c) *Rockwell*-Härteprüfung (HRc)

Daneben existieren noch zahlreiche weitere z. T. nicht genormte Verfahren. Jedes Härteprüfverfahren (zur Prüfung von Metallen) ist gekennzeichnet durch 3 Merkmale:

    a) Form und Material des Eindringkörpers
    b) Belastungsstufen
    c) Auswertemethode

In *Tabelle 8.1* sind die Merkmale der wichtigsten Prüfverfahren aufgeführt. Die Prüfkraft wird in einer Einheit, die 0,102 N entspricht, angegeben. Dies entspricht der früher verwendeten und nach neuerer Festlegung nicht mehr zulässigen Einheit Kilopond (kp).

Vorbemerkungen 167

Tabelle 8.1: Übersicht über die gebräuchlichsten Härteprüfverfahren

Härteprüf-verfahren	Form des Prüfkörpers	Material des Prüfkörpers	Prüfkraft F (0,102 × N)	Meßgröße	Berechnung	Bezeichnung (Beispiele)	Anwendungs-bereich
Brinell HB	Kugel Durchmesser D: 2,5; 5; 10 mm	Gehärteter Stahl bis 450 HB; Hartmetall bis 600 HB	$10 \times D^2$ (NE-Metalle und Aluminium) (Stahl) $30 \times D^2$	Durchmesser der Kalotte des Eindruckes d (mm)	$HB = \dfrac{F}{O} = \dfrac{F}{\tfrac{\pi}{2} \times D \times (D - \sqrt{D^2 - d^2})}$	160 HB 2,5/62,5 400 HBS 2,5/187,5 600HBW 2,5/62,5 (Wert HB Material/d/F)	Metallver-arbeitung bevorzugt für weiche Materialien (Stahlkugel)
Rockwell HRC	Kegel mit 120° Kegelwinkel	Diamant	10 (Vorlast) 140 (Prüflast)	Eindringtiefe t (mm)	$HRc = \dfrac{0{,}2\text{mm} - t}{0{,}002\text{mm}}$	60 Hrc	Gehärteter Stahl
Vickers HV Makro Kleinlast Mikro Ultramikro	Pyramide mit quadratischer Grundfläche. Flächenwinkel 136°	Diamant	5–60 0,1–5 0,02–0,1 < 0,02	Mittelwert der beiden Eindruck-diagonalen d (mm)	$HV = \dfrac{F}{O} = \dfrac{F \times 2 \times \sin\tfrac{136°}{2}}{d^2}$ $= 1{,}845 \times \dfrac{F}{d^2}$	200 HV 30 120 HV 0,1/20 Wert HV Kraft/Zeit *) Prüfkraft in 0,102 × N	Universell für harte und wei-che Materialien, zur Prüfung kleiner Gegen-stände, Härte von Schichten
Knoop HK	Regelmäßige Pyramide mit rhombischer Grundfläche. Der Scheitelwinkel zweier gegenüber-liegender Kanten beträgt 172° bzw. 130°	Diamant	bevorzugt im Mikro- bzw. Ultramikro-bereich (s. HV)	Länge der langen Eindruck-diagonale d (μm)	$HK = \dfrac{F}{O}$ $= 14{,}229 \times 10^6 \times \dfrac{F}{d^2}$ F Prüfkraft O Eindruckoberfläche	400 HK 0,025 200 HK 0,010/30 Wert HV Kraft/Zeit *) Prüfkraft in 0,102 × N	Härtemessung an Schichten und in Randzonen

*) Angabe der Zeit, wenn von der Norm abweichend

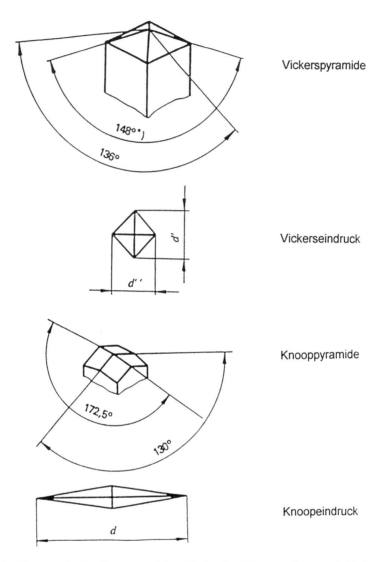

Abb. 8.1: Formen der Prüfkörper und der Eindrücke (Härteprüfung nach *Vickers* und *Knoop*)

Zwischen den verschiedenen Härtekennwerten existieren näherungsweise folgende Beziehungen:

HB ≈ 10 × Hrc
HV ≈ HB (im Makrobereich)

Brinell- und *Rockwell*härte stellen wichtige Prüfverfahren bei der Metallverarbeitung und -bearbeitung dar. Sie sind jedoch zur Prüfung metallischer Schichten unbrauchbar, da die Eindringtiefe der Prüfkörper hierzu viel zu groß ist.

Zur Prüfung von Schichtsystemen wird daher ausschließlich die Härteprüfung nach *Vickers* (im Mikro- allenfalls im Kleinlastbereich) und (weniger häufig) die Härteprüfung nach *Knoop* verwendet. In *Abb. 8.1* sind Eindringkörper und Eindruckform dieser Verfahren schematisch dargestellt. Nur diese beiden Verfahren werden nachfolgend näher behandelt.

Anmerkungen

a) Gelegentlich wird noch die Ritzhärteprüfung angewendet. Dabei wird eine Diamantpyramide mit 120° Spitzenwinkel gezogen und Ritztiefe (bzw. -breite) bestimmt. So können kontinuierliche Härteänderungen innerhalb einer Zone oder eines Schichtsystems deutlich sichtbar gemacht werden;

b) Zur Bestimmung der Härte von massiven Materialien existiert noch eine Vielzahl anderer Verfahren. Zum einen sind dies Varianten der bereits erwähnten Methoden, z.B. die Vielzahl der unterschiedlichen *Rockwell*-Härteprüfverfahren. Zum anderen wurden dynamische Härteprüfverfahren entwickelt (Schlag- und Rücksprunghärte);

c) Die relativ neue Universalhärteprüfung (Härteprüfung der Eindringtiefe unter Prüflast) wird nachfolgend getrennt behandelt.

8.2 Die Vickershärteprüfung im Mikro- und Kleinlastbereich

8.2.1 Grundsätzliches

Beim kontinuierlichen Aufbringen der Prüflast auf den Prüfkörper verformt sich das zu prüfende Material zunächst elastisch. Erst nach Überschreiten der Fließgrenze tritt plastische (bleibende) Verformung auf. Die Verformungszone breitet sich im Material aus. Der Fließvorgang benötigt Zeit und wird auch nach Erreichen der Höchstlast noch für mehr oder weniger lange Zeit fortschreiten (in Abhängigkeit vom Material).

Die Eindruckdiagonale wird nach Wegnahme des Prüfkörpers im unbelasteten Zustand gemessen. Es wird nur die plastische Verformung erfaßt. Daraus ergibt sich eine Reihe von Folgerungen, die u.a. zu einer Normierung der Prüfbedingungen führen mußten.

8.2.1.1 Abhängigkeit der Härte von der Prüfkraft

Im Makrobereich werden relativ große plastische Verformungen erreicht. Die kleine ebenfalls von der Prüfkraft abhängige elastische Verformung kann in erster Näherung unberücksichtigt bleiben.

Die ausschließlich unter Berücksichtigung der plastischen Verformung ermittelte Härte ist daher (annähernd) unabhängig von der verwendeten Prüfkraft. Im unteren Kleinlast- und im Mikrohärtebereich (< 1 cN) trifft dies nicht mehr zu. Die Härtewerte sind hier abhängig von der Prüfkraft. Es können nur Werte verglichen werden, die mit gleicher Prüfkraft bestimmt werden. Der relative Charakter der Härteprüfung wird hier besonders deutlich.

Neben diesem prinzipiellen Einfluß der Prüfkraft ist weiter zu berücksichtigen, daß kleinere Eindrücke mit größerer Meßunsicherheit behaftet sind. Sie werden außerdem stark von Inhomogenitäten des Gefüges beeinflußt.

8.2.1.2 Materialdicke und Eindringtiefe des Eindruckes

Da die durch Verformung beeinflußte Zone einen wesentlich größeren Bereich umfaßt als die Eindringtiefe des Prüfkörpers erkennen läßt, darf die Eindringtiefe der *Vickers*pyramide bei Messung auf der Oberfläche 1/10 der Schichtdicke nicht überschreiten. Beziehungsweise muß die Schichtdicke mindestens 1,4 mal so groß sein wie die mittlere Eindruckdiagonale.

Tabelle 8.2: Maximale Lastwerte für Härteprüfung nach *Vickers* an Überzügen und dünnen Schichten (Last in cN)

Schichtdicke (µm)	Härte (HV)					
	100	200	500	1000	2000	
1	0,03	0,05	0,13	0,26	0,53	Ultra-
2	0,11	0,21	0,53	1,1	2,1	mikrohärte
5	0,66	1,3	3,3	6,6	13	Mikrohärte
10	2,6	5,3	13	26	53	Klein-
20	11	21	53	110	210	last
50	66	130	330	660	1300	

In *Tabelle 8.2* sind, abhängig von Härte und Schichtdicke, maximal zulässige Prüflasten angegeben. Es wird deutlich, daß bei Schichtdicken unter 10 µm nahezu über den gesamten Härtebereich im Bereich der Ultramikrohärte gemessen werden muß. Bei Messung im Querschliff muß der Abstand jeder Ecke des Eindruckes mindestens eine halbe Länge der Diagonale von den Schichtkanten entfernt sein. Werden diese Bedingungen nicht eingehalten, so werden Mischhärtewerte aus der Schicht bzw. mehreren Schichten und Grundmaterial erhalten. Diese besitzen keine Aussagekraft.

Bei extremen Härteunterschieden zwischen Grundmaterial und Schicht bzw. größerer Sprödigkeit der Schicht kann die Schicht bereits bei kleinen Prüfkräften einbrechen. Derartige Eindrücke sind meist an den von den Ecken ausgehenden Rissen erkennbar. Sie sind nicht auswertbar.

8.2.1.3 Einfluß der Einwirkdauer der Prüfkraft

Um dem Material ausreichend Zeit zum Fließen zu geben, ist nach Erreichen der Prüfkraft eine Einwirkdauer von 10 – 15 s einzuhalten. Nach dieser Zeit ist der Fließvorgang bei den meisten Materialien abgeschlossen. Die Härte hat einen konstanten Wert erreicht. Kürzere Zeiten können eine zu hohe Härte vortäuschen. Sehr weiche Materialien erreichen u. U. auch nach längeren Zeiten keinen konstanten Wert (Kriechen des Werkstoffes). Hier können nur vergleichbare Werte erhalten werden, wenn sie nach exakt gleicher, definierter Einwirkdauer gemessen wurden. Eine weitere Voraussetzung für eine korrekte Härtemessung ist, daß der Prüfkörper stoßfrei und mit gleichmäßiger Geschwindigkeit auf die Probe abgesenkt wird.

Die optimale Absenkgeschwindigkeit ist materialabhängig und sollte zwischen 15 und 70 µm/s *(DIN ISO 4516)* liegen. Sie ist für ein gegebenes Material durch Versuche zu ermitteln. Bei Versuchen mit abnehmender Geschwindigkeit ist das Optimum dann erreicht, wenn eine weitere Verringerung keine Änderung der Werte mehr verursacht.

Bei älteren Prüfgeräten kann die Absenkgeschwindigkeit nicht in µm/s angegeben werden. Hier hat sich eine Aufbringzeit der Last von 30 s bewährt.

8.2.1.4 Ausmeßbarkeit der Eindruckdiagonale

Die Auswertbarkeit von Härteeindrücken bei visueller Messung der Eindruckdiagonale wird durch 3 Faktoren begrenzt:

a) *Durch die Leistungsfähigkeit des Auges*

Geht man davon aus, daß das Auge höchstens Längenunterschiede von 0,1 mm unterscheiden kann, so ergibt sich bei einer Messung im Mikroskop mit einem Okularmikrometer bei 1000facher Vergrößerung eine „Nachweisgrenze" von 0,1 bis 0,2 µm. Eindrücke unter 1 µm sind in ihrer Größe bestenfalls zu schätzen.

b) *Durch die optisches Leistung des Mikroskops*

Die Vergrößerungsgrenze der handelsüblichen Mikroskope bei der für Messungen erforderlichen hohen Auflösung dürfte etwa bei 1000fach liegen. (Höhere Vergrößerungen mit guter Auflösung könnten mit Immersionsoptiken erreicht werden. Diese sind jedoch bei der Härteprüfung nicht praktikabel). Höhere Vergrößerungen können problemlos mit dem Rasterelektronenmikroskop (REM) erzielt werden. Zu diesem Zweck können Prüfstücke mit extern erzeugten Härteeindrücken nachträglich im REM ausgemessen werden oder spezielle im REM integrierte Kleinstlasthärteprüfer verwendet werden. Der Einsatz dieses Verfahrens wird jedoch einerseits durch den hohen Geräte- und Prüfaufwand begrenzt, zum anderen stehen ihm auch prinzipielle technische Schwierigkeiten entgegen (vgl. Punkt c). Neuere Entwicklungen versuchen die Schwierigkeiten dadurch zu umgehen, daß an Stelle der visuellen Messung der (vergrößerten) Eindruckdiagonale die Eindringtiefe eines geeigneten Prüfkörpers elektronisch gemessen wird („Universalhärte"). Diese Methode wird gesondert behandelt.

c) *Durch die Form des Prüfkörpers und die geometrische Ausbildung des Eindruckes*

Die reale Form der *Vickers*pyramide weicht fertigungsbedingt etwas von der idealen Geometrie ab (Kantenrundung, „Dachbildung"). Bei sehr kleinen Eindruckdurchmessern entstehen dadurch (und vermutlich auch durch Werkstoffeinflüsse) Eindrücke, die stark von der Pyramidenform abweichen. Diese sind auch bei starker Vergrößerung im REM nicht mehr sinnvoll auszumessen. *Abb. 8.2* zeigt ein typisches Beispiel für die mit abnehmendem Eindruckdurchmesser schlechter werdende „Eindruckqualität".

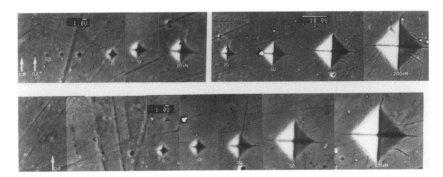

Abb. 8.2: Mit unterschiedlicher Eindruckkraft erhaltene *Vickers*eindrücke (REM-Aufnahme)

8.2.2 Proben und Probenvorbereitung

Grundsätzlich ist bei der Härteprüfung zu unterscheiden, ob an der Oberfläche (Prüfrichtung senkrecht zur Oberfläche) oder im Querschliff (Prüfrichtung parallel zur Oberfläche) gemessen wird.

Die Messung an der Oberfläche erscheint zunächst als die einfachere Methode. Sie ist jedoch mit vielen Unsicherheiten behaftet. Voraussetzung ist, daß die Schichtdicke bekannt und gleichmäßig ist. Die Schichthärte sollte bereits näherungsweise bekannt sein. Nur so kann die Prüfkraft richtig gewählt werden. Falsche Werte infolge ungeeigneter Prüfkraft werden in den meisten Fällen nicht erkannt. Jede Oberflächenrauhigkeit in der Größenordnung der optischen Auflösung der Meßeinrichtung beeinträchtigt die Meßgenauigkeit. Unsichere Auflage bei nicht ebenen Prüfstücken ist ebenfalls eine Fehlerquelle.

Die zuverlässigere Methode ist die Messung im Querschliff. Im Normalfall werden dazu die Proben nach Aufbringen einer galvanischen Schutzschicht (z.B. Kupfer oder Nickel) an geeigneter Stelle getrennt, in Kunstharz eingebettet und nach den Regeln der metallographischen Schliffherstellung (*s. Kap. 2.3.4*) präpariert. Die Endpolitur sollte mit 1 µm (Diamantpaste) erfolgen. Bei der Präparation ist streng darauf zu achten, daß eine unzulässige Erwärmung beim Trennen und Einbetten vermieden wird. Bei sehr empfindlichen Materialien kann selbst die unvermeidliche Erwärmung bei Verwendung sogenannter „kaltaushärtender" Einbettmittel die Härte beeinflussen. Hier ist eventuell Abhilfe durch das Einspannen der (schutzverkupferten) Proben in Kunststoffklammern möglich.

Die Schicht muß senkrecht zur Oberfläche angeschliffen werden. Die maximal zulässige Prüfkraft wird außer von Schichtdicke und -härte von der Belastbarkeit des zum Einbetten verwendeten Kunstharzes und der Auflage begrenzt. Im allgemeinen liegt die Grenze etwa bei 5 cN.

Schwaches Ätzen des Schliffes kann dazu dienen, unterschiedliche Schichten eines Schichtpaketes besser zu differenzieren und den Kontrast zwischen Grundmaterial und Schicht zu verbessern. Der Vorteil der Messung im Querschliff ist, daß die aktuelle Schichtdicke an jeder Stelle erkennbar ist. Inhomogenitäten und Fehlstellen sind sichtbar. Die Wahl einer ungeeigneten Belastung ist aus dem Verhältnis von Eindruckdiagonale zur Schichtdicke ersichtlich.

8.2.3 Bemerkungen zur *Knoop*-Härteprüfung

Das Längenverhältnis der Diagonalen des langgestreckten Prüfkörpers beträgt 7:1. Gegenüber der Härteprüfung nach *Vickers* beträgt bei gleicher Länge der Diagonalen (lange Diagonale bei *Knoop*) die Eindringtiefe 1/4. Bei spröden Werkstoffen tritt seltener Rißbildung auf als bei der *Vickers*härte. Bei der Prüfung dünner Schichten im Querschliff wird die lange Diagonale parallel zur Schichtkante ausgerichtet. Bei den üblicherweise zur *Knoop*-Härtebestimmung verwendeten geringen Prüfkräften tritt eine beträchtliche Abhängigkeit der Härtewerte von der Prüfkraft auf. Außerdem ist die Probenvorbereitung von erheblichem Einfluß auf die Härte.

8.2.4 Zusammenstellung der Randbedingungen für die Härteprüfung nach *Knoop* und *Vickers*

   a) *Messung im Querschliff*
   Ausrichtung des Eindrucks
   Vickers: eine Diagonale annähernd parallel zur Schichtkante
   Knoop: längere Diagonale parallel zur Schichtkante
   Abstand einer Ecke des Eindruckes von der Schichtkante mindestens 1/2 Länge der Diagonalen

Abstand des Mittelpunktes zweier Eindrücke: mindestens das 2,5 fache der Länge der ausgemessenen Diagonale

b) *Messung senkrecht zur Schichtoberfläche*
Eindrucktiefe: 1/10 der Schichtdicke
oder
für *Vickers*: die Schichtdicke muß mindestens das 1,4 fache der mittleren Diagonalenlänge sein.
für *Knoop*: die Schichtdicke muß 0,35 mal so groß wie die Länge der längeren Diagonale sein.

8.3 Härteprüfung mit Messung der Eindringtiefe unter Prüflast

8.3.1 Universalhärteprüfung

Wie die bisherigen Ausführungen zeigen, stößt die traditionelle Härtemessung bei sehr dünnen Schichten an ihre Grenzen, weil die zulässigen nur sehr geringen Eindrucktiefen naturgemäß auch zu sehr geringen Diagonallängen führen. Diagonalen im Bereich von

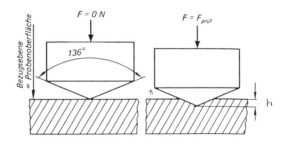

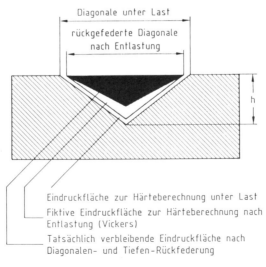

Abb. 8.3: Prinzipdarstellung der Universalhärtemessung

1 µm und darunter lassen sich mit dem Lichtmikroskop nicht mehr und auch mit dem Rasterelektronenmikroskop nur mit großen Unsicherheiten bestimmen [1, 2]. Wird statt der mit dem Auge im Mikroskop oder in der Vergrößerung vorgenommenen Ablesung eine elektrische Messung der Eindringtiefe des Indentors vorgenommen, so kann für alle Prüfkörperverfahren über die bekannten geometrischen Beziehungen von Eindringtiefe zu Diagonalenlänge letztere in einfacher Weise mit hoher Genauigkeit ermittelt werden.

Dabei findet die Messung jedoch „unter Last" statt. Sie gibt also die plastische und elastische Verformung während der Prüfung wieder. Diese Messung der Eindringtiefe unter Prüflast wird als Universalhärteprüfung bezeichnet (vgl. *Abb. 8.3* und *8.4*) [3].

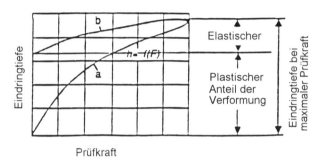

Abb. 8.4: Prüfkraft-Eindringtiefe-Verlauf bei Universalhärtemessung
a = ansteigende Prüfung, b = abnehmende Prüfkraft

Die Meßgröße HU wird aus der Eindringtiefe h des *Vickers*-Diamanten nach der Definition

$$HU = \frac{F}{A} = \frac{F}{26.43 \times h^2}$$

ermittelt (HU in N/mm², F = Prüfkraft in N, A = Eindruckoberfläche unter Prüfkraft in mm², h = Eindringtiefe unter Last in mm).

Die Prüfkraft wird wie bei der normalen Härteprüfung im Kleinlast - bzw. Mikrohärtebereich gewählt, kann im Prinzip aber beliebig klein vorgegeben werden, wenn die Prüfgeräte dies erlauben. Die Wahl der Prüfkraft ist dem Prüfziel anzupassen, d. h. die Eindringtiefe darf nicht über 1/10 der Schichtdicke hinausgehen. Diese Eindringtiefe sollte aber auch gewählt werden, da ein Fehler in der Tiefenmessung einen um so geringeren Einfluß hat, je größer die Eindringtiefe ist.

Die für die Prüfung erforderliche Probenoberfläche muß so beschaffen sein, daß eine einwandfreie Tiefenmessung möglich ist. Sie muß frei von Oxiden, Fremdstoffen oder sonstigen Verunreinigungen sein. Ebenso wirken sich die Oberflächenrauhigkeiten bei der Messung dünner Schichten weit stärker aus als bei Festmaterialien. Je nach Ort des Auftreffens des Indentors auf der rauhen Oberfläche kann der berechnete Härtewert zu klein oder zu groß sein. Ebenso können sich Fehler im Überzug, wie z.B. Poren, stark auf den erhaltenen Meßwert auswirken *(Abb. 8.5)* [4]. Um daher zu akzeptablen Meßwerten zu kommen, ist es notwendig, an mehreren Stellen der Oberfläche Messungen durchzuführen und die Härte aus den Mittelwerten zu berechnen. Für die gegenseitigen Abstände der Prüfeindrücke gelten dieselben Maßstäbe wie für die traditionellen Härtemeßverfah-

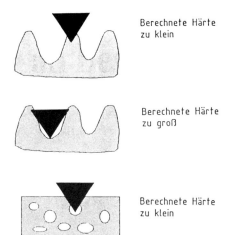

Abb. 8.5: Geometrische Einflußparameter bei der Universalhärtemessung

ren. Sie sollten bei Stählen und Kupferlegierungen 20 × und bei Leichtmetallen und Zinnlegierungen 40 × die Eindringtiefe betragen. Das Verfahren ist bisher noch nicht genormt. Es liegt jedoch ein *CEN*-Normenentwurf vor *(ISO/TC 164/SC3 N536)* [3-7]. Erwähnt sei noch, daß durch die pyramidenförmige Geometrie des Eindruckkörpers (i. a. *Vickers*-Diamant) das Prüfergebnis prinzipiell unabhängig von der Prüfkraft ist.

Bei sehr kleinen Prüfeindrücken infolge sehr kleiner Prüfkräfte und/oder bei Prüfung harter Materialien ist wegen der (zugelassenen) Formabweichung des Eindringkörpers diese Voraussetzung nicht mehr erfüllt.

Für Korrekturen sind die Hinweise der Gerätehersteller zu beachten.

Die besonderen Vorteile der Universalhärteprüfung sind (*VDI/VDE*-Richtlinien):
- Ermittlung des Härtewertes aus elastischer und plastischer Verformung
- Anwendung für alle Werkstoffe
- Möglichkeit der Automatisierung
- bei Registrierung der Eindringtiefe-Kraft-Kurve zusätzliche Information über den Eindringvorgang und somit Absicherung des Eindringvorganges, insbesondere für Eindringtiefen < 10 μm
- zusätzliche Informationen über das Werkstoffverhalten möglich (z.B. [8, 9])

Als Nachteile sind insbesondere bei kleinen Prüfeindrücken anzuführen:
- erhöhte Anforderungen an die Oberflächengüte
- Abhängigkeit der Härtewerte von Formabweichungen der Eindringkörper
- Fehlermöglichkeit durch elastische oder bleibende Verlagerung der Probe und der Gerätebauteile während des Prüfvorganges.

8.3.2 Weitere Prüfverfahren

Neben der Universalhärteprüfung mit *Vickers*-Diamanten als Eindringkörper werden vor allem in neueren angloamerikanischen Geräteentwicklungen und für wissenschaftliche Zwecke auch dreiseitige Pyramiden (*Berkovich*-Diamant) eingesetzt, vor allem weil bei deren Fertigung keine Dachkante entstehen kann (s. *Abb. 8.6*).

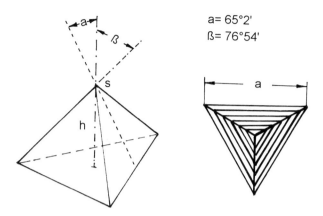

Abb. 8.6: Diamanteindringkörper nach *Berkovich*

Derartige Prüfkörper sind im sogenannten Nanoindenter eingebaut. Die Prüfung findet ebenfalls als Eindringtiefekraft-Messung statt. Die Krafterhöhung erfolgt dabei kontinuierlich, was im Gegensatz zu den üblichen Universalhärteprüfgeräten steht, die mit stufenweiser Krafterhöhung arbeiten.Erwähnt sei an dieser Stelle nochmals, daß aus den Eindringtiefe-Last-Kurven weitreichende Informationen über das mechanische Werkstoffverhalten von Überzügen, Schichten und Schicht/Substrat-Systemen erhalten werden können [8, 9].

8.4 Härte und Schichteigenschaften

Die Ergebnisse der Härteprüfung sind relative Werte. Selbst bei vollständig identischen Prüfbedingungen können gleiche Härtewerte bei verschiedenen Schicht- bzw. Schichtsystemen unterschiedliche Bedeutung haben (vgl. dazu jedoch die Anmerkungen zur Universalhärteprüfung *Kap. 8.3.1*).

Ein Härtewert, der bei einer Schicht bereits eine starke Versprödung anzeigt, entspricht bei einem anderen Schichtsystem noch einem duktilen Material.

Im besonderen gibt die Härte allein keine Auskunft über das Verschleißverhalten von Schichten. Zum Beispiel können sehr harte Schichten ein schlechtes Verschleißverhalten infolge Ausbrechens spröder Partikel zeigen.

Verschleiß ist eine sehr komplexe Eigenschaft. Es wird außer von Duktilität und Härte auch vom System Grundmaterial/Schicht und z. T. von der Schichtdicke beeinflußt. Härtewerte sind nur dann zur Charakterisierung von Schichtsystemen nützlich, wenn sie aufgrund von konkreten Erfahrungswerten mit dem betreffenden System bestimmten Eigenschaften zugeordnet werden können. Erschwerend kommt hinzu, daß die Härteprüfung an dünnen Schichten mit großen Unsicherheiten behaftet ist und stark von den Prüfbedingungen (besonders auch von Prüfkraft abhängt). Fragwürdig ist auch die in sehr vielen Fällen durchgeführte Messung der Härte auf der Schichtoberfläche (senkrecht zur Schicht). Hier läßt sich bei dünnen Schichten der Einfluß des Grundmaterials auf die

Härte kaum ausschalten. Dies gilt u. a. dann, wenn sich Schicht und Grundmaterial in der Härte wesentlich unterscheiden. Hier müßte zum Resultat, neben den Prüfbedingungen, auch die Art und Härte des Grundwerkstoffes angegeben werden. Ebenso ist eine gerade im Kleinstlastbereich notwendige Überprüfung der Härteprüfgeräte mit Härtevergleichsplatten kaum möglich. Zur Zeit sind keine geeigneten Prüfplatten für diesen Bereich erhältlich. Eine Alternative für die Härteprüfung wäre im Prinzip der Zugversuch, dessen Ergebnisse wesentlich informativer sind. Zugprüfung an galvanischen Schichten ist jedoch nur in bestimmten Fällen und mit großem Aufwand möglich. Zudem sind die Ergebnisse, bedingt durch die schwierige Probenpräparation, mit großen Fehlern behaftet und haben dadurch nur eine begrenzte Aussagekraft *(s. Kap. 9)*.

Literatur zu Kapitel 8

[1] S. Kühnemann, U. Kopacz, H. Jehn: Praktische Metallographie 24 (1987) 382
[2] H. Jehn: Galvanotechnik 80 (1989) 1193
[3] VDI/VDE Richtlinie 2616, Blatt 1, 1994
[4] P. Neumaier: Metalloberfläche 43 (1989) 59
[5] ISO Technical Report Metallic Materials-Hardness test Universal-test ISO/TC 164/SC3N556 (1991)
[6] D. Dengel, in: H. Jehn, G. Reiners, N. Siegel: Charakterisierung dünner Schichten, VDI-Fachbericht 39, Beuth-Verlag, Berlin 1993, S. 186
[7] R. Meyer: Härterei Techn.-Mitt. 48 (1993) 5
[8] B. Rother, D.A. Dietrich: Thin Solid Films
[9] G. M. Parr, W. C. Oliver: Material Research Society Bulletin 17 (1992) 7, 28

Weitere Literatur:

DIN ISO 4516 (Juli 1988) Metallische und verwandte Schichten, Mikrohärtebestimmung nach Vickers und Knoop
VDI/VDE-Richtlinie 2616, Blatt 1 (Juni 1994) Härteprüfung an metallischen Werkstoffen

9 Messen von Zugfestigkeit und Duktilität

9.1 Bedeutung für galvanische Schichten

Zugfestigkeit, Zerreißfestigkeit und Dehnung charakterisieren die mechanischen Eigenschaften auch von galvanischen Schichten. Sie sind nicht – wie früher oft angenommen – nur für dickere Schichten beim Elektroformen, bei denen sie die Festigkeit des erzeugten Bauteils bestimmen, von Bedeutung. Von enormer Wichtigkeit sind sie auch für dünne Schichten, besonders wenn diese eine funktionelle Bestimmung haben.

Korrosionsbeständigkeit, Verschleißfestigkeit, der elektrische Kontaktwiderstand und viele andere Eigenschaften einer funktionellen Schicht setzen voraus, daß diese kompakt und nicht unterbrochen ist. Wird die Schicht durch Risse unterbrochen, ändern sich ihre Eigenschaften und damit meist die Voraussetzungen für die gewünschte Funktion.

Beispiele sind das Messinggestell einer Brille, das trotz Goldüberzug an den Stellen von Mikrorissen in der Schicht grünliche Korrosionsprodukte aufweist oder elektrische Kontakte, deren Langzeitqualität durch Rißbildung im galvanischen Überzug beeinträchtigt wird.

Zur Entstehung solcher Risse müssen entsprechende Zugkräfte auf die Schicht einwirken. Ob diese Beanspruchungen ausreichen, die Schicht zum Reißen zu bringen, hängt davon ab, wie hoch deren Duktilität ist. Sie muß beispielsweise ausreichend hoch sein, um es der galvanischen Schicht zu gestatten, der bei Temperaturerhöhung oder Verformung durch unterschiedliche Dehnungskoeffizienten bewirkten Bewegung der Oberfläche zu folgen.

Um beurteilen zu können, welche Kräfte bei den verschiedenen Beanspruchungen entstehen und wie groß daher die Duktilität der Schichtmetalle sein muß, werden im weiteren einige Beanspruchungen der Schichten detaillierter besprochen.

Für das Entstehen der auf die Schicht wirkenden Kräfte kommen vor allem folgende Beanspruchungen in Frage:

- Temperaturdifferenzen, die zum unterschiedlichen Schrumpfen von Substrat und Deckschicht führen
- Mechanische Spannungen durch Biegekräfte
- Innere Spannungen, die bei der elektrolytischen Metallabscheidung entstehen,

Im weiteren wird an Beispielen gezeigt, wie sich diese Faktoren auswirken.

Temperaturdifferenzen

Durch Temperaturunterschiede können sich kurzzeitig Spannungen innerhalb des Bimetalls, das ein beschichtetes Teil darstellt, bilden. Gelangt beispielsweise ein bei Zimmertemperatur getragenes vergoldetes Brillengestell plötzlich an -20 °C Außentemperatur, so kühlt die Goldschicht stärker ab, als das Substrat und schrumpft daher auch stärker. Nimmt man vereinfachend an, daß die Deckschicht um 10 °C kälter ist als das Substrat und dieses genügend dicker ist als die Deckschicht, um dabei nicht zu schrumpfen, so wird in der Deckschicht eine Zugspannung der Größe aufgebaut, wie es der Dehnung einer solchen Schicht um den Betrag der Schrumpfung durch die starke Abkühlung entspricht.

Die Kälteschrumpfung eines Metalles beträgt

$$\Delta l / l = \lambda \times \Delta t$$

l = Länge der Goldschicht bei der Temperatur t
Δl = Schrumpfung der Goldschicht
Δt = Temperaturdifferenz zwischen Goldschicht und Substrat
λ = Dehungskoeffizient der Goldschicht ($= 13 \times 10^{-6}$)

Im oben beschriebenen Beispiel beträgt die Dehnung der Goldschicht

$$\Delta l / l = 13^{-6} \times 10 = 130 \times 10^{-6}$$

Um die Goldschicht wieder auf die ursprüngliche Länge auszudehnen, bedarf es nach dem *Hooke'schen* Gesetz einer Zugspannung von

$$\sigma = E \times \Delta l/l$$

σ = Zugspannung in der Goldschicht
E = Elastizitätsmodul (für Gold E = $0,2 \times 10$-5)
$\sigma = 0,2 \times 10$-6 $\times 130 \times 10$-5 = 26 MPa

In dem Beispiel entsteht in der Goldschicht also kurzfristig eine Zugspannung von 26 MPa, wenn zwischen ihr und dem Substrat eine Temperaturdifferenz von 10 °C herrscht.

Dieser Zustand dauert zwar nur kurze Zeit an, sie kann aber zur Bildung eines Mikrorisses in der Goldschicht ausreichen, wenn deren Duktilität zu gering ist.

Mechanische Spannungen

Beim Reinigen eines Brillenbügels kann durch Verbiegen an seiner konvexen Seite eine Zugspannung entstehen. Die Dehnung der konvexen Seite kann durch folgende Formel ausgedrückt werden *(Abb. 9.1)*

$$\Delta l / l = d / 2R$$

d = Gesamtdicke von Substrat + Schicht (d = 0,5 mm)
R = Biegungsradius des Bügels (R = 500 mm)

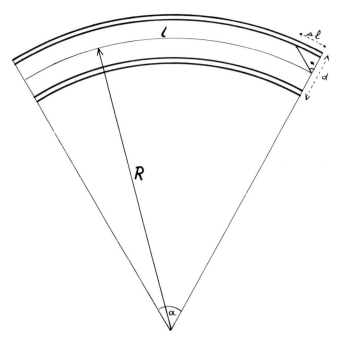

Abb. 9.1: Gebogene Prüflinge mit Biegeradius R

Die an der konvexen Seite des Bügels zu erwartende Zugspannung kann nach folgender Formel berechnet werden:

$\sigma = E \times \Delta l / l$

σ = Zugspannung
E = Elastizitätsmodul der Goldschicht ($E = 2 \times 10^{-5}$ MPa)

Bei den jeweils in der Klammer aufgeführten Werten beträgt die zu erwartende Zugspannung demnach

$$\sigma = 2 \times 10^{-5} \times \frac{0{,}5}{2 \times 500} = 100 \text{MPa}$$

Innere Spannungen

Während des Aufbaus der galvanischen Schicht entstehen mechanische Spannungen, die Zug- bzw. Druckkräfte innerhalb der Schicht erzeugen. Sie können mit Hilfe spezieller Methoden bestimmt werden *(s. Kap. 7.1.1)*. In der Goldschicht des obigen Beispiels beträgt die Eigen-Zugspannung 46 MPa.

Gesamtspannung

Wenn alle drei Spannungen in der Schicht im obigen Beispiel gleichzeitig auftreten, so bewirken sie eine Gesamtspannung von 26 + 100 + 46 = 172 MPa. Da die Zerreißfestigkeit einer Goldschicht etwa 200 MPa beträgt, würden in diesem Beispiel keine Mikrorisse entstehen, die beispielsweise zur Korrosion führen könnten.

Wenn die Schicht jedoch porös ist oder mechanische Einschlüsse enthält (selbst kleinste mechanische Verunreinigungen des Elektrolyten reichen dazu schon aus), können an den Porenrändern oder an den Kanten der Einschlüsse Kraftlinienkonzentrationen entstehen. In solchen Spannungskonzentrationslinien kann die örtliche mechanische Belastung bis auf das Dreifache des mittleren Wertes der Gesamtspannung ansteigen. Durch die an einer dieser Stellen eventuell erreichte Zugspannung von 516 MPa wäre die maximale Zugfestigkeit der Schicht dann bei weitem überschritten und an diesen Stellen könnte die Bildung von Mikrorissen einsetzen.

Einfluß von Poren auf die Rißbildung

Spannungskonzentrationen an den Rändern von Poren lassen sich mit Hilfe von Modellen aus spannungs-optischem Kunststoff und polarisiertem Licht sichtbar machen. Bei einem solchen Modellversuch wurde ein 0,5 mm dicker Plexiglasstreifen von 10 mm Breite und 100 mm Länge mit einem Loch von 0,2 mm Durchmesser in der Mitte mit einem Gewicht von 5 kg (s. *Abb. 9.2 links*) belastet. Den Aufbau der Apparatur zeigt *Abb. 9.2 rechts*. Die Spannungskonzentration am Rande des Loches ist in *Abb. 9.3* deutlich sichtbar; an dieser Stelle kann sich ein Mikroriß bilden.

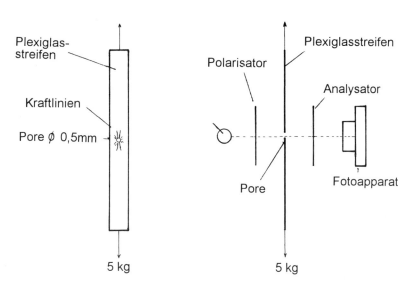

Abb. 9.2: Modell zum Sichtbarmachen der Kraftlinienkonzentration an Poren mit polarisiertem Licht

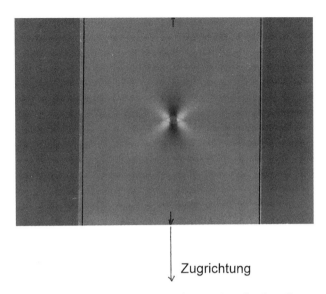

Zugrichtung

Abb. 9.3: Spannungskonzentration am Rande einer Pore

Einfluß der Dehnbarkeit

Weist die galvanische Schicht eine hohe Dehnbarkeit auf, fallen die in den obigen Beispielen erwähnten Spannungsrißkonzentrationen deutlich geringer aus und die gefürchtete Rißbildung tritt nicht ein. Auch die Verformbarkeit der Schicht wird höher sein, d. h. die Schicht kehrt nach der Verformung wieder in ihren alten Zustand zurück, sobald die Spannungen nachlassen.

Fortpflanzung von Mikrorissen

Selbst kleine Mikrorisse, die von sich aus kaum Einfluß auf die Korrosionsbeständigkeit der Schicht haben können, werden dadurch gefährlich, daß jeder Riß an seiner Spitze zur Fortpflanzung neigt, d. h. er wird immer länger und tiefer.

Die mechanischen Spannungen an der Spitze eines Risses sind verhältnismäßig gut untersucht worden. Dabei fand man, daß sich der höchste Wert der Zugspannung nicht unmittelbar an der Spitze des Risses, sondern kurz dahinter befindet *(Abb. 9.4)*. Noch etwas weiter von der Rißspitze entfernt befindet sich eine Hochdruckzone, die gleichzeitig mit den Rißspitzen entsteht. Im Spannungsfeld zwischen diesen Zonen bilden sich zuerst Miniaturrisse, die alle auf die Rißspitze zulaufen und sich dann zu einem Hauptriß vereinigen. Bei Untersuchungen, die vom Autor durchgeführt wurden, ist es sogar gelungen, solche Mikrorisse zu fotografieren, bevor sie sich zum Hauptriß vereinigten.

Folgende Gegebenheiten begünstigen die Fortpflanzung von Rissen:

- Bestimmte Atome, vor allem Wasserstoff und Stickstoff, die sich als Verunreinigung in der Schicht befinden, haben das Bestreben zu den Rißspitzen zu migrieren und erhöhen dadurch die Sprödigkeit des Metalles gerade an den Stellen, an denen die höchsten Zerreißkräfte auftreten.

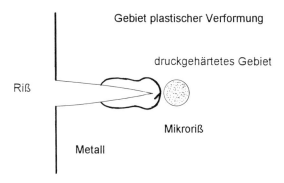

Abb. 9.4: Schematische Darstellung eines Risses im Metall

Zwischen dem Gebiet der plastischen Verformung durch die Zugspannung und dem druckgehärteten Gebiet bildet sich ein Mikroriß. Da sich die Risse tangential zum druckgehärteten Gebiet bilden, entstehen Rißformationen die einen Zickzack-Verlauf zeigen. Die Fortpflanzungsgeschwindigkeit solcher Risse ist sehr gering, so daß Schäden auch nach längerer Zeit auftreten können:
- In feuchter Atmosphäre kondensiert Flüssigkeit bevorzugt an den Rissen. Bei Salzsprühtest-Versuchen wurde sogar festgestellt, daß sich der pH-Wert in den Rissen deutlich erniedrigt und dadurch die Korrosion an diesen Stellen verstärkt.
- Im Lokalelement Elektrolyt/Rißwand ist das Metall an der Rißspitze deutlich positiver als an Stellen, an denen der Riß schon breiter ist. Dadurch wandert Metall von der Rißspitze weg zu den Wänden des Risses und bewirkt, daß dieser sich weiter fortpflanzt.

9.2 Meßmethoden

Die Meßmethoden zur Bestimmung dieser Eigenschaften von metallischen Schichten, lassen sich in zwei Gruppen einteilen:
- Messung an Folien, die ausschließlich aus der zu messenden Metallschicht bzw. aus den Schichtkombinationen bestehen
- Messung an Schichten oder Schichtkombinationen, die auf einem um vieles dickeren Substrat haftend aufgebracht sind.

Alle im weiteren beschriebenen Methoden zur Bestimmung der Dehnung, Zerreißfestigkeit und Bruchdehnung beruhen trotz unterschiedlicher Anordnung auf dem Prinzip des Zerreißversuches, d. h. der Bestimmung des elastischen Verhaltens und der Zugfestigkeit. Deshalb ist es notwendig, den eigentlichen Beschreibungen eine Darstellung des Verhaltens beim Dehnversuch vorauszuschicken.

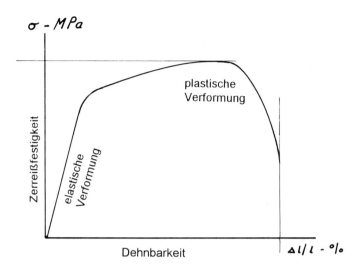

Abb. 9.5: Spannungs-Dehnungsdiagramm eines Metalles unter dem Einfluß einer Zugspannung

Beim Dehnen eines Metalles sind folgende Phasen zu beachten *(Abb. 9.5)*:
  a) Die elastische Phase, wobei eine hohe mechanische Spannung einer ihr proportionalen geringen elastischen Elongation entspricht. Diese Elongation ist reversibel, sie entspricht dem elastischen Verhalten des Materials. Der Differentialquotient der mechanischen Spannung nach der spezifischen Elongation entspricht dem Elastizitätskoeffizienten des Prüflings.
  b) Die plastische Phase, wobei eine einigermaßen konstant bleibende Spannung eine relativ große spezifische Elongation zur Folge hat. Diese Elongation ist von gleichbleibender Art; durch eine entgegengesetzt gerichtete mechanische Spannung (Stauchung) kann der ursprüngliche Zustand wieder hergestellt werden.
  c) Die Rißphase, bei der in der Metallschicht Mikrorisse entstehen. Erreicht die Schicht den damit zusammenhängenden überdehnten Zustand, werden sowohl der Korrosionsschutz als auch der Glanz der Schicht beeinträchtigt.
  d) In der galvanotechnischen Praxis werden immer die Gesamtelongationen oder die Bruchdehnung, seltener die Zerreißfestigkeiten gemessen. Beide Eigenschaften sind jedoch für das funktionelle Verhalten von galvanischen Schichten sehr wichtig, trotzdem gibt es über ihre Verknüpfung kaum Untersuchungen. Hohe Duktilität, die mit geringer Zerreißfestigkeit gepaart ist, kann sich auf die Eigenschaften einer galvanischen Schicht ebenso ungünstig auswirken, wie eine sehr zerreißfeste, jedoch spröde Schicht. Ideal ist in vielen Fällen hohe Zerreißfestigkeit und gleichzeitig gute Duktilität, ein Zustand, der durch Steuerung der Elektrokristallisation bei der galvanischen Abscheidung durchaus erreichbar ist.
  e) Präzise Messungen zeigen, daß es keine scharfen Grenzen zwischen dem plastischen und dem elastischen Bereich gibt und daß schon geringste Spannungen nicht nur eine elastische, sondern auch eine plastische Elongation hervor-

rufen können. Dabei hat der Zeitfaktor großen Einfluß auf die Kennlinie der Spannungselongation. Verläuft die Elongation mit hoher Geschwindigkeit, so verringert sich die Dehnbarkeit meist beträchtlich, d.h., die Schicht ist unter Schlagbelastung spröder als bei allmählich ansteigender Belastung.

9.2.1 Messung an Folien
9.2.1.1 Herstellung der Folien

Zur Herstellung der Folien wird die zu untersuchende Schicht auf einem metallischen Substrat so abgeschieden, daß die Haftung möglichst klein ist, um die Folie leicht abziehen zu können. Dazu wird einer der folgenden Wege beschritten:

a) Die Abscheidung erfolgt auf einem Blech aus rostfreiem Stahl. Der Nachteil dieses Verfahrens besteht darin, daß penibel auf eine kratzer-, scharten- und überhaupt beschädigungsfreie Oberfläche des Edelstahls geachtet werden muß. Alle diese Unregelmäßigkeiten reproduzieren sich in der zu prüfenden Folie, erniedrigen und verfälschen dadurch die gemessenen Werte meist wesentlich. Die Maßnahmen, die bei der Erzeugung, beim Transport und bei der Handhabung von Blechen aus rostfreiem Stahl getroffen werden müssen, sind daher sehr umständlich und machen das Verfahren kostspielig. Dazu kommt, daß sich einmal entstandene Beschädigungen auf rostfreiem Stahl nur sehr schwierig ausbessern lassen.

b) Als Substrate werden einseitig polierte und anschließend hochglanzvernickelte Messing- oder Kupferbleche benützt. Sie können bei Beschädigung leicht wieder neu poliert und vernickelt werden. Kurz vor der galvanischen Abscheidung wird die Nickelschicht durch Tauchen in verdünnte Chromsäure (1 – 5 %ig), 30 bis 60 Sekunden passiviert. Nach kurzem Spülen, bei dem kein harter Wasserstrahl auf die Blechoberfläche auftreffen darf, wird galvanisiert. Das Blech muß schon vor dem Eintauchen in den Elektrolyten mit dem Minuspol des Gleichrichters verbunden sein, da die Passivierung ansonsten beim Eintauchen zerstört wird.

c) Wie oben mechanisch vorbereitete Messing- oder Kupferbleche werden in einer arsenhaltigen Lösung elektrolytisch mit einer Trennschicht versehen. Beispiel eines Verfahrens:

Zusammensetzung: 59 g/l Arsentrioxid
                   21 g/l Natriumhydroxid
Kathodische Stromdichte: 0,3 A/dm²
Temperatur: 18 - 30 °C
Zeit: 5 min
Anoden: Kohle oder Graphit

Bei dieser Methode kann allerdings nicht immer vermieden werden, daß die Struktur des Untergrunds diejenige der Schicht beeinflußt und die Ergebnisse dadurch verzeichnet werden. Eine Erscheinung, die als Epitaxie bekannt ist.

d) Chemisch (Ni-P) vernickeltes Leiterplatten-Basismaterial ist geeignet, wenn der Bürstenstrich durch einebnendes Verkupfern zum Verschwinden gebracht ist. Das Abziehen der Folie ist bei allen Verfahren ohne größere Schwierigkeiten möglich. Nur wenn an den Kanten durch hohe Stromdichten in schlecht streuenden Elektrolyten dicke Schichten abgeschieden worden sind, kann das Abschälen schwierig sein. In solchen Fällen empfiehlt es sich, die Kanten vorher vorsichtig mechanisch abzuschleifen.

9.2.1.2 Der Zugversuch

Standardmethoden der Werkstoffprüfung, z. B. nach *DIN 50145*, bereiten wegen der sehr geringen Dicke (meist < 0,1 mm) galvanisch hergestellter Folien große experimentelle Schwierigkeiten und sind daher nicht anwendbar. So ist beispeilsweise eine sorgfältige Bearbeitung der Schnittränder der Prüflinge durch Schleifen und Polieren nicht möglich. Daher ist die Gefahr einer Kerbwirkung, die von Mikrorissen an den Seiten ausgeht, sehr groß.

Die einzige Möglichkeit, um zuverlässige Ergebnisse zu erzielen, ist die galvanische Abscheidung unmittelbar in einer zum Zugversuch geeigneten Form. Dabei ist allerdings zu beachten, daß das Metall an den Rändern meist in Wülsten aufgebaut wird. Für den eigentlichen Versuch kommen senkrecht arbeitende Maschinen nicht in Frage, da es meist schwierig ist, den dünnen Prüfling genau senkrecht einzuspannen. Besser sind waagerecht belastende Maschinen, bei denen die Prüflinge auf die waagerechte Fläche zwischen den Backen gelegt werden, wonach man die oberen Backen auf sie preßt. Die beim Anpressen der Backen der Zerreißmaschine möglichen Fehler sind in *Abb. 9.6* veranschaulicht.

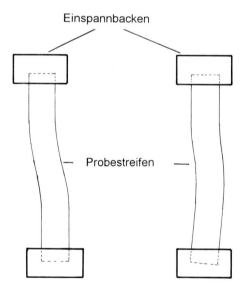

Abb. 9.6: Fehlermöglichkeiten beim Einspannen dünner Folien in die Backen einer Zerreißmaschine
links: die Backen bewegen sich nicht, der Streifen wird beim Biegen verbogen, rechts: die Probe ist nicht flach eingespannt und wird einseitig belastet

Da die Prüfstreifen in der Zerreißmaschine an einer bestimmten Stelle immer einen Flaschenhals bilden und sich dort überdurchschnittlich dehnen, muß die Feindehnung und nicht die Gesamtdehnung des Meßstreifens gemessen werden. Zu diesem Zweck werden auf dem Streifen vor dem Ziehen kleine farbige Punkte aufgebracht *(s. Abb. 9.7)*. Die Abstände zwischen den Punkten werden vor und nach dem Ziehen ausgemessen und ver-

Meßmethoden

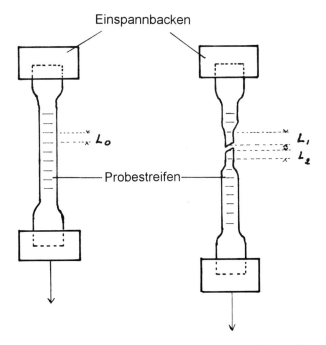

Abb. 9.7: Streifen zum Einspannen in die Zerreißmaschine
links: an der erwarteten Bruchstelle sind Markierungen angebracht; rechts: nach dem Reißen können sie ausgemessen werden

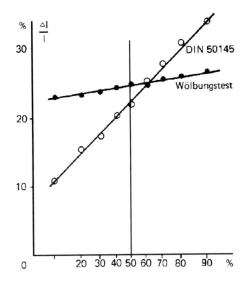

Abb. 9.8: Wahrscheinlichkeitsverteilung von Meßwerten der Dehnbarkeitsmessung nach dem hydraulischen Wölbungstest und nach Messen in einer Zerreißmaschine gemäß *DIN 50145*

glichen. Trotz des hohen Aufwandes bei dieser Bestimmung der Mikrodehnung streuen die Ergebnisse aber verhältnismäßig stark *(Abb. 9.8)*.

Die Zerreißfestigkeit der Folie wird aus der Zugkraft im Augenblick des Reißens und dem ursprünglichen Querschnitt der Probe (Breite × Dicke vor dem Versuch) berechnet.

9.2.1.3 Der Biegeversuch

Der Biegeversuch an Folien ist für verhältnismäßig spröde Schichten geeignet. Ihre Dicke muß ausreichend groß sein, um sie um mehr als 180° biegen zu können.

Ein Stück der Metallfolie (Dicke = d) wird abgeschnitten und zwischen den Backen eines Mikrometers solange zusammengedrückt, bis die Folie springt *(Abb. 9.9)*. Danach wird der Durchmesser des Kreisbogens ⌀ D gemessen. Die Dehnbarkeit berechnet sich aus

$$\Delta l/l = d : D$$

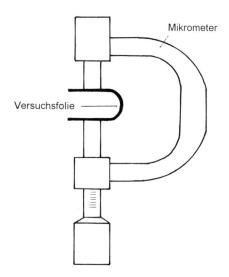

Abb. 9.9: Biegeversuch mit dem Mikrometer

9.2.1.4 Der Wölbungsversuch

Man unterscheidet zwischen dem mechanischen und dem hydraulischen Wölbungsversuch.

Beim mechanischen Wölbungsversuch wird die Folie zwischen zwei, mit Löchern versehene Backen eingespannt, die an einem Mikrometer befestigt sind. Mit Hilfe einer Kugel mit dem Durchmesser s, wird die Folie bis zum Reißen durch die Löcher hindurchgeführt *(Abb. 9.10)*. Ausführliche Untersuchungen bei der *American Society of Testing Materials (ASTM)* haben gezeigt, daß die Resultate solcher Untersuchungen sehr stark streuen, so daß sie nicht empfohlen werden.

Meßmethoden

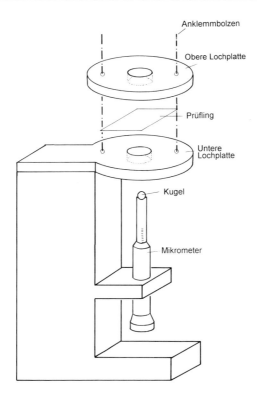

Abb. 9.10: Wölbungsversuch einer Metallfolie mit einer Kugel. Die Kugel wird mit dem Mikrometer durch die zwischen Backen gespannte Folie bis zum Auftreten von Rissen gedrückt

Beim hydraulischen Wölbungsversuch wird in dem Freiraum zwischen zwei Metallzylindern ein kreisförmiges Stück Folie eingespannt, in dessen Mitte die Dehnung bis zum Bruch stattfindet. Der Rand der Versuchsfolie befindet sich in diesem Fall außerhalb der zu prüfenden Fläche.

Versuchsdurchführung

Zur Durchführung des Versuches wird die zu prüfende Folie auf den zuvor mit Wasser gefüllten Zylinder gelegt *(Abb. 9.11)* und mit Hilfe des Doms fest eingespannt. Um Beschädigung oder Verrutschen der Folie zu vermeiden, muß die Andruckkraft mit einem Momentschlüssel aufgebracht werden. Durch den Plexiglasring kann man kontrollieren, ob die Luft nicht in Form von Perlen entweicht, was auf das Vorhandensein offener Poren hindeuten würde.

Nach dem Einspannen wird der Dom solange mit Wasser gefüllt, bis dieses im Peilglas über dem Dom sichtbar wird. Jetzt kann eine Lichtschranke hochgefahren und der Stand des Wassers mit Hilfe eines Motorpotentiometers gemessen werden. Dann wird der Kolben mit einem Getriebemotor und Exzenter hochgedrückt, wodurch sich der Druck

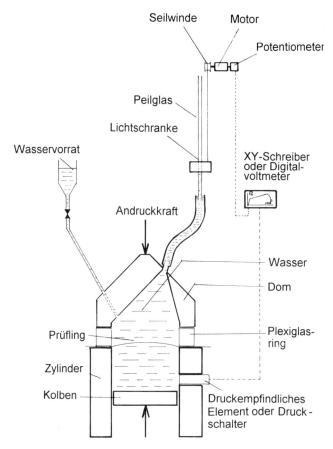

Abb. 9.11: Schematische Darstellung eines hydraulischen Wölbungsgerätes. Beim Wölben wird das verdrängte Wasser in das Peilglas gedrängt

unter der Folie langsam solange erhöht, bis diese platzt. Mit Hilfe eines druckempfindlichen Fühlers wird der dabei erreichte Druck gemessen oder mit einem Druckschalter der Zeitpunkt des Platzens der Folie festgehalten.

Im Augenblick des Platzens schaltet der Druckschalter den elektrischen Motor des Motorpotentiometers ab. Mit Hilfe einer *Wheatstone'schen* Brücke wird der Wasserstand im Peilglas im Moment des Bruches am digitalen Voltmeter abgelesen *(Abb. 9.12)*. Wird ein druckempfindliches Element benutzt, so muß dessen elektrisches Signal mit der Spannung, die am Potentiometer anfällt auf einen XY-Schreiber übertragen werden *(Abb. 9.13)*. *Abb. 9.14* zeigt eine geplatzte Folie.

Die Anordnung ist leicht dadurch zu eichen, daß man zu Beginn der Messung nach Erreichen des Nullpunktes in das Peilglas 2 ml Wasser pipettiert. Die Lichtschranke folgt dem steigenden Wasserspiegel solange, bis der neue Meniskusstand erreicht ist. Durch Einstellen der Speisespannung der *Wheatstone'schen* Brücke wird die Anzeige des Digitalvoltmeters so eingestellt, daß dieses den Wert 2,00 anzeigt.

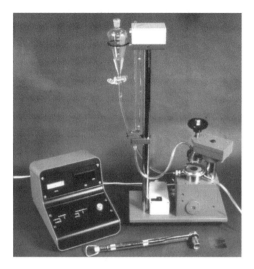

Abb. 9.12: Gerät zur Messung der Dehnbarkeit mit dem hydraulischen Wölbungstest

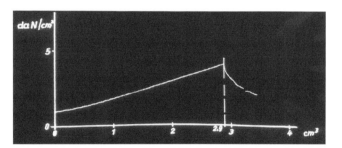

Abb. 9.13: Diagramm verdrängtes Wasservolumen. Aus dem Wasserdruck wird die Zerreißfestigkeit, aus dem Volumen die Dehnbarkeit berechnet

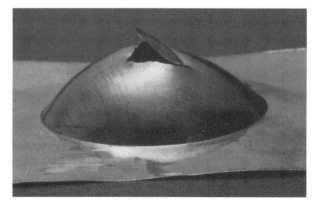

Abb. 9. 14: Geplatzte Kupferfolie im Wölbungsgerät

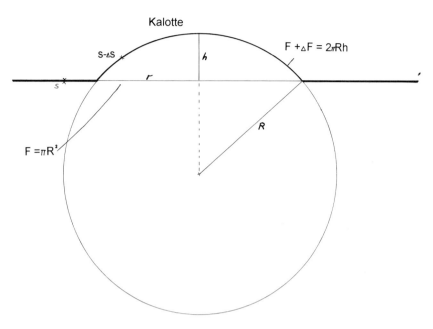

Abb. 9.15: Querschnitt einer Kalotte. Sie ist Teil einer Kugel mit dem Radius R

Berechnung der Duktilität

Im Augenblick des Platzens der Folie ist das Kalottenvolumen (V) von der Höhe (h) und dem Radius (r) des Kalottenbodens abhängig *(Abb. 9.15)*, wobei dann gilt:

$$V = \frac{\pi}{6} h^3 + \frac{\pi}{2} hr^2$$

$$h = \sqrt[3]{\frac{3V}{\pi} + \sqrt{\left(\frac{3V}{\pi}\right)^2 + r^6}} + \sqrt[3]{\frac{3V}{\pi} - \sqrt{\left(\frac{3V}{\pi}\right)^2 + r^6}} \qquad \text{Gl. <9.1>}$$

Wenn man davon ausgeht, daß das Volumen der geprüften Folie bei der Verformung konstant bleibt, ergibt sich folgende Berechnungsformel *(s. Abb. 9.15)*:

$$s \times F = (s - \Delta s) \times (F + \Delta F) \qquad \text{Gl. <9.2>}$$

Die Duktilität ist als Bruchelongation eines Rundstabes der Länge (1) und des Durchmesser (d) definiert. Diese Beziehung bleibt auch für eine Scheibe gültig, wenn (1) sehr klein und (d) sehr groß ist. Bei dem beschriebenen Versuch wird der Rundstab jedoch nicht in die Länge gezogen, sondern es wird der umgekehrte Weg beschritten, d.h., die Länge wird geringer und der Durchmesser größer. In Übereinstimmung mit der üblichen Definition der Duktilität als Quotient der Elongation (Δl) und der urspünglichen Länge (l), wird sie beim Wölbungstest als negative Elongation (Dickenschwund Δs der Folie bei der Kalottenbildung), dividiert durch die Foliendicke beim Bruch (s − Δs) berechnet. Stellt man sich vor, daß die Scheibe nicht in Achsenrichtung, sondern nach allen Seiten hin radial ausgezogen wird, dann wird die Fläche einer ähnlichen Materialbeanspruchung unterworfen wie bei der Kalottenbildung.

Da die Duktilität ein Maß für die Verformbarkeit des Metalles ist, kann man annehmen, daß der Wert unabhängig davon unverändert bleibt, ob die Deformation in axialer oder radialer Richtung stattgefunden hat. Da der physikalische Vorgang umgekehrt abläuft wie beim Ziehen eines Stabes, muß der Dickenschwund (Δs) durch die Enddicke der Folie ($s - \Delta s$) dividiert werden:

$$D = \frac{\Delta l}{l} = \frac{\Delta s}{s - \Delta s} \qquad \text{Gl. <9.3>}$$

Aus Gl. <9.2> und Gl. <9.3> folgt:

$$D = \frac{F + \Delta F}{F} - 1 \qquad \text{Gl. <9.4>}$$

Die Flächen „F" und „F+ΔF" sind die Kalottengrundfläche und die Kalottenoberfläche:

$F = \pi r^2$

$F + \Delta F = 2\pi R h$

Wenn diese beiden Werte in Gl. <9.4> eingesetzt werden, erhalten wir

$$D = \frac{2\pi Rh}{\pi r^2} - 1 = \frac{2Rh}{r^2} - 1$$

Der Radius (R) der Kugel, deren Abschnitt durch die Kalotte gebildet wird *(s. Abb. 9.15)*, kann folgendermaßen berechnet werden:

$(R - h)^2 + r^2 = R^2$

$2Rh = h^2 + r^2$

$$D = \frac{h^2 + r^2}{r^2} - 1 = \left(\frac{h}{r}\right)^2 \qquad \text{Gl. <9.5>}$$

Die Gleichung sagt aus, daß die Duktilität das Quadrat aus dem Quotienten von Kalottenhöhe (h) und Kalottenradius (r) ist.

Aus den Gl. <9.1> und Gl. <9.5> läßt sich folgende Beziehung berechnen

$$D = \frac{\left(\sqrt[3]{\frac{3V}{\pi} + \sqrt{\left(\frac{3V}{\pi}\right)^2 + r^6}} + \sqrt[3]{\frac{3V}{\pi} - \sqrt{\left(\frac{3V}{\pi}\right)^2 + r^6}}\right)^2}{r^2}$$

Mit Hilfe eines programmierbaren Rechners kann die Duktilität aus dem Kalottenvolumen im Augenblick des Bruches berechnet werden.

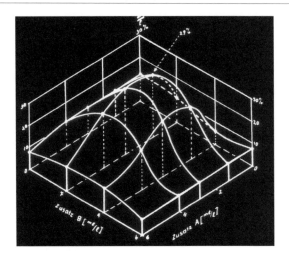

Abb. 9.16: Einfluß von zwei verschiedenen Badzusätzen
auf die Dehnbarkeit der Folie

Wie kompliziert sich der Einfluß von Badzusätzen zu einem galvanischem Elektrolyten auf die Duktilität auswirkt, zeigt *Abb. 9.16*.

Berechnung der Zerreißfestigkeit

Mit Hilfe dieses Kalottentests kann auch die Zerreißfestigkeit (σ) gemessen werden. Dazu benötigt man einen Druckaufnehmer, der eine dem Druck proportionale Gleichspannung erzeugt, welche auf einem XY-Schreiber festgehalten wird. Man erzielt Kurven, wie in *Abb. 9.13* dargestellt.

Der Druck beim Zerreißen der Folie sei (P) und die Schichtdicke, die nach dem Zerreißen gemessen wird, (s). Die Berechnung der Zerreißfestigkeit wird darin folgendermaßen vorgenommen: An einem kleinen Kalottenteil *(Abb. 9.17)* mit Raumwinkel (α) denke

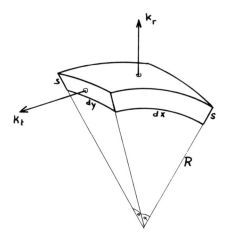

Abb. 9.17: Schematische Darstellung eines kleinen Kalottenteils der Prüffolie

man sich ein rechteckiges Stück mit der Länge (dx), der Breite (dy) und der Schichtdicke (s). Auf den beiden Seiten greifen die Kräfte K_t und K_r an. Es gilt:

1. $K_t = \sigma \times s \times dy$
2. $K_r = P \times dx \cdot dy$
3. $K_r = K_t \times \sin(\alpha/2)$
4. $\sin(\alpha/2) = dx/2R$

Aus diesen vier Gleichungen folgt für die Berechnung der Zerreißfestigkeit die Funktion

$$\sigma = \frac{2R}{s} \times P$$

Genauigkeit der Meßmethode

Um die Genauigkeit dieser Meßmethode mit dem Zugversuch zu vergleichen, wurden die Standardabweichungen beider Methoden an Proben gemessen, die gleichzeitig in dem gleichen Elektrolyten abgeschieden wurden *(s. Abb. 9.8)*.
Trotz des größeren Arbeitsaufwandes streuen die Werte bei der Messung der Dehnbarkeit über die Feindehnung beim Zugversuch sehr stark. Die Standardabweichung beträgt beim Zugversuch s = 8 %, beim hydraulischen Wölbungstest dagegen nur s = 2 %.
Der Variationskoeffizient, d. i. die Standardabweichung dividiert durch den Mittelwert der Messungen ist ein wichtiges Indiz für die Zuverlässigkeit der Messung. Unter der Annahme, daß der Mittelwert der gemessenen Dehnbarkeit 30 % ist, beträgt er bei der hydraulischen Methode

$$s / \bar{x} = 2/30 = 6\,\%$$

Ein Wert, der für technische Messungen akzeptabel ist. Bei Messungen an den gleichen Proben mit Hilfe des Zugversuches wäre dieser Wert viermal so hoch, was diese Methode als fragwürdig erscheinen läßt.

Einfluß der Porosität

Wenn sich bei der Abscheidung in den Versuchsfolien Poren bilden, ist die Messung der Duktilität nach dieser Methode schwierig. Anstatt die Folie zum Bersten zu bringen, wird das Wasser in einem solchen Fall vom Druck durch die Poren gepreßt. Der Druck in der Kalotte steigt nicht mehr an und die Folie reißt daher nicht mehr. Da aber eine Prüfung auf Porenfreiheit für die Beurteilung einer galvanischen Schicht ebenso wichtig ist wie die Messung der Duktilität, ist es eigentlich von Vorteil, daß der Wölbungstest auch darüber Aussagen macht.
Bei der Messung an porösen Folien kann man sich aber dadurch helfen, daß man unter die zu messende Folie eine sehr dünne Folie aus Polyethylen legt. Es fließt nun kein Wasser mehr durch die Poren. Allerdings kann man das Reißen der Folie auch nicht am Druckabfalls des Wassers feststellen. Man muß die Folie vielmehr während des ganzen Versuches beobachten, den Moment des Reißens stoppen und die verdrängte Wassermenge messen.

9.2.2 Messung an beschichteten Metall- oder Kunststoffolien

Bei diesen Messungen ist eine Aussage über die Duktilität der geprüften Schicht nur zu erwarten, wenn der Untergrund weicher ist als die Schicht oder Schichtkombination. Besonders bei Goldschichten ist der Einfluß einer Nickelschicht auf die Eigenschaften der Gold-Nickelschicht so groß, daß die Eigenschaften der einzelnen Schichten für die Kombination kaum noch relevant sind.

Bei den Untersuchungen an beschichteten Folien ist das Polieren der Kanten problemlos. Entscheidende Voraussetzung für die Beurteilung ist eine geeignete Methode für das Feststellen von Rissen in der Schicht bei Überschreiten der Bruchdehnung.

9.2.2.1 Der Zugversuch

Bei der Herstellung des Prüflings können die Schnittkanten so fein poliert werden, daß an den durch die mechanische Bearbeitung entstandenen Rauhigkeiten keine Risse entstehen. Bei der Bestimmung der Dehnbarkeit mit Hilfe des Zugversuches ist zu berücksichtigen, daß die Bruchelongation der gesamten Probe, d. h. Schicht einschließlich Grundmaterial, gemessen wird, wobei nicht auszuschließen ist, daß das Grundmaterial vom galvanischen Prozeß her wasserstoffversprödet sein kann. Dies ist besonders bei verzinktem Stahl der Fall, während bei anderen Schichtmetallen oft zuerst feine Risse in der Schicht entstehen, bevor das Substrat bricht. In diesen Fällen muß die Oberfläche während des Zugversuches genau beobachtet werden, damit man schon die ersten Risse erkennt. Oft ist dies nicht der Fall und man erhält daher höhere Werte als der wirklichen Dehnbarkeit entspricht.

Besteht der Grundwerkstoff aus Kunststoff, kann die Entstehung der ersten Risse mit Hilfe eines Stromes geringer Stärke, der durch die Schicht fließt, erkannt werden. Die

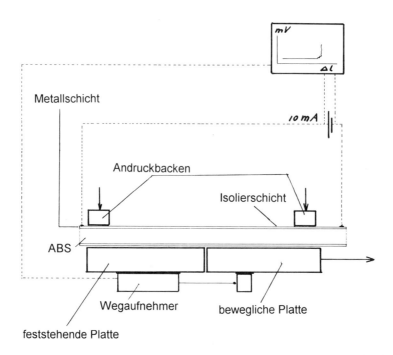

Abb. 9.18: Messung der Dehnbarkeit an beschichteten Substraten in einer waagerecht arbeitenden Zerreißmaschine

Spannung, die an solchen Proben anliegt, ist anfangs gleich Null und steigt bei Auftreten von Rissen steil solange an, bis die Spannung der Stromquelle erreicht ist *(Abb. 9.18)*. Wird mit einem solchen Strom gearbeitet, muß die an die geprüfte Schicht angepreßte Backe der Zugmaschine von der Schicht isoliert sein. Ein ideales Substrat für solche Untersuchungen ist verkupfertes ABS, auf welches die zu untersuchenden metallischen Schichten abgeschieden werden.

9.2.2.2   Der Biegeversuch
Bei dieser Prüfung wird ein beschichteter Substratstreifen gebogen, wobei die konkave Seite auf Zug belastet wird. Die Dehnbarkeit (Δl/l) in dem Moment, in dem erste Risse auftreten, beträgt dann d/2R *(s. Abb. 9.1)*,

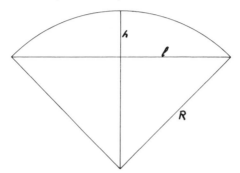

Abb. 9.19:   Schematische Darstellung der Vierpunktbiegung eines beschichteten Meßstreifens

Den Wert R berechnet man aus

$$R^2 = (R-h)^2 + \left(\frac{1}{2}l\right)^2 \quad \textit{(s. Abb. 9.19)}$$

Mit h << R wird darin

$$R = l^2/8$$

Das Biegen des beschichteten Substrats kann auf mehrere Arten erfolgen:

a) Bei der Drei- oder Vierpunktbiegung wird die Probe auf zwei Zylinder gelegt und mit Hilfe von einem oder zwei Zylindern solange durchgebogen, bis die ersten Risse in der Schicht auftreten.
Bei metallischen Substraten muß die Oberfläche während des Versuches mit der Lupe oder dem Stereomikroskop beobachtet werden, um das erste Auftreten der Risse festzustellen. Das unbewaffnete Auge sieht die Rißbildung meist zu spät. Bei spröden Schichten kann sich das Auftreten von Rissen durch „Knirschen" bemerkbar machen, das man u. U. über ein Mikrofon verstärken und zur Detektion benutzen kann. In einigen Fällen läßt sich auf diese Weise eine höhere Zuverlässigkeit erreichen. Bei Kunststoffsubstraten kann ein elektrischer Stromfluß, wie in *Kap. 9.2.2.1* beschrieben, zur Detektion von Rissen verwendet werden.
Bei Kunststoffsubstraten ist die Vierpunktbiegung geeigneter als die Dreipunktbiegung, weil dabei ein Abknicken in der Mitte die Werte verfälscht. Zur Berechnung der Dehnbarkeit bei dieser Methode s. *Abb. 9.20*.

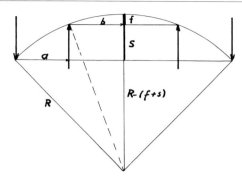

Abb. 9.20: Schematische Darstellung der Vierpunktbiegung eines beschichteten Metallstreifens

b) Ähnliche Ergebnisse wie bei dem oben beschriebenen Versuch erhält man auch, wenn die Probe um einen Dorn gebogen und dadurch an der Außenseite auf Zug beansprucht wird. Man kann die Werte dadurch quantifizieren, daß man die Probe nacheinander um Dorne mit immer kleineren Durchmessern biegt.

Mit geringerem Zeitaufwand wie beim Biegen um verschiedene Zylinder, kann man eine solche Messung mit Hilfe einer Lehre von gleichmäßig kleiner werdendem Biegeradius durchführen. Die Probe wird dabei langsam um die Lehre gedrückt *(Abb. 9.21)*.

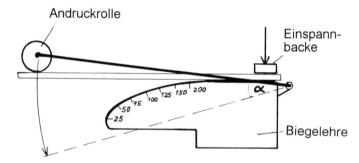

Abb. 9.21: Biegen des beschichteten Metallstreifens um eine Lehre mit kontinuierlich kleiner werdendem Biegeradius

Die Methode gibt zwar keine absoluten Werte, ist jedoch als Vergleichsverfahren brauchbar, wenn man den Biegewinkel α als Maß für die Dehnbarkeit benützt. Auch in diesem Falle kann – wenn es sich um ein Kunststoffsubstrat handelt – der elektrische Strom zur Detektion von Rissen herangezogen werden.

9.2.2.3 Der Drahtkegelversuch

Beim Drahtkegelversuch wird ein Draht von 1 – 4 mm Durchmesser im untersuchten Elektrolyten galvanisch beschichtet und danach über einen kegelförmigen Dorn gewickelt *(Abb. 9.22)*. Dabei erfährt er eine immer stärker werdende Biegung. Nach dem Biegen wird die ganze Einrichtung unter das Stereomikroskop gestellt und untersucht, bei welchem Dorndurchmesser die ersten Risse aufgetreten sind. Sind der Dorndurchmesser „D" und die Drahtdicke „d", so ergibt sich die Dehnbarkeit als Quotient d/D.

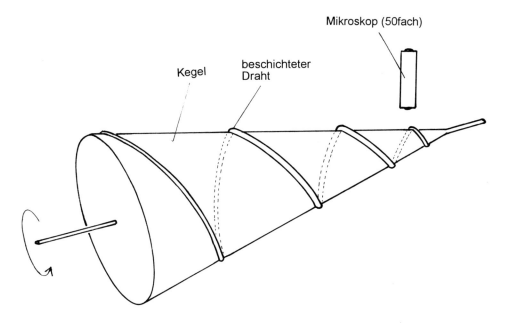

Abb. 9.22: Kegel, um den ein beschichteter Draht gewickelt wird: Der Durchmesser, an dem der Riß erfolgt, ist der Biegeradius

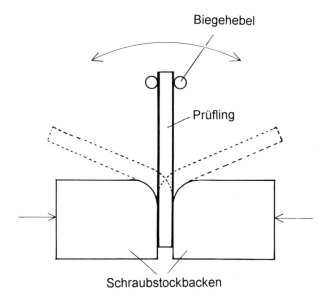

Abb. 9.23: Faltversuch an einem beschichteten Substrat

9.2.2.4 Der Faltversuch

Das Prinzip des Faltversuches besteht darin, daß galvanisch beschichtete Streifen aus weichem Kupfer oder aus metallisiertem ABS einseitig eingespannt und um einen bestimmten Radius hin- und hergebogen werden *(Abb. 9.23)*. Bei dickeren Folien kann man diese vom Substrat abschälen und selbst hin- und herbiegen. Zur Durchführung des Versuches können Drahtbiegemaschinen benutzt werden, oft biegt man aber auch von Hand, um auf einfache Weise schnelle Informationen zu erhalten.

Die Zahl der Biegungen bis zum Auftreten von Rissen in der beschichteten Oberfläche heißt Biegezahl und ist zur Beurteilung der Dehnung geeignet.

Man kann die Beobachtung der Rißbildung mit dem unbewaffneten Auge, aber auch stereomikroskopisch vornehmen. Ein geeignetes Gerät wird in *DIN 51211* beschrieben.

Bei diesem Versuch stellt man oft fest, daß auch bei großen Biegradien schon bei niedriger Biegezahl Risse auftreten.

9.2.2.5 Messung der Bruchdehnung durch Wölben der Prüfschicht

Bei diesem Verfahren wird ähnlich wie beim Wölbungsversuch für Folien *(s. Kap. 9.2.1.4)* ein kreisförmiges Stück Folie zwischen Metallplatten eingespannt *(Abb. 9.24)*.

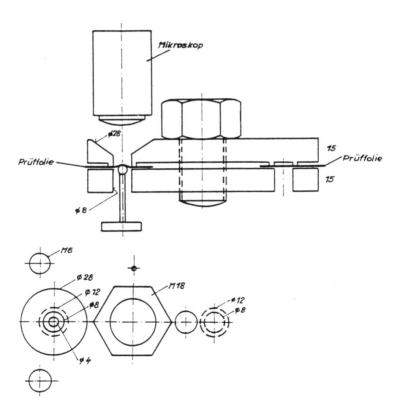

Abb. 9.24: Ansicht und Grundriß eines mechanischen Wölbungsgerätes für beschichtete Substrate

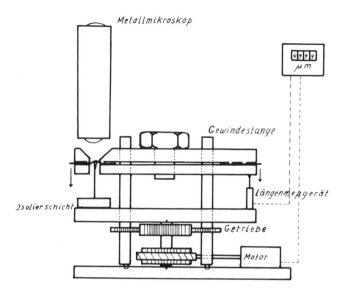

Abb. 9.25: Arbeitsweise eines mechanischen Wölbungsgerätes. Der Getriebemotor dreht drei Gewindestangen, welche die zwischen den Metallplatten eingespannte Probe langsam abwärts schrauben und sie über die Kugel stülpen

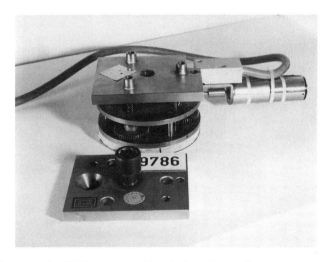

Abb. 9.26: Mechanische Wölbungsmaschine (mit aufliegendem vergoldetem Substrat)

Da nur der mittlere Teil bis zum Bruch beansprucht wird, befinden sich die Folienränder außerhalb der zu prüfenden Fläche. Dadurch erspart man sich deren mechanische Bearbeitung.

Ein weiterer Vorteil der Methode ist es, daß kombinierte Schichten, wie beispielsweise Gold auf Nickel, geprüft werden können. Geeignet ist die Versuchsanordnung auch für spröde Schichten, während sie für duktile Schichten nicht anwendbar ist.

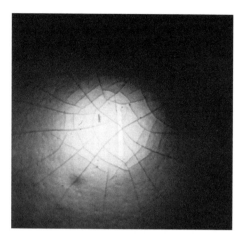

Abb. 9.27: Risse in einer Goldschicht nach Prüfung im mechanischen Wölbungsprüfer

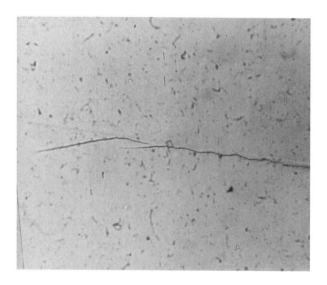

Abb. 9.28: Risse in einer Nickelschicht nach Prüfung im mechanischen Wölbungstester

Für die Aussagekraft der Methode ist die Beschaffenheit der Trägerfolie von großer Wichtigkeit. Zu harte oder zu dicke Folien führen nicht zum Erfolg. Am besten eignen sich weiche Kupferfolien von 0,25 mm Dicke.

Die notwendige Wölbung der Versuchsfläche wird auf mechanischem Wege erreicht, indem ein Dorn die Folie senkrecht zu ihrer Oberfläche in der Mitte des geprüften Flächenteils durchdrückt *(Abb. 9.25, 9.26)*. Das Verhältnis von Prüfflächendurchmesser und

Dorndurchmesser ist kritisch. Versuche zeigen, daß die in den Abbildungen angegebenen Maße optimal sind.

Die Methode ist als Vergleichsverfahren zu betrachten, bei dem die Höhe der entstandenen Kalotte als Maß für die Duktilität dient.

Um bei dünnen Folien feststellen zu können, wann der Dorn mit der Prüffolie Kontakt hat, wird diese isoliert vom Gestell eingespannt. Der Nullpunkt der Messung läßt sich mit Hilfe eines angelegten elektrischen Stromes gut messen.

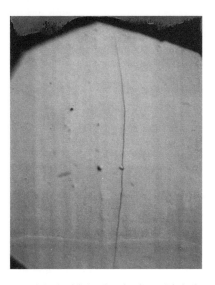

Abb. 9.29: In der Nickelschicht durch einen Pickel verursachter Riß

Abb. 9.30: In der Nickelschicht von einer Pore verursachtes vorzeitiges Reißen

Damit der Moment des Reißens der Folie gut beobachtet werden kann, werden die beiden Platten, zwischen denen sie eingespannt ist, mit Hilfe eines Getriebes gleichmäßig nach unten geschraubt. Dadurch wird die Folie über den Dorn gestülpt. Die Oberfläche des Prüflings bleibt auf konstanter Höhe und kann mit Hilfe eines Mikroskops mit 50facher Vergrößerung kontinuierlich beobachtet werden. Wenn die ersten Risse auftreten, wird der Getriebemotor angehalten und die Abwärtsbewegung der Probe gemessen. Dieser Wert gibt gleichzeitig die Höhe des Kegels an, der durch die Verformung der Probe gebildet wird.

Die Aufnahme einer vergoldeten Folie beim Auftreten der ersten Risse zeigt *Abb. 9.27*. Risse in einer Nickelschicht sind in *Abb. 9.28* zu sehen. Bei dieser Methode wird deutlich, daß nur eine einwandfreie Oberfläche richtige Meßwerte liefert. Ein kleiner Pickel oder eine Pore verursachen schon bei geringer Wölbung Risse (*Abb. 9.29* und *Abb. 9.30*).

Berechnung der Bruchdehnung aus der Höhe des gebildeten Kegels

Wenn man davon ausgeht, daß das Volumen der Metallfolie bei der Verformung konstant bleibt, gilt *(Abb. 9.31)*:

$$s \times F_0 = [s - \Delta s] \times F_{max} \qquad \text{Gl. <9.6>}$$

$$F_0 = \pi R^2$$

F_{max} = Kegeloberfläche

Wie schon beschrieben, ist die Definition der Bruchdehnung ($\Delta l/l$) auch für eine Scheibe gültig, bei der die Länge sehr klein und der Durchmesser sehr groß sind. Dies gilt auch, wenn die Scheibe, wie im vorgestellten Versuch nicht in die Länge, sondern radial gezogen und in Längsrichtung verkürzt wird. Wenn die Duktilität in diesem Falle als negative Elongation Δs, dividiert durch die Foliendicke beim Bruch $s-\Delta s$ definiert wird, erhält man folgende Gleichung:

$$\frac{\Delta l}{l} = \frac{\Delta s}{s - \Delta s} \qquad \text{Gl. <9.7>}$$

Aus Gl. <9.6> und Gl. <9.7> folgt

$$\frac{\Delta s}{s - \Delta s} = \frac{F_{max}}{F_0} - 1 \qquad \text{Gl. <9.8>}$$

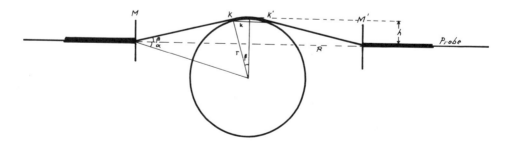

Abb. 9.31: Schematische Darstellung des von der Kugel in die Probe hineingedrückten Kegelmantels

Die Flächen F_0 und F_{max} sind die Prüffläche πR^2 vor und die Prüffläche πr^2 nach der Belastung. Die letztere setzt sich aus der Oberfläche der Kugelkalotte KK' und der des Kegelmantels MK–K'M' zusammen.

$$F_{Kalotte} = 2\pi r \left[r - \sqrt{r^2 - k^2} \right]$$

$$F_{Mantel} = \pi [R + k] \sqrt{[R - k]^2 + \left[h - \left(r - \sqrt{r^2 - k^2} \right) \right]^2}$$

$$F_{max} = 2\pi r \left[r - \sqrt{r^2 - k^2} \right] + \pi [R + k] \sqrt{[R - k]^2 + \left[h - \left(r - \sqrt{r^2 - k^2} \right) \right]^2}$$

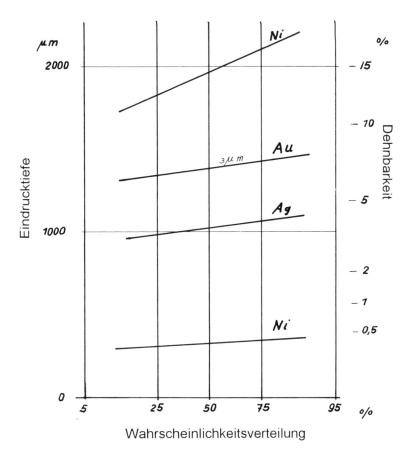

Abb. 9.32: Wahrscheinlichkeitsdarstellung der Eindrucktiefen und daraus errechneten Dehnbarkeiten verschiedener galvanischer Beschichtungen auf weichem Kupfer und bei galvanisch abgeschiedenem Nickel auf einer weichen Stahlfolie

Der Wert k kann folgenden Gleichungen entnommen werden:

$$\sin(\alpha + \beta) = \frac{r}{\sqrt{R^2 + (r-h)^2}}$$

$$\frac{r-h}{R} = tg\alpha$$

$$k = r \times \sin\beta$$

Mit Hilfe eines programmierbaren Rechners kann man die Bruchdehnung mit diesen Funktionen schnell berechnen. Die Ergebnisse einiger solcher Messungen sind in *Abb. 9.32* dargestellt.

9.2.2.6 Messung der Dehnbarkeit bei höheren Temperaturen

Die Dehnbarkeit verschiedener Metalle ist von der Temperatur abhängig. Dies ist auch bei solchen Schichtmetallen von Interesse, die höhere Temperaturen aushalten müssen, wie beispielsweise Kupferschichten in Bohrlöchern von Leiterplatten.
In einigen Zerreißmaschinen besteht die Möglichkeit, den Prüfling innerhalb eines kleinen Ofens auf Zug zu belasten. Der Autor entwickelte eine Laboranlage, in der kleine Rundstäbe aus Epoxidharz, die chemisch und elektrolytisch verkupfert worden waren, in heißem Silikonöl von 230 °C auf Zug belastet werden *(Abb. 9.33 und 9.34)*. Die Probestäbchen werden aus dem Harz in einem Gummischlauch gegossen, ausgehärtet und entformt. Dann wird aus der Mitte ein dünnes zylindrisches Teil herausgefräst, das zum ursprünglichen Zylinder konzentrisch ist. Dadurch können die Backen der Zerreißmaschine ohne Beschädigung der zu messenden Stelle an den Probestab angedrückt werden. Die Probestäbchen wurden chemisch verkupfert und dann in dem zu untersuchenden Elektrolyten galvanisch weiter beschichtet. Damit die Metallschicht bei den hohen Temperaturen nicht durch die Ausdehnung des Epoxidharzes belastet wird, wurden die Prüflinge vor dem Beschichten angebohrt *(Abb. 9.35)*.

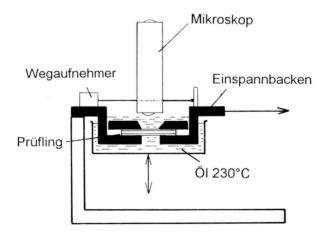

Abb. 9.33: Dehnbarkeitsmessung an einem verkupferten Epoxidzylinder bei der Löttemperatur 230 °C

Abb. 9.34: Zerreißmaschine zum Messen der Dehnbarkeit bei höheren Temperaturen

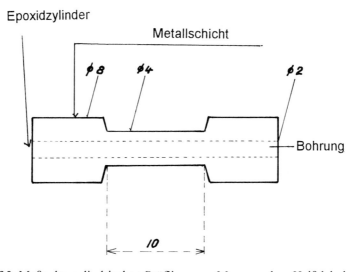

Abb. 9.35: Maße der zylindrischen Prüflinge zur Messung der „Heißdehnbarkeit"

Der Zeitpunkt des Reißens wird mit Hilfe eines elektrischen Stromes festgestellt, da Risse den elektrischen Widerstand schlagartig erhöhen. Die Zugkraft wird mit Hilfe von Dehnungsmeßstreifen und die Elongation der Probe mit einem elektrischen Wegaufnehmer gemessen. Die Werte werden in einem Schreiber festgehalten und später ausgewertet.
Die Konstruktion der Backen ermöglicht es, die Wanne kurz vor dem Versuch anzuheben. Dadurch kann der beschichtete Rundstab während des Versuches durch ein Mikroskop betrachtet werden. Die Ergebnisse bestätigten den Verdacht, daß bestimmte Kupferschichten bei Raumtemperatur zwar eine Dehnbarkeit von 30 % aufweisen, bei der Löttemperatur jedoch wesentlich spröder werden.

9.2.3 Zusammenfassung

Um reale Werte für die Dehnung und Zerreißfähigkeit zu erhalten, empfiehlt es sich, bei den Untersuchungen auf einige Umstände besonders zu achten.

- Die für die Dehnbarkeit und Zerreißfestigkeit gefundenen Werte sind bei allen beschriebenen Verfahren in hohem Maße von der Art und Präzision der Herstellung der Proben abhängig.
- Bei auf passiven Oberflächen abgeschiedenen Folien werden schon kleinste Kratzer und Unebenheiten auf den Proben kopiert. An diesen Stellen können die Proben dann vorzeitig reißen und die Werte können erfahrungsgemäß dadurch oft bis auf die Hälfte reduziert werden.
- Bei der Untersuchung von Folien muß auf eine präzise mechanische Bearbeitung der Kanten geachtet werden, da schon kleinste Verletzungen vorzeitiges Reißen bewirken können.
- Es empfiehlt sich immer mehrere Versuchsreihen parallel durchzufahren.
- Als Meßwert sollte man nicht den Mittelwert der Ergebnisse, sondern den mittelsten Wert einer Reihe von Messungen nehmen.
- In einem sogenannten Wahrscheinlichkeitsdiagramm sollen alle Werte auf einer Geraden liegen. Werte, die nicht zu der Geraden passen, sind als Ausreißer zu werden.
- Bei der Entscheidung für eine der beschriebenen Methoden, sollte man überlegen , ob die Aufwendungen der Aussagekraft entsprechen und welche Genauigkeit man für die vorgesehene Aufgabe wirklich benötigt. So wird für die tägliche Kontrolle eines Elektrolyten meist die unaufwendige Biegeprobe ausreichen, trotzdem die mit ihr gefundenen absoluten Werte verhältnismäßig breit streuen. Andererseits wird man bei Entwicklungsarbeiten, bei denen die Duktilität der Schicht für die Funktion ganzer Bauteile von hoher Wichtigkeit ist, auch vor aufwendigeren Verfahren nicht zurückschrecken.

Literatur zu Kapitel 9

[1] Cashmore, S.D.; Fellows R.V.: Trans. Inst. Met. Finishing 39 (1962) 70
[2] Dennis, K. J.; Such, T. E.: Trans. Inst. Met. Finishing 40 (1963) 70
[3] Read, H. J.; Kirchner, G. H. and Patrician T. J.: Plating 50 (1963) 35
[4] Flint, C. N.: Trans. Inst. Met. Finishing, 4o (1963) 98
[5] B S 1224: 1959 Brit. Stand. Inst. London
[6] Edwards, J.: Trans. Inst. Met. Finishing 1958, 35, 101 - 106
[7] Pinto, N. P.: J. of Metals 190 (1950) 1444
[8] Rolff R.: Oberfläche-Surface 10 (1969) 2

10 Messung der Verschleißfestigkeit

10.1 Tribologische Grundbegriffe

Die Tribologie ist definiert als Wissenschaft und Technologie von untereinander wechselwirkenden Oberflächen in Relativbewegung und den dazugehörigen Verfahren. Die Tribologie ist eine interdisziplinäre Fachrichtung, die sich mit der Untersuchung der Phänomene Reibung, Verschleiß und Schmierung sowie mit den Verfahren zur Beeinflussung von Reibung und Verschleiß beschäftigt.

Unter Verschleiß. wird nach *DIN 50320* [1] der „fortschreitende Materialverlust aus der Oberfläche eines festen Körpers, hervorgerufen durch mechanische Ursachen, d. h. Kontakt und Relativbewegung eines festen, flüssigen oder gasförmigen Körpers" verstanden. Allgemein sind auch Oberflächenveränderungen als Verschleiß zu betrachten.

Der Begriff Reibung wird in *DIN 50281* [2] erläutert: „Die Reibung wirkt der Relativbewegung sich berührender Körper entgegen". Infolge der Reibung zwischen den Oberflächen sich berührender Körper tritt eine Reibungskraft als mechanischer Widerstand gegen die Relativbewegung auf. Die Reibung wird häufig durch die Reibungszahl, „f" beschrieben, die definiert ist als Quotient aus dem Betrag der Reibungskraft und dem der Normalkraft, die die beiden Körper senkrecht zur Kontaktfläche zusammendrückt.

Verschleiß und Reibung sind im allgemeinen Verlustgrößen, die durch Schmierung stark verringert werden können. Durch einen Schmierstoff kann der Festkörperkontakt vermieden werden. Der weitaus größte Teil aller technischen Bewegungssysteme wird unter geschmierten Bedingungen betrieben; es ist jedoch häufig sinnvoll oder notwendig, aus ökonomischen und ökologischen Gründen den Einsatz von Schmierstoffen zu begrenzen.

Reibung und Verschleiß sind keine Werkstoffkennwerte, sondern stets Eigenschaften des Tribosystems, das aus den beiden Körpern im Kontakt, dem Zwischenmedium und dem Umgebungsmedium besteht [1], s. *Abb. 10.1*.

Reibung und Verschleiß treten auf, wenn auf dieses Tribosystem ein tribologisches Beanspruchungskollektiv einwirkt, das durch die Parameter der Bewegung (Art der Bewegung, zeitlicher Ablauf) und durch die technisch-physikalischen Parameter (Normalkraft, Geschwindigkeit, Temperatur und Beanspruchungsdauer) charakterisiert ist [1].

Die Bearbeitung eines tribologischen Problems und die Auswahl von gezielten Maßnahmen zur Beeinflussung von Reibung und Verschleiß setzt eine möglichst umfassende Analyse des betrachteten Tribosystems voraus.

Eine solche Analyse erfordert nach [1]

– Aussagen über den Reibungszustand (Festkörper-, Grenz-, Misch-, Flüssigkeitsreibung),

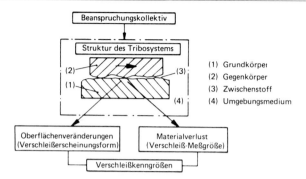

Abb. 10.1: Darstellung eines tribologischen Systems nach *DIN 50320* [1]

- Aussagen über die Verschleißarten (Gleit-, Roll-, Wälz-, Prall-, Furchungsverschleiß, u.s.w.)

sowie

- Aussagen über die dominierenden Verschleißmechanismen (Adhäsion, Abrasion, Oberflächenzerrüttung und tribochemische Reaktionen).

Eine solche Systemanalyse wird im allgemeinen dadurch erschwert, daß in realen Tribosystemen häufig verschiedene Reibungszustände, Verschleißarten und Verschleißmechanismen in zeitlicher oder örtlicher Abfolge parallel auftreten können.

Bei der tribologischen Systemanalyse ist stets zu berücksichtigen, daß die physikalischen und chemischen Eigenschaften der Bauteiloberfläche bzw. -randzone für die Reibungs- und Verschleißprozesse eine herausragende Bedeutung haben [3]. Darin liegt auch die hohe Bedeutung begründet, welche die Beschichtung von Oberflächen für eine gezielte Beeinflussung von Reibung und Verschleiß hat [4].

Das Verschleißverhalten einzelner Komponenten eines Tribosystems kann durch verschiedene Größen beschrieben werden, die – direkt oder indirekt – die Gestalts- oder Massenänderung eines Körpers durch Verschleiß kennzeichnen. Als direkte Verschleißmeßgrößen werden in *DIN 50321* [5] die folgenden Größen angegeben:

- linearer Verschleißbetrag
- planimetrischer Verschleißbetrag
- volumetrischer Verschleißbetrag
- massenmäßiger Verschleißbetrag

Die Wahl der Verschleißmeßgröße hängt für das individuelle Problem einerseits davon ab, durch welche Größe die Funktionsfähigkeit des Systems realistisch zu beschreiben ist, andererseits davon, welche der unterschiedlichen Größen der Messung zugänglich ist. Für Vergleichszwecke ist es häufig sinnvoll, bezogene Verschleißmeßgrößen zu verwenden. Es sind dabei die direkten Verschleißmeßgrößen auf den zurückgelegten Gleitweg (Verschleiß-Weg-Verhältnis) oder auf die Zeit bezogen (Verschleißgeschwindigkeit).

Für den Vergleich von Werkstoffen untereinander, z.B. um eine Werkstoffvorauswahl für ein spezielles Tribosystem zu begründen, wird häufig der Verschleißkoeffizient „k" benutzt, *DIN ISO 7148* [6]. Diese Größe ist definiert als das volumetrische Verschleiß-Weg-Verhältnis bezogen auf die Normalkraft.

$$k = \frac{W_v}{s \times F_n}$$

Der Verschleißkoeffizient „k" beschreibt das Verschleißverhalten eines Werkstoffs häufig genügend genau, da es plausibel ist, daß der Materialabtrag W_v dem Gleitweg s und der wirksamen Normalkraft F_n proportional ist. Der Verschleißkoeffizient ist jedoch keine Werkstoffkonstante, sondern kann stark vom Gegenkörperwerkstoff abhängen. Ferner hängt der Verschleißkoeffizient von den Parametern des Beanspruchungskollektivs und von den Umgebungsverhältnissen (Luftfeuchte!) ab. Insbesondere, wenn sich die dominierenden Verschleißmechanismen ändern, kann sich der Verschleißkoeffizient – für ein und dieselbe Werkstoffpaarung – um Größenordnungen ändern. Häufig verwendet wird ferner der Begriff Verschleißwiderstand, der als Reziprokwert des Verschleißbetrages definiert ist [5].

10.2 Verschleißprüfung nach *DIN 50322*

In der Forschung und Entwicklung werden vielfältige – häufig nicht genormte – Verfahren zur Verschleißprüfung benutzt, die von Feldprüfungen unter realen Betriebsbedingungen bis hin zu Modellprüfungen mit einfachen Prüfkörpern reichen. Infolge der Komplexität der in tribologischen Systemen ablaufenden Prozesse und der großen Anzahl von Einflußgrößen muß die Verschleißprüfung viele Parameter berücksichtigen und sehr sorgfältig auf den Untersuchungszweck ausgerichtet werden. Die Ziele der Reibungs- und Verschleißprüfung sind außerordentlich vielfältig. Nach *DIN 50322* [7] können als wesentliche Ziele der Verschleißprüfung genannt werden:

- Optimierung von Bauteilen bzw. tribotechnischen Systemen,
- Bestimmung verschleißbedingter Einflüsse auf die Gesamtfunktion von Maschinen,
- Überwachung der verschleißabhängigen Funktionsfähigkeit von Maschinen,
- Vorauswahl von Werkstoffen und Schmierstoffen für praktische Anwendungsfälle,
- Qualitätskontrolle von Werkstoffen und Schmierstoffen,
- Verschleißforschung; mechanismenorientierte Verschleißprüfung,
- Diagnose von Betriebszuständen,
- Schaffung von Daten für die Instandhaltung.

Um die genannten Ziele zu erreichen, ist oft eine Simulation des Verschleißes tribologisch beanspruchter Bauteile zweckmäßig bzw. notwendig. Nach *DIN 50322* [7] werden für die tribologische Prüftechnik sechs verschiedene Prüfkategorien unterschieden, die wie folgt charakterisiert sind *(vgl. Abb. 10.2)*.

Kategorie I: Betriebsversuch
Das komplette tribotechnische System wird unter den originalen Betriebs- und Beanspruchungsbedingungen geprüft.

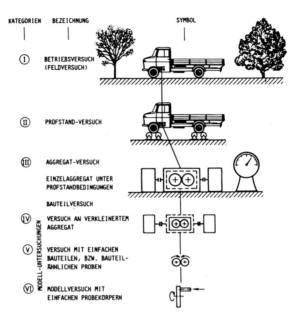

Abb. 10.2: Kategorien der Verschleißprüfung, dargestellt am Beispiel eines Nutzkraftwagengetriebes [7]

Kategorie II: Prüfstand-Versuch
Das komplette tribotechnische System wird unter praxisnahen Betriebsbedingungen auf einem Prüfstand untersucht.

Kategorie III: Prüfstand-Versuch mit Aggregat
Ein Einzelaggregat/Bauteilgruppe wird auf einem Prüfstand unter praxisnahen Betriebsbedingungen geprüft.

Kategorie IV: Bauteil-Versuch
Ein Bauteil wird unter praxisnahen Betriebsbedingungen geprüft.

Kategorie V: Probekörper-Versuch
Bauteilähnliche Probekörper werden unter beanspruchungsähnlichen Bedingungen geprüft.

Kategorie VI: Modell-Versuch
Reibungs- und Verschleißvorgänge werden an einfachen Probekörpern unter beliebigen, aber definierten Beanspruchungsbedingungen untersucht.
Mit steigender Ordnungsnummer der Prüfkategorie wächst der Grad der Abstraktion und die Entfernung vom realen tribologischen Problem. Dafür verringern sich Aufwand und Zeit für die Durchführung der Versuche. Ferner werden verschiedene tribologische Kenngrößen der Messung besser zugänglich, der Einfluß individueller Beanspruchungsparameter kann untersucht werden, besonders kritische Parameter können experimentell ermittelt werden.

Mit steigender Ordnungsnummer der Prüfkategorie sinkt allerdings die Sicherheit der Übertragbarkeit der Versuchsergebnisse auf reale tribotechnische Systeme. Dieses Problem der Übertragbarkeit von Ergebnissen der Modell-Prüfung auf reale Tribosysteme wird in vielen Arbeiten diskutiert, z.B. [8 – 15]. Allgemein gilt, daß die Ergebnisse der Modellprüfung um so besser auf das reale Tribosystem übertragbar sind, je „einfacher" das interessierende Tribosystem bezüglich Geometrie, Werkstoff und Beanspruchungsbedingungen ist. Bei komplexen Tribosystemen ist eine Übertragbarkeit zumindest tendenziell zu erwarten, wenn es in einer Systemanalyse gelingt, die relevanten Parameter des Beanspruchungskollektivs zu ermitteln und im Modellversuch einzustellen (Simulationsprüfung). Zur Lösung eines tribologischen Problems ist daher die Modellprüfung meist der erste Schritt, der Entscheidungshilfen für die Werkstoffvorauswahl oder Informationen über die Nützlichkeit von Oberflächenmodifikationen (z.B. Beschichtungen) liefert. Die Ergebnisse können in einer sogenannten „Prüfkette" ausgenutzt werden, siehe z.B. [15], wobei schrittweise zu Prüfkategorien mit niedrigerer Ordnungsnummer übergegangen wird. Bei jedem Schritt ist durch Analyse der Verschleißmechanismen und -erscheinungsformen eine Korrelationsprüfung erforderlich [10, 13].

10.3 Spezielle Verfahren der Verschleißprüfung

Für die Bestimmung des Verschleißverhaltens für spezielle tribotechnische Bauelemente existieren verschiedene Normen, die u.a. in [10] und [16] zusammengestellt sind. Insbesondere für Gleitlager [17], Wälzlager [18] und Zahnräder [19] soll die Prüfung nach den entsprechenden Normen durchgeführt werden.

Für die Bestimmung des Verschleißverhaltens von Werkstoffen und Werkstoffkombinationen gibt es verschiedene genormte und nicht genormte Verfahren, die vorwiegend die Kategorie VI betreffen. Es wird dabei meist mit geometrisch einfachen Prüfkörpern gearbeitet. Werden Werkstoffpaarungen untersucht, so hat meist mindestens einer der beiden Prüfkörper eine gekrümmte Oberfläche (Kugel/Ebene, Stift/Scheibe, Zylinder/Scheibe, gekreuzte Zylinder), wodurch eine kontinuierliche Messung des Verschleißes auch während des Versuchs begünstigt wird.

Für die Bestimmung des Verschleißverhaltens von Werkstoffen für ungeschmierte Gleitbewegung wird nach *DIN 50324* mit einer Kugel/Ebene-Anordnung mit vorgegebenen Parametern des Beanspruchungskollektivs [20] geprüft.

Speziell für Kunststoffe regelt die *DIN 31680* [21] die Messung von Verschleiß (und Reibungszahl) für Gleitpaarungen aus Kunststoff/Kunststoff und Kunststoff/Stahl mit einer Stift-(Kunststoff)/Scheibe-Anordnung. Das Verschleißverhalten von Kunststoffen bzw. Elastomeren im Fall abrasiver Beanspruchung wird nach *DIN 53753* [22] und *DIN 53516* [23] bestimmt.

Die Verschleißprüfung zur Beurteilung des Verhaltens anorganischer nichtmetallischer Werkstoffe gegen schleifende Beanspruchung ist in *DIN 52108* [24] geregelt.

Die Prüfung des Verhaltens von Werkstoffen gegenüber Strahlverschleiß wird in *DIN 50332* [25] festgelegt.

Während die voranstehenden Prüfungen ungeschmierte tribologische Probleme betreffen, sind die Prüfungen mit dem Vierkugelapparat (VKA) nach *DIN 51350* [26] für die Beurteilung von Schmierstoffen mit Zusatzstoffen anzuwenden und ermöglichen Aussagen über die Verschleißminderung durch diese Schmierstoffe. Die *ISO 7148* [6] schließlich ist anzuwenden für die Beurteilung des (Reibungs- und) Verschleißverhaltens von Lagerwerkstoffen bei Schmierung unter Grenzreibungsbedingungen.

Neben diesen genormten Prüfverfahren existieren weitere Verfahren wie z.B. die Prüfung in der *Amsler*-Maschine, in der das Wälzverschleißverhalten von Werkstoffkombinationen unter geschmierten (und ungeschmierten) Bedingungen beurteilt werden kann. Ferner ist das SRV (Schwing-Reib-Verschleiß)-Gerät zu nennen, mit dem bei oszillierender Gleitbewegung vorwiegend der Einfluß von Schmierstoffen auf die Verringerung der Freßneigung und der Reibrostbildung (Schwingungsverschleiß) beurteilt werden kann.

Abschließend soll noch einmal betont werden, daß bei allen Verschleißuntersuchungen, nach welchen Verfahren auch immer, der Systemcharakter des Begriffs Verschleiß berücksichtigt werden muß. Die Ergebnisse gelten nur für die spezielle Prüfsituation und die eingestellten Parameter des Beanspruchungskollektivs, die für jede Prüfung so detailliert wie möglich anzugeben sind. Für eine umfassende tribologische Charakterisierung eines Werkstoffs bzw. einer Verschleißschutzschicht sind meist über die in den Normen oder Prüfvorschriften verankerten Vorgaben hinaus weitere Versuche mit variierten Prüfparametern erforderlich.

Literatur zu Kapitel 10

[1] DIN 50320: Verschleiß; Begriffe, Systemanalyse vor Verschleißvorgängen–Gliederung des Verschleißgebietes. Beuth Verlag, Berlin (1979)

[2] DIN 50281: Reibung in Lagerungen: Begriffe, Arten, Zustände, physikalische Größen. Beuth Verlag, Berlin (1977)

[3] H. Czichos: Konstruktionselement Oberfläche. Konstruktion 37 (1985) 219-227

[4] H. Fischmeister und H. Jehn: Hartstoffschichten zur Verschleißminderung. DGM lnformationsgesellschaft Verlag, Oberursel 1987

[5] DIN 50321: Verschleiß-Meßgrößen. Beuth-Verlag, Berlin (1979)

[6] DIN ISO 7148, Teil 1: Gleitlager, Prüfung des tribologischen Verhaltens von Lagerwerkstoffen, Prüfung des Reibungs- und Verschleißverhaltens von Lagerwerkstoff-Gegenkörperwerkstoff-Öl-Kombinationen unter Grenzreibungsbedingungen. Okt. 1987

[7] DIN 50322: Kategorien der Verschleißprüfung. Beuth Verlag, Berlin (1979)

[8] K.-H. Habig: Die Aussagefähigkeit von Reibungs- und Verschleißprüfungen. Tagungsband Werkstoffprüfung 06.-07.12.1990 Bad Nauheim, DVM, Berlin, (1990) 223

[9] K.-H. Habig: Systemorientierte Grundlagen zur Bearbeitung von Verschleißfragen. VDI-Z. 124 (1982) 215-220

[10] H. Czichos, K.-H. Habig: Tribologie-Handbuch, Reibung und Verschleiß, Vieweg-Verlag Braunschweig, Wiesbaden 1992

[11] H. Uetz, K. Sommer und M.A. Kosrani: Übertragbarkeit von Versuchs- und Prüfergebnissen bei abrasiver Verschleißbeanspruchung auf Bauteile. VDI-Berichte Nr. 354 (1989) 107

[12] ASM Handbook, Vol. 18 Friction Lubrication and Wear Technology. The Materials Information Society, 1992

[13] R. Heinz: Betriebs- und Laborprüftechnik für reibungs- und verschleißbeanspruchte Bauteile. Kontakt & Studium, Band 90, H. Czichos u.a. Expert-Verlag, Grafenau (1982) 169-204

[14] G. Knoll und H. Peeken: Aussagesicherheit tribologischer Prüfstands- und Feldversuche. Der Konstrukteur 1-2 (1988) 13-22
[15] G. Heinke: Verschleiß - eine Systemeigenschaft. Auswirkungen auf die Verschleißprüfung. Z. Werkstofftechn. 6 (1975) 164
[16] DIN-Taschenbuch 246 Tribologie, Grundlagen Prüftechnik, Tribotechnische Konstruktionselemente. Beuth-Verlag, Berlin, Köln, 1990
[17] DIN 31652, Teil 1-3: Gleitlager; Hydrodynamische Radial-Gleitlager im stationären Betrieb. Beuth Verlag, Berlin (1983)
[18] ISO 76: Wälzlager, statische Tragzahlen. Beuth Verlag, Berlin (1988)
[19] DIN 51354, Teil 1: Prüfung von Schmierstoffen; FZG-Zahnrad-Verspannunngs-Prüfmaschine: Allgemeine Arbeitsgrundlagen (Entwurf). Beuth Verlag, Berlin (1984)
[20] DIN 50324: Tribologie, Prüfung von Reibungen und Verschleiß-Modellversuche bei Festkörpergleitreibung (Kugel-Scheibe-Prüfsystem). Beuth Verlag, Berlin (1992)
[21] DIN 31680 (Entwurf): Gleitlager; Prüfung des tribologischen Verhaltens von Kunststoffen. Beuth Verlag, Berlin, (1985)
[22] DIN 53754: Prüfung von Kunststoffen; Bestimmung des Abriebs nach dem Reibradverfahren. Beuth Verlag, Berlin (1977)
[23] DIN 53516: Prüfung von Kautschuk und Elastomeren; Bestimmung des Abriebs. Beuth Verlag, Berlin (1987)
[24] DIN 52108: Prüfung anorganischer nichtmetallischer Werkstoffe; Verschleißprüfung mit der Schleifscheibe nach Böhme, Beuth-Verlag, Berlin (1988)
[25] DIN 50322: Strahlverschleiß-Prüfung; Grundlagen. Beuth Verlag, Berlin (1989)
[26] DIN 51350: Prüfung von Schmierstoffen; Prüfung im Shell-Vierkugel-Apparat. Beuth Verlag, Berlin, Teil 1-3 (1977), Teil 4,5 (1984)

11 Prüfung der Haftfestigkeit

11.1 Allgemeines

Obgleich die Haftestigkeit von Oberflächenschichten streng genommen keine Schichteigenschaft darstellt, ist die Kenntnis der Haftung von dünnen Schichten und Überzügen für jeden Anwendungsfall von ausschlaggebender Bedeutung. Die Haftfestigkeit als Systemeigenschaft von Schicht und Werkstoff - möglicherweise unter Einbeziehung von Zwischenschichten - ist genau betrachtet die Energie pro Flächeneinheit, die das Ablösen des Überzugs verhindert. Diese kann im Grunde nur gemessen werden, wenn die Ablösung des Überzugs in der Grenzschicht erfolgt. In praktischen Fällen kann der Fehler aber auch in einem kohäsiven Bruch in der Schicht oder im Grundwerkstoff liegen. Noch komplizierter liegen die Verhältnisse bei Schicht/Substrat-Systemen mit Zwischenschichten oder bei Mehrfachschichtsystemen. In diesen Fällen kann von einer effektiven Haftfestigkeit des Überzugs gesprochen werden.

Die Haftung von Überzügen wird einerseits von den chemischen Eigenschaften der Paarung und ihrer Adhäsion bestimmt. Andererseits spielen die Abscheidebedingungen eine Rolle, sie können sich in inneren Spannungen der Schichten auswirken oder auch zu sehr geringer oder fehlender Haftung bei Verunreinigungen der Substrat(Werkstück)-Oberfläche führen. Damit führt in der Praxis vor allem eine nicht ausreichende Reinigung zu schlechter Haftung. Ein anderer Grund kann in dem Übergang von im Grundmetall atomar gelösten Wasserstoff in die molekulare Form und dessen Ansammlung unter Druckanstieg im Grenzbereich Grundmetall/Überzug liegen.

Trotz dieser grundsätzlichen Schwierigkeiten ist eine quantitative oder wenigstens qualitative Aussage zur Haftung für jede funktionelle, dekorative oder schützende Schicht - schon zur Qualitätskontrolle und zur Schichtentwicklung - von entscheidender Bedeutung. Die bekannten Verfahren zur Charakterisierung der Haftfestigkeit unterteilen sich in die qualitativen und quantitativen Verfahren. Dabei zeigt sich, daß selbst qualitative Verfahren zu reproduzierbaren quantitativen Meßgrößen führen können, die sich zur praktischen Charakterisierung von Überzügen und Schichten heranziehen lassen.

Grundsätzlich muß festgestellt werden, daß die im folgenden beschriebenen Tests teils zu direkten qualitativen oder quantitativen Aussagen über die Haftfestigkeit führen, teils aber auch die Schichthaftung bzw. -ablösung durch chemische Prozesse wie z. B. bei Wasserstoffpermeation untersuchen. Zum Teil werden auch Poren oder Rißbildung bei mechanischer Beanspruchung als Maß für die Haftfestigkeit herangezogen, was im Grundsatz eher einer Einsatzprüfung als einer Haftfestigkeitsprüfung entspricht.

11.2 Qualitative Tests

Die qualitativen Prüfmethoden vermitteln dem Praktiker meist einen ersten Eindruck von der Haftfestigkeit. Die Tests spiegeln häufig unverzichtbare Grundanforderungen an die funktionellen, dekorativen oder schutzgebenden Schichten wieder. Die Prüfungen beinhalten im wesentlichen das Reiben oder Hämmern der beschichteten Oberflächen, das Biegen der Werkstücke oder thermische Beanspruchungen beim Erhitzen und Abschrekken. Eine Normung dieser qualitativen Tests wurde für metallische Überzüge auf metallischen Grundwerkstoffen in *ISO 2819* (1980) vorgenommen. Berücksichtigt werden muß natürlich, daß für bestimmte Überzug/Grundwerkstoff-Systeme möglicherweise nur vereinzelte Tests einsetzbar sind. Dies zeigt beispielsweise auch die der erwähnten Norm *ISO 2819* (1980) beigefügte Aufstellung *(Tabelle 11.1)*.

11.2.1 Reiben (Preßglänzen)

Die Haftfestigkeit eines galvanischen oder aufgedampften Überzugs wird vom Praktiker häufig in einfacher Weise durch Reiben der Oberfläche mit einem harten Gegenstand geprüft. Bei schlechter Haftung lockert sich der Verbund Grundwerkstoff/Überzug und es sind Blasen zu beobachten oder es blättern Teile des Überzuges ab. Diese Prüfungen sind in verschiedenen Normen festgeschrieben und sollten auf dünne Schichten begrenzt werden.

Tabelle 11.1: Haftfestigkeitsprüfungen, die für unterschiedliche Überzugsmetalle geeignet sind

Haftfestigkeitsprüfung / Überzugsmetall	Cadmium	Chrom	Kupfer	Nickel	Nickel + Chrom	Silber	Zinn	Zinn-Nickel-Legierung	Zink	Gold
Preßglänzen	+		+	+	+	+	+	+	+	+
Kugelpolieren	+	+	+	+	+	+	+	+	+	+
Schälen (Löt-Verfahren)		+	+		+		+			
Schälen (Klebe-Verfahren)	+		+	+		+	+	+	+	+
Feilen			+	+	+		+			
Meißeln		+		+	+	+		+		
Anreißen	+		+	+	+	+	+		+	+
Biegen und Wickeln		+	+	+	+			+		
Schleifen und Sägen		+		+	+			+		+
Zug	+		+	+	+	+	+	+	+	

Tabelle 11.1 (Fortsetzung)

Haftfestigkeitsprüfung	Überzugsmetall	Cadmium	Chrom	Kupfer	Nickel	Nickel + Chrom	Silber	Zinn	Zinn-Nickel-Legierung	Zink	Gold
Thermoschock			+	+	+	+		+	+		
Tiefung (Erichsen)			+	+	+	+			+		
Tiefung (Flanschkappe)			+	+	+	+	+		+		
Kugelstrahlen					+		+				
Kathodische Behandlung		+			+	+					

So wird von der britischen Norm *BS 1224* (1959) das „Reiben mit dem Rand einer Kupfermünze" unter den folgenden Bedingungen festgelegt: Fläche 1 in² = 6.45 cm², 15 s Reiben mit einem Druck, der den Überzug bei jedem Strich zwar poliert, aber nicht durchschneidet. Eine schlechte Haftung führt zu losen Blasen, die mit fortschreitendem Reiben wachsen. Ist der Übergang außerdem spröde, reißen die Blasen auf und der Überzug blättert ab. In *BS 2816* (1957) ist ein ähnliches Prüfverfahren für Silberüberzüge angegeben: 3,2 cm² Fläche, 15 s Polieren mit einem Stein- oder Achatwerkzeug von 6,5 mm Durchmesser. Nach *ISO 2819* (1980) ist eine maximal 6 cm³ große Fläche mit einem glatten Werkzeug ungefähr 15x zu polieren. Ein geeignetes Werkzeug ist ein Stahlstab von 6 mm Durchmesser, mit glatter halbkugelförmiger Stirnfläche. Der aufgewendete Druck muß bei jedem Hub die Schutzschicht glänzen, darf sie aber nicht zerkratzen.

11.2.2 Kugelpolieren (Trommeln)

Beim bekannten Verfahren des Kugelpolierens in Poliertrommeln oder Vibratoren mit Stahlkugeln von ca. 3 mm Durchmesser und Seifenlösung als Schmiermittel kann die Beanspruchung bei dünnen Überzügen zu Blasen führen, wenn die Haftfestigkeit gering ist (vgl. *ISO 2819* (1980)). Ein entsprechendes, sehr altes Verfahren ist das Trommeln der Prüfteile mit Scheuersand [1].

11.2.3 Hämmern

Durch Beklopfen oder Hämmern werden verschiedene Beschichtungen auf ihre Haftung untersucht. Nach *DIN 2444* (1984) wird dies für Feuerverzinkungsschichten auf Stahlrohren angewandt. Bei leichtem Beklopfen mit einem 2,5 N schweren, abgerundeten Hammer darf der Überzug nicht abspringen. In *DIN 50978* (1985) ist eine neue Version des Gelenkhammertests beschrieben. Beim BNF-Adhäsionsprüfer wird ein elektromagneti-

scher Hammer benutzt. Der Hammerkopf mit 1,59 mm Durchmesser führt 1500 bis 6000 Schläge/min aus mit einem Einzelimpuls von 0,68 kg/s. Schlecht haftende Überzüge blättern innerhalb von 10 s ab oder geben Blasen.
Für sehr harte Schichten, wie die verschleißmindernden keramischen Schichten, wurde dieses Verfahren in dem Impulstest-Verfahren (Vibration Impact Test) weiterentwickelt. Hier wird die Probenoberfläche mit vibrierenden Hämmerimpulsen beaufschlagt, bis es zu einer Schichtschädigung mit Abplatzen kommt [2, 3].

11.2.4 Kugelstrahlen

Dem Hämmern verwandt sind die Kugelfall- oder Kugelstrahlprüfungen, bei denen eine Verformung der Schicht durch die Hämmerwirkung von Eisen- oder Stahlkugeln erzeugt wird, die unter dem Einfluß der Schwerkraft oder eines Druckluftstromes beschleunigt auf die zu prüfende Oberfläche auftreffen. Bei unzureichender Haftung wird der Überzug blasig. Im allgemeinen wird die erforderliche Intensität des Strahlens auf die Schichtdicke abgestimmt. Zur Kugelstrahlprüfung wird ein Rohr (150 mm lang, 19 mm Durchmesser) als Behälter für das Strahlmaterial mit einer Düse verbunden und Druckluft (0,07 - 0,21 MPa) angelegt. Der Abstand zwischen Düse und Probe soll zwischen 3 und 12 mm betragen *(ISO 2819,* 1980). Im Anhang dieser Norm ist auch eine für Silberüberzüge besonders geeignete Durchführung des Kugelstrahlens beschrieben.

11.2.5 Biegeprüfungen, Wickeltest

Biegeprüfungen zur Beurteilung der Haftfestigkeit sind so alt wie die Galvanotechnik selbst. Sie werden aber auch für die Prüfung von mit anderen Verfahren abgeschiedenen Schichten herangezogen. Voraussetzung ist natürlich eine ausreichende Verformbarkeit des Grundmaterials, und es ist leicht einzusehen, daß sie für Materialien wie gehärtete Stähle oder Keramiken nicht in Frage kommen können. Vergleichbare Ergebnisse werden nur erhalten, wenn die Prüfbedingungen möglichst genau festgelegt werden: Biegeradius, Zahl der Hin- und Herbiegungen, Biegegeschwindigkeit und möglichst auch die Temperatur. Im Fall von Drahtproben besteht der Biegetest i.a. aus dem Wickeln um einen definierten Dorn. Für bestimmte Bauteilbeschichtungen bestehen nationale oder internationale Normen oder auch technische Vorschriften von Großabnehmern *(s. Kap. 9.2.1 - 9.2.2).*

Die Biegeversuche werden meist mit der Hand oder mit Zangen durchgeführt. Dabei wird die Probe kraftvoll hin- und hergebogen, bis sie zerbricht. Biegegeschwindigkeit und Biegeradius können auch geregelt sein. Der Versuch erzeugt eine Scherspannung zwischen Grundwerkstoff und Überzug. Ein Abblättern, Ausbrechen oder Abschälen der Schicht zeigt geringe Haftfestigkeit an *(ISO 2819,* 1980).

Genauere Anweisungen für Biegeproben finden sich in verschiedenen Normen und Richtlinien: So werden Ni-P-Überzüge nach *DIN 65046* (1970) Teil 6 geprüft. Verzinkte Fernmeldebauteile aus Stahl mit 5 mm Dicke müssen entsprechend einer Bundespostrichtlinie *(FT 2737 TV,* 1. 1. 1960) um einen Kreisbogen $\geq 90°$ gebogen werden, dessen Radius nicht größer als die fünffache Materialdicke sein darf. Nach dreimaligem Hin- und Herbiegen ist der Kupfersulfat-Tauchtest durchzuführen, bei dem sich ein roter Niederschlag an den Stellen bildet, wo der Zinküberzug rissig wurde oder abblätterte.

Beim Wickeltest für beschichtete Drähte besteht die schärfste Probe in der Anwendung eines Dorns vom gleichen Durchmesser wie der zu prüfende Draht (am einfachsten Wikkeln um den Draht selbst). Entsprechend *DIN 51213* (1970) soll der Dorndurchmesser in einem Mehrfachen des Nenndurchmessers des Drahtes ausgedrückt und in Liefervorschriften festgelegt werden. Für verzinkten Stahldraht St14 sowie Rund- und Flachstahldrähte im Fernsprechbereich wurden z.B. nähere Vorschriften von der Bundespost erlassen. Grundsätzlich kann die Biegegeschwindigkeit, die Gleichmäßigkeit des Biegevorgangs und der Durchmesser des Stabes vereinheitlicht werden. Werden Streifen verwendet, so ist deren Länge und Breite vozuschreiben (*ISO 2819,* 1980). Der Überzug kann auf der Innen- oder Außenseite der Biegung oder Wicklung sein.

Eine ähnliche Beanspruchung wie beim Biegen entsteht beim Zugversuch. Hier wird das Bauteil durch Zug bis zum Bruch belastet. In der Nähe des Bruches ist meist eine geringfügige Rißbildung des Überzugs sichtbar, eine Ablösung darf jedoch nicht erfolgen. Zug- wie auch Biege- und Wickelversuche sind allerdings auf solche Grundmaterialien beschränkt, die eine plastische Verformung zulassen.

11.2.6 Feilprobe und Schleifprobe

Bei der Feilprobe wird der in einen Schraubstock eingespannte Prüfling an einer Ecke oder Kante angefeilt, als sollte der Überzug abgehoben werden. Eine grobe Feile wird dabei in Richtung vom Grundwerkstoff zum Überzug in einem Winkel von 45° bewegt. Der Überzug darf sich dabei nicht lösen. Für sehr dünne und weiche Überzüge ist dieser Test nicht geeignet (*ISO 2819,* 1980).

Eine ähnliche Beanspruchung entsteht, wenn das beschichtete Bauteil mit einer Schleifscheibe oder Bügelsäge so durchgetrennt wird, daß die Schnittrichtung vom Grundwerkstoff zur Schicht verläuft (*ISO 2819,* 1980). Zur qualitativen Prüfung wird die entstandene Grenzfläche mit der Lupe betrachtet.

11.2.7 Anreißversuch

Bei der Prüfung der Haftfestigkeit nach dem Anreißversuch werden mittels einer gehärteten Stahlnadel mit 30° scharfer Spitze zwei parallele Linien in einem Abstand von etwa 2 mm aufgerissen. Es ist genügend Druck aufzuwenden, damit der Überzug in einem einzigen Schnitt bis zum Grundmetall durchgetrennt wird. Dabei darf sich der Überzug zwischen den beiden Linien nicht ablösen (*ISO 2819,* 1980).

Die Haftung von Nickelüberzügen wird darüber hinaus nach der französischen Norm *NFA 91-101* mittels eines Graveurstichels geprüft. Es wird ein Quadrat von 15 mm x 15 mm gezogen, wobei mit dem Stichel der Überzug durchgetrennt wird, der dabei weder eine Ablösung noch ein Abschuppen zeigen darf.

Eine Abwandlung des Anreißtests besteht im Anbringen eines quadratischen Gitters mit einem Schnittabstand von 1 mm. Dabei wird beobachtet, ob sich der Überzug innerhalb dieser Fläche vom Grundwerkstoff löst (*ISO 2819,* 1980).

11.2.8 Wärmebehandlung

Die Erhitzung von mit Überzügen versehenen Teilen gehört zu den ältesten Beurteilungsmethoden der Galvanotechnik. Nicht nur die unterschiedlichen Ausdehnungskoeffizienten von Überzug- und Grundmaterial können zu inneren Spannungen mit der Folge von Schichtablösungen führen, sondern auch der Druck von Gasen oder verdampfenden Flüssigkeiten kann Trennungen oder Blasenbildung hervorrufen. Die Gase können z.T. auch durch Zersetzung von mitabgeschiedenen Zusätzen (z.B. für Glanz) entstehen. Zu beachten ist allerdings, daß sich bei den bis zu Temperaturen von 400 °C reichenden themischen Prüfungen die Eigenschaften der Überzüge ändern können. So kann Wasserstoff ausgetrieben werden, Kornvergrößerung eintreten oder die Bildung von Legierungsphasen zwischen Überzug- und Grundmaterial erfolgen. In letzterem Fall kann eine erhöhte Haftfestigkeit die Folge sein. In allen Fällen ist aber Vorsicht geboten, wenn bei Temperaturen geprüft wird, die von den vorgesehenen Einsatztemperaturen abweichen. Andererseits können natürlich Mängel, die im praktischen Einsatz erst nach langer Zeit auftreten würden, schon nach kurzzeitigen Beanspruchungen bei erhöhter Temperatur erkannt werden. Hilfreich kann auch ein Abschrecken in kaltem Wasser sein. Beispiele für thermische Ausdehnungskoeffizienten sind in *Tabelle 11.2* wiedergegeben.

Tabelle 11.2: Lineare Ausdehnungskoeffizienten

Gußeisen, grau	7,4	Silber	19,0
Chrom	8,1	Messing	7,4-19,2
Stahl	12,0	Aluminium	25,7
Nickel	13,0	Zinkguß	27,7
Kupfer	17,0	Blei	28,0
Bronze	18,8	Indium	56,0

Nach *ISO 2819* (1980) werden für die Thermoschockprüfung die in *Tabelle 11.3* wiedergegebenen Temperaturen für bedruckete Metalle empfohlen. Zur Prüfung wird mit Wasser abgeschreckt. Darüber hinaus wird für Silberüberzüge auf elektrischen Kontakten eine Prüfung bei 400 °C empfohlen [4]; nach 20 min darf keine Blasenbildung auftreten.

Tabelle 11.3: Temperaturen für den Thermoschockversuch

Grundwerkstoff	Überzugsmetall	
	Cr, Ni, Ni + Cr Cu, Sn-Ni	Sn
Stahl	300 °C	150 °C
Zn-Leg.	150 °C	150 °C
Cu, Cu-Leg.	250 °C	150 °C
Al, Al-Leg.	220 °C	150 °C

Erwähnt sei, daß die Haftung galvanischer Überzüge im allgemeinen durch Erhitzen verbessert wird, so daß bei solchen Prüfverfahren nicht die korrekte Haftfestigkeit im Beschichtungszustand aufgezeigt wird. Weiterhin kann eine Eindiffusion des Überzugsmetalls in den Grundwerkstoff zu einer spröden Schicht führen. In diesen Fällen wird das

Abblättern eher durch Bruch als Nichthaftung verursacht. Dies tritt beispielsweise bei Cu/Zn-Materialpaarungen auf.

11.2.9 Klebeband (Scotch tape)-Test

Für sehr geringe Haftfestigkeiten, wie sie beispielsweise für dekorative Überzüge auf Kunststoffen vorliegen, wird häufig ein Abreißtest mittels eines Kunststoffklebestreifens (z.B. Tesafilm, Scotch tape) verwendet. Dazu wird ein Klebestreifen möglichst hoher Haftkraft (etwa 8 N pro 25 mm Breite) aufgeklebt, wobei keine Luftblasen vorhanden sein dürfen. Nach 10 s wird der Klebestreifen wieder abgestreift. Zuvor wird mit einem Ritzmesser der zu prüfende Schichtteil eingeritzt, damit sich die Schicht mit den Klebestreifen ablöst *(Abb. 11.1)*. Wenn die Probe auf einer Waage oder einem Kraftmesser befestigt ist, kann man beim Abziehen des Klebestreifens die Haftkraft messen. Im Grundsatz ist diese Prüfmethode aber eher den qualitativen Verfahren zuzuordnen.

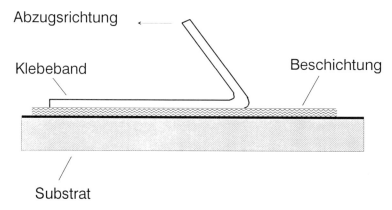

11.1: Klebeband-Test

11.2.10 Tiefungs- und Eindrucktests

Bei verformbaren Grundmaterialien lassen sich qualitative Aussagen zur Haftung von Überzügen auch durch die aus der Lackprüfung bekannten Tiefungstests (*Erichsen*-Test, Dornbiegeversuch *DIN 53152* (1985), *ISO 1520 (1982)*) gewinnen. Dabei wird mit Hilfe einer Art Stößel eine Verformung vom Überzug und Grundwerkstoff zu einem Näpfchen oder einer Kappe erzeugt. Unzureichend haftende Überzüge blättern nach wenigen mm Verformung vom Grundwerkstoff ab.

Beim *Erichsen*-Test wird ein Stempel von 20 mm Durchmesser mit einer Geschwindigkeit von 0,2 – 6 mm/s in die Probeplatte eingedrückt. Bei der *Romanov*-Prüfung wird eine herkömmliche Presse für das Ziehen verwendet. Die Prüfungen erfolgen meist bis zum Einreißen der Kappe.

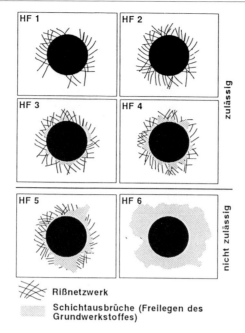

Abb. 11.2: Güteklasseeinteilung für den Eindrucktest bei Hartstoffschichten

In allen Fällen muß bei den Tiefungsversuchen bedacht werden, daß die Ergebnisse sowohl von der Duktilität der Schicht als auch der des Grundwerkstoffs bestimmt werden.
Aus dem Bereich der Prüfung von Hartstoffschichten stammt der für sehr harte und spröde Überzüge einsetzbare *Rockwell*-Eindrucktest. Dabei wird eine konventionelle Härteprüfung nach *Rockwell* C (*DIN 50103* Teil 1, (1972) vorgenommen, wobei die Schicht in der Umgebung des Härteeindrucks geschädigt wird. In der anschließenden lichtmikroskopischen Auswertung (V = 100:1) wird das Muster als entstandenes Rißnetzwerk bzw. der Schichtausbrüche anhand von Vergleichsabbildungen einer Haftfestigkeitsklasse (HF 1 – HF 6) zugeordnet *(Abb. 11.2)*. Bei HF 5 und 6 liegt keine ausreichende Haftfestigkeit vor. Dieser *Rockwell-T*est unterliegt allerdings starken Einschränkungen; das Substrat muß eine hohe Festigkeit ($R_m > 770$ N/mm²) haben und die Schicht muß härter als das Substrat sein. Vergleichbare Aussagen sind praktisch nur bei gleichen Werkstoffkombinationen möglich. Wegen der Einfachheit und leichten Durchführbarkeit ist der *Rockwell*-Test aber gut geeignet, unzureichende Haftfestigkeiten schnell zu erkennen. Erwähnt sei schließlich die VDI-Richtlinie *3198* (1991), die für Hartstoffschichtprüfungen Schichtdicken < 4 µm und Substrathärten > 54 HRC vorschreibt.

Härteindrücke zur Bestimmung der Haftung wurden auch mit *Vickers*diamanten durchgeführt [5].

11.2.11 Kathodische Beladung

Eine auf Nickel- und Chromüberzüge beschränkte Methode ist die kathodische Beladung mit Wasserstoff. Dabei wird der zu prüfende Gegenstand in 5 %iger Schwefelsäure (H_2SO_4) oder 5 %iger Natronlauge (NaOH) für Zeiten von 15 min bis zu mehreren

Stunden bei Raumtemperatur oder 60 °C behandelt. Der Wasserstoff diffundiert atomar durch die für ihn durchlässigen Schichten und rekombiniert an Fehlstellen im Grenzflächenbereich, was dort zur Blasenbildung führt. Nach der neuen Norm *ISO 2819* (1980) wird die Probe in 5 %iger NaOH für 2 min bei 10 A/dm² und 90 °C beladen. Nach 15 min dürfen sich noch keine Blasen bilden. Für die 5% H_2SO_4-Behandlung werden ebenfalls 10 A/dm² (60 °C) empfohlen. Schlecht haftende Schichten bilden nach 5 – 15 min Blasen.

11.3 Quantitative Prüfungen

Im Prinzip sollten quantitative Tests direkte Aussagen über die Haftfestigkeit von Überzügen bzw. Schichtverbunden auf den Grundwerkstoff ermöglichen. Dies ist bei einzelnen Zug- und Abscherversuchen der Fall. In anderen Prüfverfahren ergeben die quantitativen Daten zwar relative und reproduzierbare Informationen über das Verhalten des Schicht/Grundwerkstoff-Systems bei Haftfestigkeitstests, die Daten werden aber zusätzlich von Kennwerten der Materialien und möglicherweise der Schichtdicke beeinflußt. Die erhaltenen Zahlenwerte erlauben aber trotzdem eine Qualitätsangabe für Schichtsysteme vorgegebener Materialien und Dicke.

Prüfungen, die quantitative Aussagen über die Haftfestigkeit von Überzügen ermöglichen, sind im allgemeinen nur durchführbar, wenn die Überzüge eine bestimmte Dicke aufweisen und/oder auf bestimmten Probekörpern oder in bestimmten Formen abgeschieden werden. Zudem sind die qualitativen Tests meist zeit- und arbeitsaufwendig. Daher sind sie häufig für die unmittelbare Betriebskontrolle nicht geeignet, wenngleich absolute Werte für die Entwicklung von Überzügen und von Prozessen unabdingbar sind.

11.3.1 Abzugsversuch

Werden definierte Flächen des Überzugs senkrecht von dem Grundwerkstoff abgezogen und die benötigten Kräfte gemessen, so erhält man die Haftfestigkeit als Kraft pro Fläche (N/mm²), wenn die Trennung in der Grenzfläche erfolgte. Die Kraftübertragung geschieht dabei einerseits durch Aufkleben oder Auflöten eines Gegenkörpers über den ganzen Bereich der zu messenden Fläche. Allerdings ist in vielen Fällen die Bindung zwischen Grundmaterial und Überzug erheblich stärker als zwischen Überzug und Kleber. Andererseits kann durch entsprechende Formgebung des sehr dick abgeschiedenen Überzugs (einige mm) eine Angriffsfläche für die mechanische Kraftübertragung erzeugt werden.

Am bekanntesten ist der *Stirnzugversuch*, bei dem ein Gegenkörper (Aluminiumpilz, Keramikzylinder) oder ein gleichfalls beschichtetes Teil aufgeklebt wird und einer Zugbeanspruchung ausgesetzt wird (*DIN 50160*, 1990), *(Abb. 11.3)*. Die galvanisierten oder anders beschichteten Proben werden dazu meist in eine zylindrische Form gebracht. Für Laboruntersuchungen eignet sich auch das Aufkleben/-löten von Stumpen auf kleinen punktförmigen Schichtflächen (ca. 2 – 3 mm Durchmesser) [6] *(Abb. 11.4)*. Bei

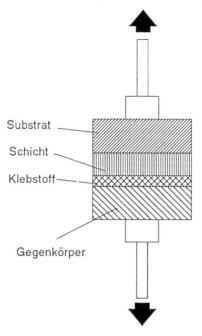

Abb. 11.3: Stirnzugversuch mit aufgeklebtem Gegenkörper

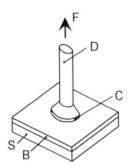

Abb. 11.4: Abzugstest mit Aufkleben bzw. -löten der Gegenkörper auf kleinen Schichtflächen
S = Substrat, B = Schicht, C = Kleber;
F = Zugkraft; D = Zugstift für Stirnabzugsversuch

einer Zugbeanspruchung senkrecht zur Probenoberfläche wird die Haft-Zugfestigkeit bestimmt, bei einer Beanspruchung parallel zur Oberfläche die Scher-Zugfestigkeit.

Im Gegensatz zu den bisher beschriebenen Abzugsproben wird bei der *Ollard-Probe* das Übergangsmetall in dicker Schicht (z. B. 2,5 mm) auf der Stirnfläche eines Stabes niedergeschlagen. Danach wird der Stab so abgedreht, daß der Überzug in Form eines ringförmigen Stückes freiliegt. In einer Zerreißmaschine wird dann die Kraft be-

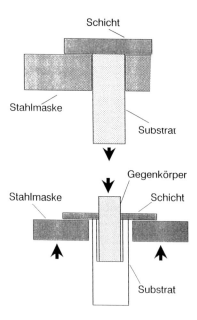

Abb. 11.5: *Ollard*-Probe für Abzugstest mit ringförmiger Stahlgegenform

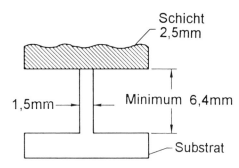

Abb. 11.6: Doppel-T-Proben-Test

stimmt, die notwendig ist, um den Stab durch Zug von unten von dem Überzug, der auf einer ringförmigen Stahlgegenform aufliegt, abzureißen *(Abb. 11.5)*. Zu beachten ist allerdings, daß die Kraftwirkung nur vom Rand her auf die Stirnfläche wirkt. Der *Ollard-Test* wurde verschiedentlich modifiziert. Von *William* und *Hammond* [7] wird eine spezielle Ausführung für Chromüberzüge beschrieben.

In ähnlicher Weise erfolgt die Probenherstellung für den *Doppel-T-Proben-Test* (engl.: I-Beam Test). Auch hier wird ein 2,5 mm dicker Überzug abgeschieden und das Grundmaterial bis auf einen Steg von 1,5 mm entfernt *(Abb. 11.6)*. Im Zugversuch wird dann die Abzugskraft bestimmt [8]. Sein Einsatz erfolgt bisher nur mit Edelstahlsubstraten [9].

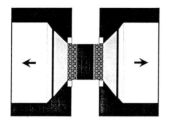

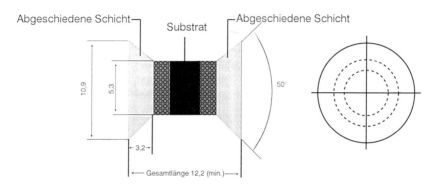

Abb. 11.7: Zugprobe mit konischem Kopf für dicke Schichten

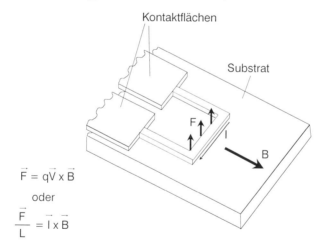

Abb. 11.8: Elektromagnetische Methode für Leiter auf nichtleitenden Grundmaterialien

Sehr dicke Überzugsdicken von etwa 5 mm werden für die Zugprobe mit konischen Köpfen benötigt, die beidseitig auf relativ dünnen Substraten (3 – 6 mm) abgeschieden und bearbeitet werden *(Abb. 11.7)* [8]. Beide Verfahren wurden für zahlreiche Metallüberzüge eingesetzt.

Bei der *elektromagnetischen Methode* zur Prüfung metallischer Überzüge auf nichtleitenden Grundmaterialien wird die Kraftwirkung auf einen stromdurchflossenen Leiter in einem Magnetfeld ausgenützt. Bei einer Magnetfeldanordnung parallel zur Substratoberfläche und senkrecht zum rechtwinklig U-förmigen Stromleiter wirkt die entstehende Kraft senkrecht nach oben, also als Zugbeanspruchung des haftenden Überzuges *(Abb. 11.8)*. Die Messung erfolgt mit Strompulsen. Dieser Test ist besonders für Leiterplatten und Mikroelektronikteile geeignet, weil die dort übliche Mikrostrukturierung zur Herstellung der Testproben eingesetzt wird. Eine grundsätzliche Begrenzung des Verfahrens ist durch das Aufheizen der Leiterbahn durch den Meßstrom gegeben, der zu dessen Längenausdehnung führt [10].

11.3.2 Abschältest

In der Art der Beanspruchung verwandt mit dem Klebestreifentest ist der Abschältest. Hierzu wird ein längerer Streifen aus dem beschichteten Material herausgetrennt und an einem Ende des Streifens der Überzug auf etwa 1 cm Länge freigelegt (Entfernen des Grundmaterials) und um 90 °C umgebogen. Die Probe wird über zwei Rollen in eine Zerreißmaschine eingespannt und die Metallfolie vom Untergrund abgeschält *(Abb. 11.9)*. Die Abziehkraft in N/cm Breite ist ein Maß für die Haftfestigkeit der Schicht.

Zum Teil müssen für bestimmte Überzug/Grundwerkstoff-Systeme spezielle Versuchsproben hergestellt werden. So wird beispielsweise für die Messung von Gold auf Nickel ein verkupfertes Messingblech vernickelt und das Ende des vernickelten Streifens passiviert (z. B. mit Chromsäure). Danach wird der gesamte Streifen vergoldet, und die Goldschicht noch mit Kupfer (30 µm) verstärkt. Der Teil des Überzuges über dem passivierten Bereich kann nun hochgebogen und in die oben beschriebene Apparatur eingespannt werden.

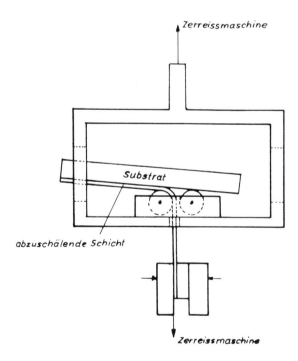

Abb. 11.9: Abschältest

Eine Umrechnung der Abschälkraft in eine reine Scherkraft ist kaum möglich, weil die abziehende Kraft teils als Stirnzugkraft und teils als Biegekraft zum Einsatz kommt.

11.3.3 Schertests

Allen Schertests ist gemeinsam, daß der Verbund durch eine Kraftwirkung parallel zur belasteten Ebene beansprucht und durch die entstehende Scherbeanspruchung zerstört wird. Dabei kann diese Beanspruchung durch Torsion oder lineare Zugkräfte erfolgen. In beiden Fällen müssen die beschichteten Substrate mit einem Gegenkörper in haftende Verbindung zueinander gebracht werden. In vielen Fällen erweist sich eine Verstärkung des Überzugs durch eine galvanische Verkupferung als vorteilhaft.

Beim *Torsionsschertest (Abb. 11.10)* wird ein Aluminiumblock auf den Überzug aufgeklebt, die Probe (meist Kunststoffgrundmaterial) in bestimmter Form gefertigt und anschließend in eine Torsionsmaschine eingespannt, und das zur Trennung Überzug/Grundmaterial benötigte Drehmoment gemessen. Die nach der Probenbearbeitung verbliebene ringförmige Kontaktfläche erlaubt eine optimale Messung der Scherkräfte.

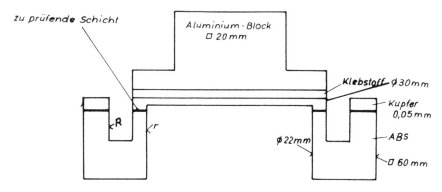

Abb. 11.10: Torsionsschertest mit ringförmiger Kontaktfläche

Beim *Scherversuch* werden die beiden Teile, beschichtetes Substrat und Gegenkörper, längs zueinander gezogen [11]. Bei hohen Haftfestigkeiten empfiehlt es sich, Bereiche geringer Haftung sozusagen als Kerben einzubringen, um den Rißfortschritt in der Grenzfläche Substrat/Überzug zu erreichen (vgl. [12] für Hartstoffschichten) *(Abb. 11.11 oben)*. Dies kann auch bei Biegebruchtests angewandt werden. Haftfestigkeitswerte werden dann aus der Brucharbeit erhalten, wenn der Riß entlang der Grenzfläche verläuft [13] *(Abb. 11.11 unten)*.

Mit den Scherversuchen verwandt sind die *Ringversuche*, bei denen der Überzug durch Ziehen oder Drücken von den zylindrischen Proben abgestreift wird. Hier wird anstelle einer Klebe- oder Lötverbindung die notwendige Scherbeanspruchung über einen Formkörper aufgebracht, der dem unbeschichteten bzw. entschichteten Probendurchmesser angepaßt ist *(Abb. 11.12)*. Die aufzuwendende Kraft zur Ablösung des Überzugs ist ein Maß für dessen Haftfestigkeit. Diese Verfahren lassen sich allerdings nur bei dickeren bzw. verstärkten Überzügen anwenden.

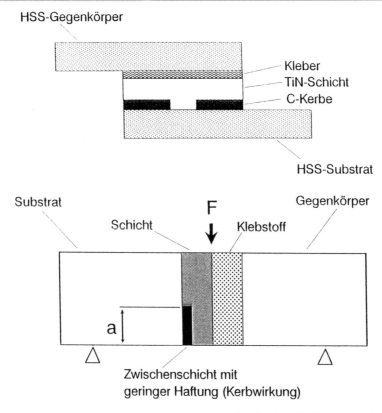

Abb. 11.11: Haftfestigkeitstest im Zugscherversuch (oben) und Biegeversuch (unten) von geklebten Proben mit Bereichen haftschwacher Oberflächen für Kerbwirkung

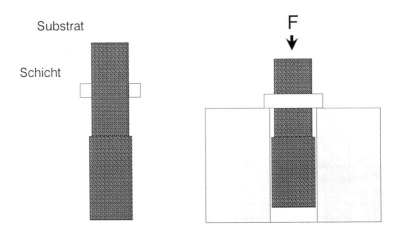

Abb. 11.12: Ringscherversuch mit Abscheren des Überzuges von zylindrischen Proben

Quantitative Prüfungen

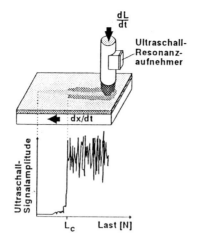

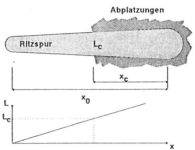

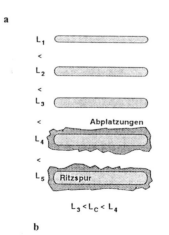

Abb. 11.13: Ritztest
Vermessung und Auswertung von Ritzspuren
oben: Meßaufbau schematisch
mitte: Ritztest mit kontinuierlich wachsender Last
unten: Ritztest mit wachsender Last, die von Spur zu Spur verändert wurde

11.3.4 Ritztest

Zur Prüfung von Verbunden zwischen harten Überzügen und (meist weicheren) Metallsubstraten eignet sich in besonderer Weise der Ritztest (Scratch test) [14, 15], der aber auch für Aufdampfschichten auf Glas eingesetzt wurde. Bei diesem Verfahren wird ein Diamant definierter Geometrie (i.a entsprechend der *Rockwell* C-Härteprüfung) in die

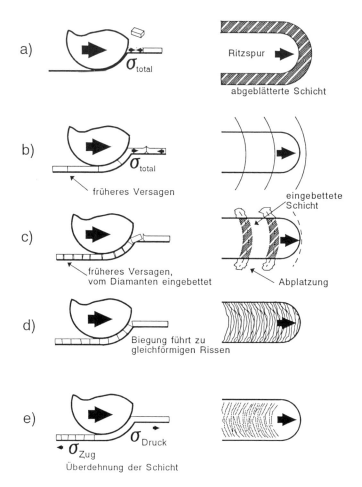

Abb. 11.14: Schematische Darstellung typischer Versagensmechanismen von Hartstoffschichten beim Ritztest
    a) großflächiges Abplatzen der Schicht,
    b) Schichtversagen durch Stauchung und Ablösung
    c) Schichtversagen durch Abplatzen oder Stauchung mit seitlicher Abplatzung
    d) Versagen durch Biegung der Schicht und Rißbildung
    e) Rißbildung in der Schicht durch Überschreiten der Zugfestigkeit

Oberfläche eingeritzt und die sich ergebende Schädigung beurteilt. Der Diamant wird mit vorgegebener Geschwindigkeit und vorgegebener Last über die Probe geführt. Diese kann entweder während des Versuchs konstant gehalten oder kontinuierlich erhöht werden. In *Abb. 11.13* ist die Auswirkung dieser Versuche schematisch dargestellt. Bei steigenden aber während des Ritzens konstanten Lasten wird sich ab einem bestimmten Lastwert ein Abplatzen der Schicht zeigen. Im Fall konstanter Lasterhöhung tritt dieser Fall bei einem bestimmten Lastwert ein, der als kritische Last L_c bezeichnet wird. Zum Teil werden zusätzlich die während des Versuches auftretenden akustischen Signale verfolgt. Dabei können Schichtschädigungen schon vor dem Abplatzen beobachtet werden. Die hier auftretende Last wird als L_{ca} bezeichnet. In die gemessenen L_c- bzw. L_{ca}-Werte gehen neben der Haftung die mechanischen Eigenschaften von Schicht- und Substratwerkstoff, Schichtdicke, Reibungskoeffizient und Versuchsparameter ein. Diese gemessenen Werte können daher keine Aussage über die Haftfestigkeit selbst, wohl aber über das Verhalten eines bestimmten Verbundsystems ergeben. Sind alle anderen Bedingungen jedoch gleich, so sind Unterschiede im Meßwert auf die Haftfestigkeit zurückzuführen. Die Versuche sind relativ schnell und einfach durchzuführen.

Für die praktische Beurteilung unterschiedlicher Werkstoffverbunde ist eine möglichst genaue Kenntnis des Versagensmechanismus wichtig. Schematisch kann dieser in fünf Typen dargestellt werden *(Abb. 11.14)* [16, 17, 18].

11.3.5 Weitere quantitative Tests

Beim Laser-Puls-Test wird mit einem gepulsten Laserstrahl in die Rückseite eines Substrat/Schicht-Verbundes Energie eingebracht und eine Schockwelle erzeugt [19]. Als Maß für die Haftfestigkeit kann die minimale Energiemenge herangezogen werden, die notwendig ist, damit die Schockwelle nach Durchlaufen der gesamten Grundmaterialdicke Abplatzungen und Delaminationen verursacht. Dieses überwiegend positiv bewertete Verfahren weist als Nachteile vor allem die hohen Kosten für die Prüfanlage und die erforderliche spezielle Probengeometrie auf.

Für sehr dünne (aufgedampfte) Metallfilme kann über einen Ultraschall-Resonator eine Schwingung auf die an dessen freiem Ende befestigte beschichtete Probe aufgebracht werden. Durch die während des Schwingens auftretende Beschleunigung kann es zum Abreißen der Schicht oder Teilen von ihr kommen. Die Frequenzen liegen beispielsweise im Bereich von 100 kHz [18]. Dieses Verfahren wird sich wohl kaum in der industriellen Praxis einführen, gibt aber doch Aussagen über die Haftung, da diese ja unabhängig von der Schicht- oder Überzugsdicke ist. Die Haftung sollte allerdings auch nicht zu fest sein.

In ähnlicher Weise kann die in einer Ultrazentrifuge auftretende Zentrifugalkraft zur Ablösung von Schichtteilen führen [19].

Schließlich sei hier nochmals der Vibration-Impact-Test angeführt. Bei ihm kann aus der Anzahl der Impulse eine, wenigstens halbquantitative, Aussage zur Haftfestigkeit gemacht werden, wenn alle anderen Schicht-Substrat-Parameter übereinstimmen [20, 21].

Literatur zu Kapitel 11

[1] Polleys, R. W.:50th Ann. Tech.Proc. Amer. Electroplater's Soc.(1963) 54
[2] Knotek, O.; Lugscheider, E.; Löffler, F.; Schrey A.; Basserhoff, P.: Surf. Coat. Technol.68/69 (1994) 253

[3] Bantle, R.; Matthews, A.: Proc. 4th Intern. Conf. Plasma Surface Engineering, Garmisch-Partenkirchen, 1994
[4] Keil, A. Werkstoffe für elektrische Kontakte, Springer-Verlag,Berlin, 1960, S. 180
[5] Sumomogi et al,: Thin Solid Films 79 (1981) 91
[6] Schmidbauer, S.; Hahn, J.; Richter, F.; Rother, E.; Jehn, H. A.: Surf. Coat.Technol. 59 (1993) 325
[7] Williams, C.; Hammond, R. A. F.: Trans. Inst. Metal Finish. 31 (1954) 124
[8] Dini, J. W.; Johnson, H. R.: Adhesion testing deposit-substrate combinations, in Mittal, K. L. (Ed.), Adhesion measurement of thin films, thick films and bulk coatings, ASTM, STP 640 (1978), S. 305
[9] Dini, J. W.; Johnson, H. R.: Plat. Sur. Finish. 64 (1977) Nr. 3, S.42; Nr. 4, S. 48
[10] Korngelb, S.: Electromagnetic tensile adhesion test methode, in Mittal, K. L.(Ed.), Adhesion measurement of thin films, thick films and bulk coatings, ASTM. STP 640 (1978) S. 107
[11] Korst,T,: Metallkleben, Vogel - Verlag, Würzburg, 1970, S. 58, Goland, M.; Reissner, E,: J. Appl. Mech. 3 (1944) A-17, Rasche, M. in Brockmann, W. (Hrsg.), Haftung als Basis für Stoffverbunde und Verbundwerkstoffe, DGM, Oberursel, 1987, S. 187
[12] Müller, D.; Cho, Y. R.; Berg, S.; Fromm, E,: Surf. Coat. Technol. 60 (1993) 401; J. Adhes. Sci. Technol. 7 (1993) 837; und Cho, Y. R.: Methoden zur Bestimmung der Haftfestigkeit und der Härte von gepufferten Titannitrid- und Aluminiumschichten auf HSS-Substraten, VDI Fortschr. Ber. Reihe 5, Nr. 355, VDI-Verlag, Düsseldorf, 1994
[13] Müller, D.; Cho, Y. R.; Fromm, E.: Thin Solid Films 236 (1993) 253
[14] Ahn, J.; Mittal R. H.; McQueen: Hardness and adhesion of filmed structures as determined by the scratch technique, in Mittal, K. L.(Ed.), Adhesion measurement of thin films, thick films and bulk coatings, ASTM, STP 640 (1978), S. 134
[15] Perry, A. J.: Surf. Eng. 2 (1986) 183
[16] Burnatt, P. J.; Rickerby, D. S.: Thin Solid Films 154 (1987) 403
[17] Bull, S. J.: Surf. Coat. Technol. 50 (1991) 25
[18] Hedenqvist, P.; Olsson, M.; Jacobson, S.; Söderberg, S.: Surf. Coat.Technol. 41 (1990) 31
[19] Vossen, J. L.: Measurements of film - substrate bond by laser spallation, in Mittal, K. L. (Ed.), Adhesion measurment of thin films, thick films and bulk coatings. ASTM, STP, 640 (1978), S. 122
[20] Faure, R.: Adhesion of granular thin films in Mittal, K. L. (ED.), Adhesion measurement of thin films, thick films and bulk coatings, ASTM, STP 640 (1978), S. 184
[21] Mittal, K. L.: Electrocomp. Sci. Technol. 3 (1976) 21

Normen

ISO 2819 (1980): Metallische Überzüge auf metallischen Grundwerkstoffen - Galvanische und chemische Überzüge - Überblick über die Methoden der Haftfestigkeitsprüfung

BS 1224 (1959): Electroplated coatings of nickel and chromium

BS 2816 (1957): Electroplated coatings of silver for engineering purposes

DIN 2444 (1984): Zinküberzüge auf Stahlrohren, Qualitätsnorm für die Feuerverzinkung von Stahlrohren für Installationszwecke

DIN 50978 (1985): Prüfung metallischer Überzüge; Haftvermögen von durch Feuerverzinken hergestellten Überzügen

DIN 51213 (1970): Prüfung metallischer Überzüge auf Drähten; Überzüge aus Zinn und Zink

NFA 91-101 (1985); Revetements metalliques et autres revetements nonorganique; depots electrolytiques de nickel et de chrome

DIN-ISO 1520 (1982): Anstrichstoffe; Tiefungsprüfung

DIN 65046 (1991) Teil 6: Luft und Raumfahrt; Prüfverfahren für den Oberflächenschutz; chemische und galvanische Beschichtungen

12 Messung des elektrischen Widerstandes

Funktionelle galvanische Schichten, die in der Elektrotechnik und Elektronik verwendet werden, müssen bestimmte elektrische Eigenschaften aufweisen. Wichtig sind u. a. der elektrische Widerstand und die elektrische Leitfähigkeit, die den reziproken Wert des Widerstandes darstellt. Sie sind nicht nur von der Art der Schichten, sondern in hohem Maße auch von den Bedingungen abhängig, unter denen diese hergestellt wurden.

Der spezifische elektrische Widerstand der galvanisch abgeschiedenen reinen Metalle sollte dem Normalwert des betreffenden Metalles entsprechen. Er wird jedoch sehr stark von der Anwesenheit von Verunreinigungen beeinflußt, die bei der galvanischen Metallabscheidung in die Schicht eingebaut werden [1]. Vor allem organische Verunreinigungen erhöhen den Widerstand. Von Einfluß sind auch Legierungsbestandteile und das Vorhandensein von inneren Spannungen, wie sie vor allem bei der Elektrokristallisation entstehen [2].

Die Messung des elektrischen Widerstandes dient daher nicht nur dem Nachweis der gewünschten Qualität der Schichten, sondern gestattet im Rahmen der Qualitätssicherung auch Rückschlüsse auf die Technologie ihrer Erzeugung.

12.1 Meßmethoden

Zur Messung der elektrischen Widerstandes einer Schicht werden drei verschiedene Verfahren benutzt:

- Die Messung mit Wirbelstrom
- Die Messung an Streifen der Metallschicht unter Anwendung des *Ohm'schen Gesetzes*
- Die Messung an Streifen der Metallschicht nach dem Gesetz von *Matthiessen*

12.1.1 Das Wirbelstromverfahren

Beim Wirbelstromverfahren wird eine in einer Meßsonde befindliche Spule von einem hochfrequenten Wirbelstrom durchflossen. Setzt man die Sonde auf die Oberfläche eines Nichteisenmetalles, ändert sich der Scheinwiderstand der Spule in Abhängigkeit von der elektrischen Leitfähigkeit, die daher über diesen Wert berechnet werden kann *(Abb. 12.1)*.

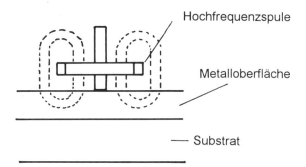

Abb. 12.1: Sonde zum Messen des spezifischen Widerstandes mit Wirbelstrom

Bei der Messung ist es wichtig, daß die Metallsonde auf dem Gegenstand aufliegt. Durch die hohe Meßfrequenz ist die Eindringtiefe des Meßfeldes gering. Trotzdem ist aber darauf zu achten, daß die auf dem Probeblech abgeschiedene Schicht genügend dick ist. Es ist vorteilhaft, als Grundmaterial für das Probeblech ein Nichteisenmetall zu wählen, welches ungefähr die gleiche Leitfähigkeit besitzt wie die zu messende Schicht.

Die erforderliche Mindestschichtdicke kann nach folgender Gleichung berechnet werden:

$$d_{min} = 75000 \times \sqrt{\rho}$$

d = minimale Dicke in µm
ρ = spez. Widerstand in Ω cm

Beispiel für eine Kupferschicht: $\rho = 1{,}58 \times 10^{-6}\ \Omega$ cm

$$d = 75000 \times \sqrt{1{,}58 \times 10^{-6}} \cong 100\ \mu m$$

Das Verfahren eignet sich vor allem zur Kontrolle der Zusammensetzung abgeschiedener Legierungsschichten, beispielsweise einer Gold-Kupfer-Legierung, da eine Abweichung von der Soll-Legierungszusammensetzung erhebliche Veränderungen des spezifischen Widerstandes zur Folge hat.

12.1.2 Messen nach dem *Ohm'schen* Gesetz

Bei dieser Messung werden aus Folien, die nicht haftfest abgeschieden worden sind *(s. Kap. 9.2.1.1)* Streifen von ca. 10 × 1 cm geschnitten. Die Streifen werden dann in das in *Abb. 12.2* schematisch dargestellte Gestell eingespannt.

Durch den Streifen läßt man einen elektrischen Strom fließen und kann dessen elektrischen Widerstand aus der sich einstellenden Spannung berechnen, Mit Hilfe der Maße des Streifens und des *Ohm'schen* Gesetzes berechnet man dann den spezifischen Widerstand ρ nach folgenden Gleichungen:

$$R = \frac{U}{I}$$

$$\frac{U}{I} = \frac{l_1}{b \times d} \times \rho$$

$$\rho = b \times d \times U / l_1 \times I$$

R = Widerstand
U = Spannung
I = Stromstärke
l_1 = Meßlänge des Streifens *(s. Abb. 12.2)*
b = Breite des Streifens
d = Dicke des Streifens

Es muß unbedingt darauf geachtet werden, nach der in der *Abb. 12.2* dargestellten Vierpol-Methode zu arbeiten, da ansonsten der Kontaktwiderstand durch die zuführenden Elektroden eine viel höhere Spannung erzeugt, als dem Widerstand der geprüften Schicht entspricht.

Die genaue Bestimmung der Foliendicke ist eine der Voraussetzungen für verwendbare Ergebnisse. Trotzdem die Foliendicke mit Hilfe eines elektronischen Mikrometers mit

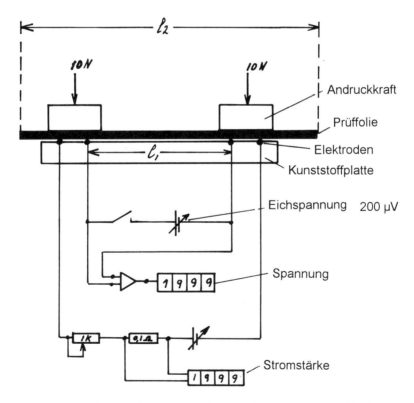

Abb. 12.2: Schematische Darstellung der Messung des spezifischen Widerstandes nach dem *Ohm'schen* Gesetz

einer Genauigkeit von ± 0,5 µm gemessen werden kann, entsteht bei dünnen Folien von beispielsweise 10 µm Dicke ein Fehler von ± 5 %. Deswegen ist es bei solchen und dünneren Folien angebracht, ihre Dicke aus der Wägung zu bestimmen:

$$G = l_2 \times b \times d \times D$$

$$d = \frac{G}{l_2 \times b \times D}$$

D = Dichte des Metalles (Bestimmen nach *Kap. 2.2* oder aus Tabellen)
G = Gewicht der Folie
l_2 = Weglänge der Folie *(s. Abb. 12.2)*

Eine verbesserte Anordnung zur Messung des spezifischen Widerstandes mit metallisierten Stäben aus ABS-Kunststoff ist in den *Abb. 12.3* und *12.4* dargestellt. Die ABS-Stäbe

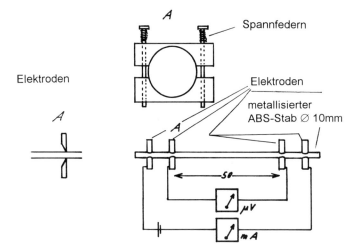

Abb. 12.3: Schema einer Anordnung zum Messen des spezifischen Widerstandes an Rundstäben

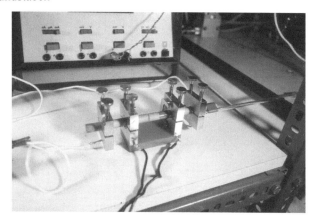

Abb. 12.4: Anordnung zum Messen des spezifischen Widerstandes an Rundstäben

werden zuerst chemisch vernickelt und dann mit der zu messenden galvanischen Schicht versehen. Einige der Stäbe werden zum Vergleich ohne galvanische Schicht gemessen, um ihren elektrischen Widerstand festzustellen.

Die Berechnung erfolgt nach folgender Gleichung:

$R_m = R_g - R_u$

R_m = Widerstand der galvanischen Schicht
R_g = Gesamtwiderstand
R_u = Widerstand des chem. vernickelten Substrats

12.1.3 Messen nach dem Gesetz von *Matthiessen*

Das Gesetz von *Matthiessen* [3] besagt, daß sich eine Gerade, welche die Funktion des spezifischen Widerstandes und der Temperatur darstellt, um einen Wert „Z" verschiebt, wenn das Metall innere Spannungen aufweist, wenn andere Metalle hinzulegiert sind oder wenn es verunreinigt ist *(Abb. 12.5)*.

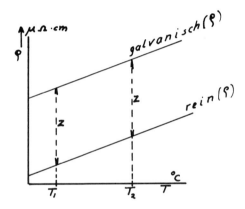

Abb. 12.5: Die Abhängigkeit des spezifischen Widerstandes von der Temperatur (K) verschiebt sich durch Verunreinigungen und innere Spannungen

Die Bestimmung nach dieser Methode wird benutzt, wenn es nicht darauf ankommt, den Wert des spezifischen elektrischen Widerstandes zu messen, sondern wenn nur festgestellt werden soll, ob sich dieser durch einen der genannten Einflüsse nicht geändert hat. Wenn es also lediglich um die Überwachung der Abscheidungstechnologie aus dieser Sicht geht, kann man es vermeiden, den geänderten Wert des spezifischen Widerstandes jeweils aufwendig erneut zu bestimmen und sich auf die Feststellung des Z-Wertes beschränken [4].

Der Wert „Z" läßt sich nach folgender Formel berechnen:

$$Z = \frac{\rho_1^{r2} \times R_1 - \rho_2^{r1} \times R_2}{R_2 - R_1}$$

R_1 und R_2 sind die elektrischen Widerstände der Metallfolie bei den Temperaturen T_1 und T_2. Sie werden in einer in *Abb. 12.6* schematisch und in *Abb. 12.7* im Bild dargestellten Einrichtung gemessen.

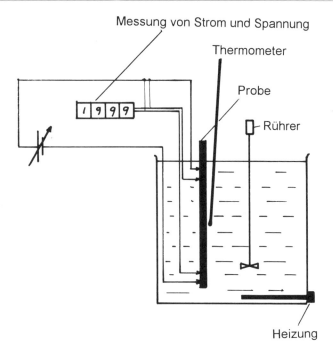

Abb. 12.6: Messung des spezifischen elektrischen Widerstandes bei verschiedenen Temperaturen

Abb. 12.7: Anordnung zur Messung des spezifischen Widerstandes bei verschiedenen Temperaturen

Die Folien tauchen in niedrig viskoses Silikonöl, das es gestattet, sie mit einer Genauigkeit von ± 0,1 °C auf die Temperaturen T_1 und T_2 zu temperieren; die spezifischen Widerstände der reinen Metalle bei den Temperaturen T_1 und T_2, ρ_1 und ρ_2 werden aus der Literatur entnommen.

Die Spannung und der Strom können mit Hilfe entsprechender Digitalmeßgeräte mit einer Genauigkeit von ca. 0,1 % ermittelt werden. Bei guter Durchmischung ist es möglich, die Temperatur im Ölbad mit einer Genauigkeit von 0,1 °C konstant zu halten. Zur Bestätigung kann man die Anordnung außerdem von Zeit zu Zeit mit Streifen aus reinem Gold oder Silber eichen.

Aus den genannten Gründen und dem Umstand, daß die Z-Werte bei Veränderungen in galvanischen Bädern verhältnismäßig groß sind, reicht die Zuverlässigkeit des Verfahrens zum Nachprüfen galvanischer Bäder voll aus. *Tabelle 12.1* enthält als Beispiele einige vom Autor in der beschriebenen Apparatur gemessenen Z-Werte.

Tabelle 12.1: Z-Werte für einige Schichtmetalle

Schicht	Z-Wert µΩ×cm
Gold	
Reines Gold	0,01
Gold 24 Kt	0,40
Gold-Nickel	1,87
Gold-Cobalt	2,99
Gold-Silber	5,22
Silber	
Reines Silber	0,08
Silber aus cyanidhaltig. Bad	0,24
Silber, aus cyanidfreiem Bad	2,12
Kupfer	
Reines Kupfer	0,00
Chemisch -Kupfer	0,16
galvanisches Kupfer	2,12
Nickel	
Reines Nickel	0,06
Halbglanz-Nickel	1,25
Hochglanz-Nickel	4,46
Chemisch-Nickel	3,83

Um Schichten aus unterschiedlichen Metallen miteinander vergleichen zu können, bezieht man die Z-Werte auf den spezifischen Widerstand des jeweiligen reinen Metalles bei 20 °C und erhält den sogenannten „K"-Wert nach der Funktion:

$$K = \frac{Z}{\rho_{r20}} \times 100\%$$

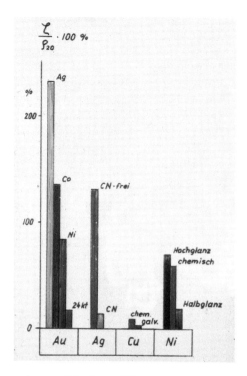

Abb. 12.8: Abweichungen des spezifischen Widerstandes (K-Werte) einer Metallschicht vom Wert für das reine Metall in Prozenten

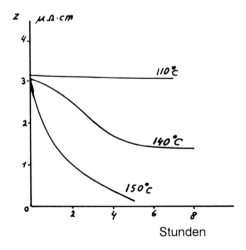

Abb. 12.9: Einfluß des Temperns einer Silberschicht auf ihren spezifischen Widerstand

Die Z-Werte aus *Tabelle 12.1* sind in *Abb. 12.8* als K-Werte dargestellt. Auffallend ist der Einfluß der Legierungszusätze bei Goldschichten und der Glanzzusätze bei Nickelschichten. Wie groß der Einfluß der Temperzeit und Tempertemperatur einer Silberschicht ist, ist aus *Abb. 12.9* zu ersehen.

Aus dem Dargelegten ist ersichtlich, daß mit Hilfe der regelmäßigen Bestimmung der Z- bzw. der K-Werte kontrolliert werden kann, ob die abgeschiedene Legierung den gewünschten Werten entspricht, ob zu hohe Mengen an Glanzzusätzen eingebaut worden sind oder ob sich etwa Zersetzungsprodukte der Zusätze angereichert haben. Dadurch ist die Messung nach *Mathiessen* eine geeignete Methode zur Qualitätssicherung einer galvanischen Fertigung von funktionellen Schichten, bei denen definierte elektrische Eigenschaften gefordert werden.

Literatur zu Kapitel 12

[1] Halla, F.: Kristallchemie und Kristallphysik metallischer Werkstoffe, Johann Ambrosius Barth Verlag, Leipzig 1951
[2] Justi, F.: Leitungsmechanismus und Energieumwandlung in Festkörpern, Verlag Vandenhoek und Ruprecht, Göttingen, 1965
[3] Mathiessen und Vogt: Ann. Phys. Chemie 122 (1884), S. 19
[4] Rolff, R.: Metalloberfläche 31 (1977), 12, S. 559

13 Prüfungen an anodisch erzeugten Oxidschichten auf Aluminium

Eine allgemeine Übersicht über Schichtdickenmessungen, Begriffsbestimmung, Meßverfahren und Durchführung der Messungen geben die Normen *DIN 50 982* (1987) *(ISO 3882)* Messung von Schichtdicken; allgemeine Arbeitsgrundlagen, Teil 1: Begriffe über Schichtdicke und Oberflächenmeßbereiche; Teil 2: Übersicht und Zusammenstellung gebräuchlicher Meßverfahren; Teil 3: Auswahl der Verfahren und Durchführung der Messungen.
Zu Grundlagen und Ausführung der Schichtdickenmessung siehe auch *Kapitel 3*

13.1 Schichtdickenmessungen von Aluminiumoxid-Schichten

Von einer ganzen Reihe von Methoden, die zum Bestimmen der Dicke anodischer Oxidschichten entwickelt wurden, finden heute nur zwei zerstörungsfreie und ein nichtzerstörungsfreies praktische Anwendung:

Zerstörungsfreie Verfahren

- Wirbelstromverfahren
- Lichtschnittmikroskop

Nichtzerstörungsfreies Verfahren

- Lichtmikroskopisches Ausmessen von Schliffen

13.1.1 Wirbelstromverfahren *DIN 50984* (1978), *ISO 2360* (1982)

Als Routineverfahren kommt heute nur die Wirbelstrommethode (engl. eddy current) in Betracht. Diese beruht darauf, daß ein hochfrequentes Wechselfeld in ein leitendes Material eingestrahlt wird, dort durch sogenannte elektromagnetische Induktion einen kreisförmigen Stromfluß hervorruft, der wiederum Rückwirkung auf die einstrahlende Sonde bewirkt. Diese Rückwirkung ist abhängig von einer Reihe von Faktoren, z.B. der Frequenz, der elektrischen Leitfähigkeit des Metalls, der Geometrie der Sonde sowie dem Abstand Sonde – Metall. Da dieser Abstand durch die (elektrisch nichtleitende und un-

magnetische) anodische Al-Oxidschicht bestimmt wird, ist somit (nach entsprechender Kalibrierung) eine schnelle und einfache Schichtdickenmessung möglich.
Nähere Angaben zu dieser Methode s. *Kap. 3.4.4.3*.

Bei der Messung an Oxidschichten sind folgende Einflüsse zu berücksichtigen:
- Leitfähigkeit des Grundmetalls (Al-Legierung);
- Komplizierte Geometrien, z.B. Sacklöcher, Bohrungen, Gewinde, Nute und dergleichen, gekrümmte Oberflächen;
- zu dünne Schichten (< 0,5 µm);
- Randeffekte;
- zu dünnes (deformierbares) Grundmetall (Bleche, Folien), wodurch Verformungen beim Meßvorgang durch zu starkes Eindrücken des harten Meßkopfes der Meßsonde (mit bloßem Auge nicht unbedingt sichtbar) entstehen können. Zusätzlich ist bei Grundmetalldicken < 1 mm noch eine elektrische Rückwirkung auf den Meßvorgang möglich;
- Temperatureinfluß auf die Meßergebnisse ist nur gering;
- Rauhigkeit der Oberfläche spielt eine Rolle;
- keine größeren ferromagnetischen Teile oder stärkere elektromagnetische Felder dürfen auf die Meßoberfläche einwirken.

Das Wirbelstromverfahren ist keine Absolutmethode. Für komplizierte Anwendungsfälle ist die Methode mit Hilfe unabhängiger Verfahren zu eichen. Je nach verwendetem Meßgerät können Schichten von ca. 0,5 µm bis zu 1000 µm gemessen werden (in der Praxis kommen bei hartanodischen Schichten nur in Ausnahmefällen einige 100 µm vor). Es gibt Spezialsonden für verschiedene komplizierte Meßgeometrien wie Hohlräume (z.B. die Innenseite von Rohren), Gewindebohrungen u. dergleichen.

Die jeweiligen Eichungen für ein spezielles Meßproblem können bei den heutigen Geräten gespeichert und nach Bedarf wieder abgerufen werden. Außerdem ist bei der in höherwertigen Geräten eingebauten Elektronik der Anschluß eines Druckers bzw. der Anschluß an Computersysteme zur weiteren Dokumentation und Datenverarbeitung möglich.

Die im allgemeinen säurefesten Meßköpfe können verwendet werden, um während der Anodisation an dem noch säurebehafteten Anodisiergut Schichtdickenmessungen vorzunehmen.

Der Tatsache, daß Schichtdickenmessungen auch an elektrolytisch mit Schwermetallen oder durch Tauchfärbung gefärbten anodischen Al-Oxidschichten ebenso wie am Ende des gesamten Behandlungsablaufes nach dem Verdichten (sealing) möglich sind, kommt eine große praktische Bedeutung zu.

13.1.2 Lichtschnittmikroskop *DIN 50948, ISO 2128* (1976)

Das Lichtschnittverfahren ist als Absolutmethode zu betrachten, wenn man einen bestimmten Wert des optischen Brechungsindex zugrunde legt (1,59 bis 1,62). Eine detaillierte Beschreibung ist in *Kapitel 3.5.1.4* gegeben.

Der Meßvorgang besteht in der mikroskopischen Ausmessung der Verschiebung der beiden Lichtstrahlen, d. h. der Breite des auftretenden Lichtbandes, mittels des eingebauten Meßmikroskops. Der optische (nicht der geometrische) Wegunterschied geht in die

Messungen ein. Der optische Wegunterschied ergibt sich aus dem geometrischen durch Multiplikation mit dem Brechungsindex.

Der Meßbereich des Lichtschnittverfahrens bewegt sich von etwa 1 µm bis zu einigen 100 µm. Die Meßunsicherheit beträgt im allgemeinen ± 10 % vom Meßwert. Für Schichtdicken kleiner 15 µm ist nach DIN 50948 eine absolute Meßunsicherheit von ± 1,5 µm anzunehmen (für statistische Sicherheit von 95%).

Folgende Schichteigenschaften können die Meßergebnisse verfälschen:

Zu dünne Schichten:

Gegenseitige Verschiebung der beiden Strahlen ist zu gering

Zu dicke, zu dunkle oder zu trübe Schichten:

Die Lichtschwächung ist zu groß, es wird nicht mehr hinreichend viel Licht reflektiert um ein Lichtband erkennen und ausmessen zu können

Die Durchführung der Messung ist an folgende Voraussetzungen gebunden:
- Die Teile müssen unter das Mikroskop gebracht werden bzw. das Mikroskop muß an der entsprechenden Meßstelle aufgesetzt werden können;
- Bei gekrümmten Teilen ist die Krümmung zu berücksichtigen;
- Komplizierte Geometrien (z.B. Innengewinde) sind vom Lichtstrahl i.a. nicht erreichbar.

Je transparenter die Oxidschicht und je reflektierender die Metallgrundfläche ist, desto besser ist die Messung durchführbar.

13.1.3 Lichtmikroskopische Ausmessung an Schliffen *DIN 50950* (1984), *ISO 1463* (1982)

Hierzu muß ein entsprechender Abschnitt des zu untersuchenden Probenstückes herausgeschnitten werden. Dieses Teil wird dann u.U. noch weiter zersägt, bis es die geeignete Größe besitzt, und wird dann in einer Gußform in eine geeignete Kunststoffmasse eingebettet. Nach Aushärten des Kunststoffes wird die Oberfläche des Untersuchungsobjektes mit verschiedenen Schleif- und Poliermitteln abnehmender Korngröße bearbeitet, u. U. anschließend noch geätzt, bis unter dem Lichtmikroskop bei Vergrößerungen von einigen 100 x bis zu 1000 x die anodische Al-Oxidschicht betrachtet und ausgemessen werden kann. An solchen Querschliffen können darüber hinaus Mikrohärtemessungen über die Schichtdicke vorgenommen werden. Weiterhin sind im Raster-Elektronenmikroskop (REM) detaillierte Strukturuntersuchungen und mittels des EDX-Verfahrens auch Elementverteilungen in der Oxidschicht sowie dem Grundmetall durchführbar.

Zur Herstellung der Schliffe s. auch *Kapitel 2.3.4*, zur Durchführung der Messung *Kapitel 3.5.1.1*.

Zur Dokumentation werden in der Regel Aufnahmen von den Schliffen (Film; Video) gemacht, dies ist vor allem bei Schadensfall-Untersuchungen angebracht. Dadurch ist es möglich, den Schichtdickenverlauf über größere Bereiche zu verfolgen.

Diese Methode verlangt spezielle Kenntnisse, Erfahrungen und Ausrüstung und ist meist nur hierfür spezialisierten Abteilungen in größeren Firmen oder Forschungsinstituten vorbehalten.

13.2 Messung des Scheinleitwertes *DIN 50949*

Anodische Aluminiumoxid-Schichten, die auf die Dauer korrosions- und witterungsbeständig sein sollen, müssen als letzten Verfahrensschritt verdichtet („gesealt") werden. Dies bedeutet, daß die wachstumsbedingten Poren, die von der Oxidoberfläche senkrecht bis fast zur Metalloberfläche hinabreichen (dazwischen liegt noch die sehr dünne, aber porenfreie, sogenannte Sperrschicht) geschlossen werden müssen, damit sich keine korrosionsfördernden Stoffe in den Poren ablagern können. Dies kann heute auf verschiedene Weise geschehen: mittels klassischer Ni-Acetat-Heißwasserverdichtung, Heißwasserverdichtung mit belagverhindernden organischen Zusätzen (T ≥ 98 °C, 3 min/µm) oder in neuerer Zeit durch die sogenannte „Kaltverdichtung", besser „Kaltimprägnierung" genannt.

Die Korrosionsbeständigkeit von anodischen Aluminiumoxid-Schichten ist wesentlich von der Vollständigkeit der Ausführung des Sealingvorganges abhängig. Da man der Oxidschicht die Art des Verdichtens nicht ansieht, ist eine zerstörungsfreie Prüfmethode erforderlich. Diese hat man schon in den sechziger Jahren in der sogenannten Scheinleitwertmethode gefunden. Hierbei handelt es sich um die Messung der komplexen Wechselstromleitfähigkeit, welche von der Schichtdicke, der Meßfläche, der Meßfrequenz, in geringem Maße von der Temperatur und wesentlich von der Behandlung der Oxidschicht beim Verdichtungsvorgang abhängt. Zur Durchführung wird einmal das Al-Grundmetall mit einer Zwinge kontaktiert, die sich in das Metall einbohrt und imstande ist, auch die mit einer Oxidschicht bedeckten Stellen zu durchbrechen (lediglich an dieser einen punktförmigen Stelle ist die Methode nicht zerstörungsfrei). Die eigentliche Meßfläche stellt eine kleine elektrolytische Zelle dar, die aus einem aufklebbaren Moosgummiring einer bestimmten Fläche besteht, in den zur Kontaktierung der Oxidoberfläche eine neutrale Elektrolytlösung, nämlich 3,5 % Kaliumsulfatlösung, mittels einer Tropfflasche aufgebracht wird. In diese Lösung taucht ein metallischer Kontaktstift des Meßgerätes ein, der nur die elektrische Ableitung der Meßzelle zum Gerät darstellt (dieser Kontaktstift wird manuell in die Meßflüssigkeit getaucht). Die Ablesung am Scheinleitmeßgerät erfolgt nach einer Elektrolyt-Einwirkzeit von 5 min (normalerweise ändert sich der Meßwert aber bereits nach ca. 1 min praktisch nicht mehr).

Für Meßflächen (Moosgummiringe), die von der Standardgröße $\varnothing$ 13 mm = 1,33 cm² Fläche abweichen (z.B. 6 mm $\varnothing$ = 0,28 cm²; $\varnothing$ 26 mm = 5,30 cm² Fläche), gibt es Umrechnungsfaktoren (in Gerätebeschreibungen angegeben). Für von der Standardschichtdicke 20 µm abweichende Schichtdicken gilt die Näherungsformel:

$Y_{20} = Y_{gem} \times d - 3 \text{ µm}/17 \text{ µm}$
d = Schichtdicke in µm
Y_{gem} = gemessener Scheinleitwert
Y_{20} = auf 20 µm Schichtdicke umgerechneter Scheinleitwert

Die Meßtemperatur beträgt 25 °C. Bei Abweichungen von ± 10 °C davon sollte eine Korrektur vorgenommen werden (Korrekturfaktoren sind den Geräteunterlagen zu entnehmen). Die Messung soll innerhalb von 48 h nach der Beendigung des Verdichtungsvorganges erfolgen, da sich sonst bereits der natürlich ablaufende Verdichtungsvorgang der Oxidschicht bemerkbar macht.

Eine Legierungsunabhängigkeit des Y-Wertes kann bei kupfer- und manganhaltigen Legierungen auftreten, vergleichbar den dunklen elektrolytisch gefärbten Oberflächen.

Bei der Messung ist zu beachten, daß der Moosgummiring (die „Kopplungszelle") auch wirklich dicht auf der Meßoberfläche aufsitzt, damit ein Durchsickern der Meßflüssigkeit vermieden wird, sonst kommt es zu driftenden Meßwerten. Ein Überlaufen der Meßzelle ist ebenfalls zu vermeiden.

Als akzeptierbarer Y-Wert für gut verdichtete anodische Oxidschichten gilt ein Wert von ≤ 20 µS, bezogen auf Standardbedingungen. Bei elektrolytisch im Zweistufenverfahren mit Schwermetallen dunkelbronze bis schwarz eingefärbten Oxidschichten wird dieser Wert in der Regel wesentlich überschnitten, ohne daß die Oxidschichten Mängel aufweisen müßten. Meßbare Farbtöne sind C-0 bis C-32. Im Zweifelsfall ist hier der Schiedstest heranzuziehen, siehe *Kap. 13.4*. Zur Zeit gibt es keine Methode, die Schwierigkeiten mit dem zu hohen Scheinleitwert bei dunklen (elektrolytisch erzeugten) Farbtönen zu beheben.

13.2.1 Besonderheiten bei kaltimprägnierten Teilen

Beim Kaltimprägnieren („Kaltverdichten") [1] werden wäßrige Mischungen aus Nickelfluorid (1,2 – 2,0 g/l Ni^{2+} mit 0,5 – 0,8 g/l freiem Fluorid) und organischen Substanzen wie beispielsweise höheren Alkoholen mit relativ kurzen Behandlungsdauern von 0,8 – 1,2 min/µm bei niedriger Temperatur von 25 – 30 °C verwendet. Statt von einer Kaltverdichtung spricht man besser von einer „Kaltimprägnierung", da der hierbei ablaufende Reaktionsmechanismus ein anderer ist als bei der normalen Heißwasserverdichtung. Während des Reaktionsvorgangs der Kaltimprägnierung wird durch eine pH-Wert-Verschiebung sowohl unlösliches Ni-Hydroxid in den Poren und den Porenwänden niedergeschlagen, als auch die Bildung unlöslicher Al-Fluor-Verbindungen durch die damit verbundene Freisetzung von Fluoriden bewirkt. Der üblicherweise zugesetzte längerkettige Alkohol soll die Ausbildung der sehr beständigen Kaltimprägnierungs-Reaktionsschichten fördern, z.B. durch die verringerte Oberflächenspannung der Imprägnierungsmischung. Dadurch bedingt soll ein verbessertes Eindringen, eine Erhöhung der Löslichkeit eventuell zugesetzter organischer Begleitstoffe sowie eine chemische wie adsorptive Bindung zwischen Aluminium und Alkoholgruppen gewährleistet werden.

Wegen der langsam ablaufenden Reaktionen, die sich über Wochen bis Monate hinziehen können, bis die Änderungen so gering werden, daß sie nicht mehr ins Gewicht fallen, sind die normalen Scheinleitwertprüfungen, daneben Farbtropfentest und Abtragstest, nicht unmittelbar nach dem Ende des Imprägniervorganges einsetzbar, sondern frühestens 8 Stunden danach.

Zur Verbesserung der Prüfbarkeit der kaltimprägnierten anodischen Al-Oxidschichten wurde nach *Qualanod* ein zweistufiges Imprägnierverfahren eingeführt, das aus einer z.B. 10 minütigen Behandlung in der Imprägnierlösung mit einer nachgeschalteten Warmwasserbehandlung in Nickelsulfat-Lösung (5 – 10 g/l $NiSO_4 \times 7 H_2O$, 10-60 min, 0,8 - 1,2 min/µm) bei ≥ 60 °C besteht. Die Vorteile der Zeit- und Energieeinsparung gehen dabei allerdings z. Teil wieder verloren. Die üblichen für die Heißwasserverdichtung anwendbaren Testverfahren können jedoch hierbei unmittelbar eingesetzt werden, so daß der Prüfung von kaltimprägniertem anodisiertem Material nichts mehr im Wege steht. Vorteile und Nachteile der Kaltimprägnierung im Vergleich zur üblichen Heißwasserverdichtung sind:

Vorteile:
- kürzere Zeiten,
- niedere Temperaturen (= geringerer Energieaufwand),
- kein Verdichtungsbelag,
- gute Verdichtungsqualität,

Nachteile:
- sofortige Prüfbarkeit und Einsetzbarkeit nur beim zweistufigen Verfahren,
- schwierige und aufwendigere Analysenverfahren der Bäder,
- eventuell Grünstich bei ungefärbten anodischen Oxidschichten,
- Neigung zur Rißbildung bei Einwirkung von mechanischen und/oder thermischen Spannungen auf die Schicht,
- relativ teure Chemikalien erforderlich.

13.3 Farbtropfentest *DIN 50946* (1986), *ISO 2143* (1981) mit Pre-dip

Hierbei handelt es sich um einen Färbetest, bei dem die Anfärbbarkeit der anodischen Al-Oxidschichten durch einen organischen Farbstoff vom Verdichtungsgrad abhängt. Je größer dieser ist, d. h. je besser die Verdichtung, desto geringer ist die Adsorbierbarkeit des Farbstoffs. Anhand der Farbintensität der Schicht nach entsprechendem Abspülen und Reinigen der Prüfstelle wird eine Einteilung in 6 abgestufte Güteklassen von 0 – 5 vorgenommen, wobei die kleinere Zahl auf die bessere Verdichtung hinweist. Dazu ist eine Farbvergleichstafel erforderlich. Gemäß dem *Qualanod*-Gütezeichen sind Werte von 0 – 2 akzeptierbar.

Beim Farbtropfentest sind folgende Einschränkungen zu beachten:
- Farblose bis höchstens helle Schichten können beim Vorhandensein von Verdichtungsbelägen ebenfalls leicht angefärbt werden. In diesem Fall den Belag vorher mit mild abrasiv wirkendem Mittel entfernen.
- Unter Umständen können auch die dem Verdichtungsbad zugesetzten Belagsverhinderer eine leichte Anfärbung der verdichteten Oberfläche hervorrufen. In diesem Fall ist ebenfalls eine nicht die Oxidschicht schädigende, leicht abrasive Oberflächenbehandlung angesagt. Hier hilft gegebenenfalls ein Vergleich der Ergebnisse des Farbtropfentests mit anderen Verdichtungsprüfmethoden.

Zur Durchführung des Farbtropfentests wird die Oberfläche der anodischen Schicht zuerst gründlich gereinigt und entfettet. Es folgt ein sogenannter pre-dip (Vortauchen), bei dem auf die zu prüfende Fläche alternativ einige Tropfen einer der folgenden Lösungen aufgebracht werden:

Lösung A: 25 ml Schwefelsäure (96 %) + 10 g/l Kaliumfluorid
Lösung B: 25 ml Hexafluorokieselsäure (39 %) (= 1,29 g/ml in Wasser)
Lösung C: Salpetersäure (50 %)

Die Lösungen A und B läßt man 1 Minute bei 23 ± 2 °C einwirken, bei Lösung C beträgt die Einwirkzeit 10 Minuten. Danach werden die Säuremischungen gründlich abgespült und die Testfläche wird getrocknet.

Zur Anfärbung sind folgende Farbstoffe (wahlweise) vorgesehen:

Sanodalrot B3LW 10 g/l auf pH = 5,7 ± 0,5 oder

Aluminiumblau 2 LW 5 g/l auf pH = 5,0 ± 0,5 mit verd. Schwefelsäure eingestellt.

Temperatur 23 ± 2 °C, Einwirkzeit 1 min, dann Spülen mit dest. Wasser und leicht abrasiv reinigen (z.B. mit in Wasser aufgeschlämmtem Magnesiumoxid). Danach wird nochmals gespült und anschließend trocknen gelassen. Daraufhin kann die Färbung anhand der Vergleichstafel beurteilt werden.

13.4 Bestimmung des Masseverlustes *DIN 50899* (1984), *ISO 3210* (1982) (Schiedstest/Abtragstest)

Die Bestimmung des Masseverlustes ist eine nicht zerstörungsfreie Methode zur Prüfung der Verdichtungsqualität anodischer Aluminiumoxidschichten.

Die Methode ist im Gegensatz zur routinemäßig eingesetzten Scheinleitwertmessung verdichteter anodischer Al-Oxidschichten zeit- und arbeitsaufwendig. Sie erfordert eigene Prüfbleche, die während des gesamten Anodisier-, Färbe- und Verdichtungsprozesses mitbehandelt werden müssen oder die meist weniger in Frage kommende Möglichkeit, von fertiggestellten Teilen entsprechende Abschnitte entnehmen zu können. Sie setzt weiter ein Prüflabor voraus, in dem unter einem Abzug mit einer toxikologisch bedenklichen und auch umweltrelevanten Chromsäure-Phosporsäuremischung gearbeitet werden kann. Außerdem muß auch für eine Möglichkeit gesorgt sein, solche verbrauchten Mischungen umweltfreundlich entsorgen zu können.

Das Verfahren hat dann seine Bedeutung, wenn elektrolytisch im Zweistufenverfahren dunkelbronze bis schwarz (C-34) eingefärbte anodische Aluminiumoxidschichten einen zu hohen Scheinleitwert aufweisen, obwohl die Herstellungsbedingungen erwarten lassen, daß die Oxidschicht die an sie gestellten Anforderungen bezüglich Härte, Abriebfestigkeit und Korrosionsbeständigkeit erfüllt. In einem solchen Zweifelsfall gilt dann die Aussage des nachstehend beschriebenen Schiedstests.

Das Gemisch aus Chrom- und Phosphorsäure greift besonders bei höherer Temperatur sowohl verdichtete wie unverdichtete anodische Al-Oxidschichten unter Auflösung stark an. Die Chromsäure CrO_3 übt dabei eine oxidierende, in diesem Fall passivierende Wirkung auf das blanke Metall aus und verringert dessen Auflösung stark, so daß im wesentlichen nur die Oxidschicht gelöst wird. Da sich unverdichtete und schlecht verdichtete von gut verdichteten anodischen Al-Oxidschichten deutlich im Auflöseverhalten unter-

scheiden (gut verdichtete Schichten werden in geringem Umfang aufgelöst), ist bei relativ niedriger Temperatur durch die reduzierte Aggressivität dieser Mischung eine Differenzierung unterschiedlicher Verdichtungsgüten möglich.
Die Zusammensetzung des Chromsäure/Phosphorsäure-Gemisches ist folgende:

    35 ml/l 85 Gew.-% Phosphorsäure

    20 g/l Chrom(VI)oxid

Es ist mit entionisierten Wasser in einer Menge anzusetzen, die ausreicht, um das Probestück vollständig eintauchen zu können. Die Temperatur beträgt 38 ± 1 °C. Als Apparatur dient meist ein Becherglas mit Abdeckung (Uhrglas oder Al-Blech), Magnetrührer mit Thermostat oder Magnetrührstab. Die Lebensdauer der Lösung beträgt maximal 1000 mg Oxidschicht Abtrag/l oder 10 dm^2 durchgesetzte Probenoberfläche.
Bei der Prüfung geht man folgendermaßen vor:

Probennahme

Eine Probe von 1 dm^2 anodisierter Oberfläche ist bei fertigen Teilen aus der Hauptsichtfläche am Ende eines Teiles zu entnehmen und zu entgraten. Das Prüfobjekt sollte möglichst eine einheitliche Schichtdicke über die gesamte Prüffläche aufweisen.

Reinigung und Entfettung

Das Probeteil wird mit einer Zange (z.B. „Tiegelzange", wie sie im Chemielabor üblich ist) 30 s in einem organischen Lösungsmittel entfettet, anschließend 5 min in vertikaler Stellung an der Luft getrocknet, und darauf mindestens 15 min in einem auf 60 °C vorgeheizten Trockenschrank aufbewahrt. Nach Entnahme aus dem Trockenschrank wird es sofort in einen hinreichend großen Exsikkator überführt, der mit wirksamen Silikagel (blau) oder ähnlichem Trockenmittel gefüllt ist und abkühlen gelassen. Die Probe verbleibt für 30 min in dem Exsikkator.
Die Probe wird anschließend mit einer Zange aus dem Exsikkator entnommen und ihr Gewicht mittels Analysenwaage auf 0,1 mg genau bestimmt *(Wert A)*.

Chemisches Abtragen:

Das Probeteil wird für genau 15 Minuten in die temperierte Chromsäure-Phosphorsäure-Mischung (Zusammensetzung siehe oben) bei 38 ± 1 °C getaucht.

Spülen und Trocknen

Nach Beendigung des Abtragens wird die Probe der Prüflösung entnommen, unter fließendem Wasser und danach 5 Minuten lang in VE-Wasser nachgespült. Dann läßt man das Wasser in vertikaler Stellung an der Luft ablaufen und die Probe trocknen. Danach wird in einem vorgeheizten Trockenschrank bei 60 °C in vertikaler Stellung 15 Minuten lang nachgetrocknet und anschließend 30 Minuten im Exikator abkühlen gelassen. Anschließend wird die 2. Wägung durchgeführt *(Wert B)*.

    Berechnung: A − B = C

    A = 1. Wägung in mg (nach Reinigen)

    B = 2. Wägung in mg (nach Abtragen)

    C = Masseverlust in mg

    F = Fläche der Probe in cm^2

Der flächenbezogene Massenverlust soll 30 mg/dm² nicht übersteigen, damit laut *Qualanod*-Richtlinien eine einwandfreie Verdichtung vorliegt.

13.5 Lichtechtheitsprüfung *ISO 2135* (1984)

Bei diesen nicht zerstörungsfreien Verfahren unterscheidet man Kurztests und Freibewitterung [1,3].
Lichtechtheitsprüfungen sind vor allem bei Tauchfärbungen anodischer Al-Oxidschichten in organischen Farbstofflösungen von Bedeutung. Für Fassadenanwendung werden Tauchfärbungen in Flotten organischer Farbstoffe heute vor allem als sogenannte Kombinationsfärbung (= elektrolytische Färbung frisch hergestellter anodischer Al-Oxidschichten in Schwermetallösungen wie Zinnsulfat mit nachfolgender Tauchfärbung in der Lösung eines organischen Farbstoffes) angewandt, um die Beständigkeit zu erhöhen.
Die Bestimmung der Lichtechtheit erfolgt durch gleichzeitiges Belichten der Prüfteile zusammen mit Vergleichsmustern. Hierzu werden die Proben gemeinsam mit textilen Vergleichsmustern (Standardmustern, Blaumaßstäben) in einer geeigneten Prüfvorrichtung in konstantem Abstand und bei konstanter Luftfeuchtigkeit um die Lichtquelle rotieren gelassen und bei einer Temperatur unter 50 °C bestrahlt. Sowohl die zu prüfenden Teile als auch die Vergleichsmuster sind jeweils zur Hälfte abgedeckt, um Vergleichsmöglichkeiten mit dem Ausgangszustand schaffen zu können.
Es wird so lange belichtet, bis entweder auf den Prüfteilen oder auf dem Vergleichsmuster eine Farbänderung auftritt, die der Stufe 3 auf der geometrisch abgestuften Grauskala entspricht. Die Lichtechtheitswerte reichen von 1 - 8, neuerdings bis 10 (1 = gering, 10 = hervorragend). Zur Bewertung sind dann die Proben bei Tageslicht mit den Standardmustern zu vergleichen. Es ist einer Probe die Lichtechtsheitszahl desjenigen Vergleichs(Standard)musters zuzuweisen, das den gleichen Kontrast zeigt wie die Stufe 3 auf der Grauskala.
Falls das Standardmuster zuerst ausbleicht (vor der Probe), wird es so oft durch ein neues Standardmuster ersetzt, bis dieses zu einem Grad ausgebleicht ist, das der erwähnten Stufe 3 der Grauskala entspricht. Die Anzahl des notwendigen Ersatzes des Standardmusters wird dann ebenfalls zur Beurteilung der Lichtechtheit nach folgender Bewertungsskala herangezogen:

Standardmuster	2	x ersetzt	Lichtechtheit	7
Standardmuster	4	x ersetzt	Lichtechtheit	8
Standardmuster	8	x ersetzt	Lichtechtheit	9
Standardmuster	16	x ersetzt	Lichtechtheit	10

Zur Durchführung der Prüfungen stehen Geräte verschiedener Hersteller zur Verfügung, bei denen ein bestimmtes Klima (rel. Feuchte, Temperatur) und die Art der Bestrahlung (Norm-Lichtart) gewählt werden können. Solche Geräte sind z.B. das *Fade-O-Meter*, das *Weatherometer*, das *Xenotestgerät*, das *Suntestgerät*.
Generell kann gesagt werden, daß Labortests selbst unter Voraussetzungen, die den natürlichen Bedingungen möglichst nahekommen (z.B. möglichst sonnenähnliches Spektrum der Bestrahlungsvorrichtung), nicht ohne weiteres Rückschlüsse auf das Freibewitte-

rungsverhalten zulassen, so daß zwar vergleichende Tests verschiedener Verfahren untereinander möglich sind, diese aber nicht einen Ersatz zu den Langzeit-Bewitterungsversuchen darstellen können. Bei Langzeit-Freibewitterungsversuchen von z.B. 1 Jahr Dauer werden Proben der Einwirkung von Licht, Regen und anderen Umwelteinflüssen an bestimmten Aufstellungsorten ausgesetzt. Die Beurteilung erfolgt durch Vergleich mit nicht der Bewitterung unterzogenen Proben. Die Farbintensität soll um nicht mehr als 30 % vermindert sein.

Literatur zu Kapitel 13

[1] Hinüber, H.; „Kaltimprägnieren von anodisiertem Aluminium", Neue Entwicklungen in der Oberflächenbehandlung von Aluminium. Tagungsberichtsband, Vortrags- und Diskussionstagung 19./20. März 1991 in Düsseldorf, DFO Deutsche Forschungsgesellschaft für Oberflächenbehandlung e.V.

[2] Hübner, W.; Speiser, Th.; „Die Praxis der anodischen Oxidation des Aluminiums", Aluminium-Verlag, Düsseldorf, 4. Aufl. 1988

[3] Wernick, S., Pinner, R., Sheasby, P.G.; „The Surface Treatment and Finishing of Aluminium and its Alloys" 5. Aufl. 1987, Bd. 2, S. 749-750, ASM Intern., Ohio, USA; Finishing Publ. Ltd., England

14 Statistische Qualitätskontrolle

14.1 Ziele der statistischen Qualitätskontrolle

Die Qualität eines Fertigungsprozesses zu überwachen ist für einen Betrieb existentiell. Qualitätskontrolle wurde und wird in der einen oder anderen Form in gut geführten Betrieben seit langem durchgeführt.

Bei konventioneller Qualitätskontrolle ohne Anwendung statistischer Methoden bleibt es dem Verantwortlichen überlassen, den Kontrollumfang zu bestimmen und die erhaltenen Ergebnisse zu werten. Ebenso erfolgt die Beurteilung der Lieferung durch den Abnehmer ebenfalls subjektiv. Dies kann zu unerwünschten Streitfällen führen. Auch läßt sich damit eine wirtschaftliche Fertigung mit gleichbleibender Qualität nicht erreichen.

Bei Anwendung der Statistik in der Qualitätssicherung wird von der Tatsache ausgegangen, daß eine „hundertprozentige Qualität" (was sich auch immer unter diesem Schlagwort verbergen mag) zwar angestrebt aber weder gefertigt noch kontrolliert werden kann. In der statistischen Qualitätskontrolle werden jedoch Methoden zur Verfügung gestellt, die eine objektive Festlegung des Kontrollumfangs und Beurteilung der Qualität erlauben. Die Festlegung von Grenzwerten, von (statistischen) Sicherheiten und zulässigen Fehlerraten ist Vorbedingung für die Anwendung statistischer Methoden. Sie kann nur auf Grund von fundierter Sachkenntnis erfolgen. Mit anderen Worten: Die Anwendung statistischer Methoden in der Qualitätskontrolle bzw. -Steuerung ersetzt nicht Fachwissen, sondern setzt es voraus. Weiterhin muß die Einführung statistischer Methoden dazu führen, das aus einer Qualitätskontrolle (Endkontrolle im klassischen Sinn) eine Qualitätssteuerung wird. Die entsprechenden Methoden dafür stehen zur Verfügung.

Ziel der Qualitätssicherung kann nicht ein effektives Aussortieren von Ausschuß, sondern muß eine wirtschaftliche Fertigung sein, die dem gewünschten Qualitätsstandard entspricht.

Die Aufgabe der statistischen Qualitätskontrolle ist:
- mit einem Minimum an Kontrollaufwand ein Maximum an Information über die Qualität der Fertigung zu erhalten,
- objektive Maßstäbe zur Qualitätsbeurteilung zu setzen,
- Vermeidung von Ausschuß durch rechtzeitige Erkennung von Schwachstellen in der Fertigung.

Als oberster Grundsatz gilt jedoch:

Qualität kann nicht (hinein) kontrolliert werden. Sie muß gefertigt werden.

Die statistische Qualitätskontrolle ist eine zu teure Methode, wenn sie lediglich dem Aussortieren von Ausschuß dient und nicht konsequent zur Vermeidung von Ausschuß führt.

An dieser Stelle soll versucht werden, grundlegende Begriffe und Gedankengänge im Zusammenhang mit der Anwendung statistischer Methoden darzulegen. Dieses Wissen ist notwendig sowohl für die richtige Anwendung der zahlreichen Verfahren als auch zur Beurteilung der damit erhaltenen Aussagen.

14.2 Aufgabengebiet

Bei jeder Fertigung treten innerhalb einer Charge und zwischen verschiedenen Chargen meßbare Unterschiede in den Eigenschaften auf. Oftmals werden auch innerhalb eines Teiles beträchtliche Schwankungen beobachtet. Die ungleichmäßige Schichtdickenverteilung an einem galvanisiertem Teil ist ein typisches Beispiel.

Zudem ist bereits, bedingt durch Unsicherheiten des Meßverfahrens, jeder Meßwert mit einem Fehler behaftet. (Meßwerten, die keine Streuung zeigen ist ebenso zu mißtrauen wie Messungen, die eine zu große Streuung aufweisen).

Es ist Aufgabe der Statistik, mit Hilfe mathematischer Verfahren aus den „ungenauen" Ergebnissen von Kontrollmessungen eine objektive Information über die Güte eines gefertigten Produkts und die Zuverlässigkeit einer Fertigung zu ermitteln. Statistische Methoden werden aber auch zur Festlegung von Abnahmekriterien zwischen Herstellern und Abnehmern benutzt.

Ein weiteres, wichtiges Gebiet ist der Einsatz statistischer Verfahren zur Versuchsplanung und -Auswertung. Dadurch kann in den meisten Fällen die Anzahl von teuren Betriebs- oder Laborversuchen erheblich reduziert werden bzw. es wird wesentlich mehr Information erhalten.

14.3 Qualitätskontrolle

Wie *Tabelle 14.1* zeigt, ist die eigentliche Auswertung der Meßergebnisse (Arbeitsschritt 5) nur ein Arbeitsschritt in einer Folge von mehreren Schritten.

Im gesamten Arbeitsablauf treten mehrfach mit „subjektiv" bzw. „technisch" bezeichnete Schritte auf. Hier müssen z. B. Bedingungen aufgrund technischer Gegebenheiten und des Fachwissens der Verantwortlichen festgelegt werden.

Mit anderen Worten: Statistische Qualitätskontrolle benutzt mathematisch-statistische Verfahren zur möglichst objektiven Auswertung von Meßwerten.

Die Festlegung des gesamten Verfahrensablaufs ist jedoch nur mit entsprechendem Fachwissen möglich. Dies gilt im besonderen Maße für drei Bereiche, auf die hier besonders eingegangen werden soll.

Tabelle 14.1 Arbeitschritte der statistischen Qualitätskontrolle

#	Arbeitschritte	Methodik
1	**Festlegung der Anforderungen*** Benötigte statistische Sicherheit für die Aussagen Festlegung der zulässigen Toleranzen **Bei Abnahmevereinbarungen:** Festlegung der zulässigen Ausschußrate (unter Berücksichtigung der Toleranzen) Vorgabe der Meßmethode, Meßgerät Festlegung der Prüfbedingungen z. B. Meßstelle (wichtig bei Schichtdickenmessungen) Art der Kalibrierung, Kalibrierstandards Prüftemperatur	subjektiv/technisch*
2	**Festlegung des Prüfumfangs** Anzahl der zu prüfenden Objekte/Messungen Aufstellen von Prüfplänen Bestimmung von Kontrollgrenzen Kriterien für Wiederholungsprüfungen	statistisch*
3	**Meßwerterfassung** Datensammeln Urwerte, Urwerteliste	technisch/subjektiv*
4	**Daten Aufbereiten** Grafische Darstellung Klasseneinteilung Eintragen in Kontrollkarten etc.	subjektiv/statistisch
5	**Statistisch-mathem. Auswertung** Berechnung von Kennwerten Häufigkeitsverteilung Signifikanz- und Streubereiche Fehlergrenzen statistische Tests	statistisch
6	**Interpretation**	subjektiv

* unter Verwendung von Ergebnissen vorangegangener statistischer Auswertungen

14.3.1 Festlegung der Prüfbedingungen

Zu den Prüfbedingungen zählen:
- Auswahl des Meßverfahrens
- Regeln für Entnahme von Prüfstücken und Festlegung der Meßstelle
- Anzahl der zu prüfenden Einheiten (Prüfumfang)

14.3.1.1 Meßverfahren

Das Meßverfahren muß in der Lage sein, die Eigenschaften reproduzierbar und richtig zu messen. Der (statistische) Meßfehler muß klein sein, gegenüber der zulässigen Toleranz der Eigenschaft, ein systematischer Meßfehler darf nicht auftreten (s. u.).Bei der Festlegung des Meßverfahrens sind daneben noch Prüfkosten, die Meßdauer sowie Einfachheit und Robustheit der Methode zu berücksichtigen.

14.3.1.2 Regeln für die Entnahme von Prüfstücken und Festlegung der Meßstelle

Jede Prüfung muß so vorgenommen werden, daß sie für die Fertigung repräsentativ ist. Bei Prüfung einer größeren Charge ist z.B. dafür zu sorgen, daß die entnommenen Prüfstücke den gesamten Fertigungszeitraum erfassen und nicht etwa nur Fertigungsbeginn oder -ende berücksichtigen. Bei Gestellware sind Proben aus verschiedenen Bereichen des Gestelles zu prüfen usw.

Bei der Prüfung von Schichtsystemen (als Beispiel) ist ausschlaggebend, daß die Meßstelle genau und den Anforderungen entsprechend definiert wird. Häufig kann dies nur in Zusammenarbeit mit dem Kunden geschehen. Es sind z.B. Kanteneffekte, Abschirmungen bei der galvanischen Abscheidung, verstärkter Verschleiß in bestimmten Bereichen beim späteren Einsatz usw. zu berücksichtigen.

Allgemein gilt: Fehler, die bei der Probenahme und beim Messen gemacht werden, sind auch mit der aufwendigsten und zuverlässigsten statistischen Auswertung nicht zu korrigieren und werden dabei meist auch nicht erkannt

14.4 Grundbegriffe

14.4.1 Meßwerte, Fehlerarten

Jeder reale gemessene Wert einer Eigenschaft ist nur ein Näherungswert für die betreffende Eigenschaft. Der gemessene Wert besitzt einen Meßfehler. Jeder an einer Stelle eines Prüfstückes oder an einem Prüfstück aus einer Charge gemessene Eigenschaftswert ist wiederum nur ein Näherungswert für die Qualität der Fertigung. Die Fertigung weist eine Streuung auf.

Beide Arten von „Unsicherheiten" werden in der Statistik gleich behandelt und zusammenfassend als Fehler bezeichnet. Fehler können durch den Einfluß sehr vieler kleiner Faktoren, die zufällig einwirken, entstehen. Beispiele aus der Galvanik sind:

Unvermeidbare geringe Temperaturschwankungen, Ungleichmäßigkeiten in der Badbewegung, geringe Unterschiede in den Übergangswiderständen am Gestell, geringe Konzentrationsänderungen im Elektrolyten, unvermeidbare Toleranzen in der Taktzeit usw.

Diese durch das Zusammenwirken sehr vieler kleiner Ursachen entstehenden Fehler werden als Zufallsfehler oder statistische Fehler bezeichnet. Die gemessenen Werte streuen zufällig in einem mehr oder weniger großen Bereich. Auf diese – und nur auf diese Art – von Fehlern können die weiter unten beschriebenen Prüf- und Testverfahren angewendet werden. Sie erlauben objektive Aussagen über die Güte einer Messung bzw. die Lage einer Fertigung.

Dem gegenüber stehen die systematischen Fehler. Hier wird der gemessene Wert einer Eigenschaft durch den Einfluß eines oder weniger Faktoren systematisch in eine Richtung verschoben. Ein systematischer Fehler bei der Schichtdickenmessung entsteht z. B. durch eine falsche Kalibrierung des Meßgerätes (Verwendung eines falschen Standards etc.). Die Streuung der Meßwerte bleibt dabei unverändert, das Niveau ist verschoben. Sofern keine Vergleichsmessungen vorliegen, kann der systematische Meßfehler mit statistischen Methoden nicht erkannt werden.

In der Fertigung können systematische Verschiebungen (Fehler) z. B. durch wesentliche Änderungen in der Badzusammensetzung, falsche Einstellung des Stromes (Stromdichte), größere Temperaturänderungen etc. entstehen. Oftmals führen jedoch bei empfindlichen Prozessen weit weniger offensichtliche Änderungen der Prozeßparameter zu systematischen Abweichungen.

Es ist u. a. eine der Aufgaben der Statistik zu prüfen, ob die zwischen zwei oder mehreren Fertigungen (Chargen) beobachteten Unterschiede zufällig oder systematisch sind. Das heißt, ob sich die Fertigung tatsächlich verschlechtert oder verbessert hat oder ob die Unterschiede nur zufällig sind.

Voraussetzung dafür ist, das die Eigenschaftswerte innerhalb eines Loses oder einer Charge zufällig streuen (Prüfmethode dazu s. u.). Ist dies nicht der Fall, so ist der Prozeß in der Regel außer Kontrolle. Die Anwendung statistischer Verfahren zur Qualitätskontrolle ist nicht mehr möglich bzw. ergibt falsche Aussagen.

14.4.2 Stichprobe, Grundgesamtheit

Werden aus einer Fertigungseinheit (Los, Charge etc.) einige Teile ausgewählt, so entspricht dies einer Stichprobe. Alle Teile zusammen bilden die Grundgesamtheit.

Normalerweise sind nur die Meßwerte von Stichproben bekannt. Die Prüfung aller Teile ist wegen des hohen Aufwandes nicht möglich oder bei zerstörender Prüfung völlig unsinnig. Es ist daher wesentlich, daß mit Hilfe statistischer Methoden von den Ergebnissen der Stichprobe auf die Qualität der Gesamtheit geschlossen werden kann.

14.4.3 Statistische Sicherheit, Irrtumswahrscheinlichkeit, Toleranzbereiche

Jede Aussage einer statistischen Prüfung oder Auswertung kann nur mit einer gewissen Sicherheit S gemacht werden. Diese wird immer kleiner als 100% (S < 1) sein. Das bedeutet: die Wahrscheinlichkeit p, daß die Aussage nicht den Tatsachen entspricht, ist größer als 0 (p > 0). Die Irrtumswahrscheinlichkeit beträgt 0,05 % oder 5 %.

Der Toleranzbereich ist der Intervall, innerhalb dessen ein bestimmter Anteil einer Fertigung (Grundgesamtheit) erwartet werden kann. Zur Berechnung dienen die Meßergebnisse einer Stichprobe.

Beispiel: Um zu beurteilen, ob die Fertigung bestimmten Anforderungen entspricht, ist es notwendig zu wissen, ob 95 % der Werte innerhalb eines bestimmten Intervalls liegen, (5 % fehlerhafte Teile werden toleriert).

Die 3 Kenngrößen sind auf Grund von technischen Gegebenheiten bzw. nach Vereinbarung mit dem Abnehmer zu Beginn der Fertigung und Prüfung festzulegen.
Höhere statistische Sicherheit bzw. engerer Toleranzbereich erfordern (neben einem erhöhten Fertigungsaufwand) einen größeren Prüfaufwand. 100 %ige Sicherheit ist mit Stichprobenprüfung (statistischer Qualitätskontrolle) nicht zu erreichen. (Selbst bei einer Vollprüfung ist die dann theoretisch erreichbare 100 %ige Sicherheit in der Praxis nicht gegeben).

14.5 Datenaufbereitung

Die erhaltenen Rohwerte müssen aufbereitet werden. Eine Art der Aufbereitung ist die Erstellung von Kontrollkarten wie weiter unten beschrieben wird.
Für Berechnungen und anschauliche graphische Darstellungen ist es oft zweckmäßig, bei einer größeren Anzahl von Meßwerten eine Klasseneinteilung vorzunehmen.
Dazu teilt man den Wertebereich vom kleinsten bis zum größten Wert in (meist) gleiche Intervalle. Die Anzahl der Intervalle k sollte annähernd gleich der Wurzel der Anzahl der Meßwerte n sein ($k \approx \sqrt{n}$). Danach sortiert man die Werte in die festgelegten "Fächer". Werte die genau einer Klassengrenze entsprechen, werden jeweils den beiden angrenzenden Klassen zur Hälfte zugerechnet.
Aus der Anzahl der Meßwerte in einer bestimmten Klasse n_i und der gesamten Zahl der Meßwerte errechnet man die Klassenhäufigkeit (in %): $n_i/n \cdot 100$.
Addiert man die Klassenhäufigkeit, von der niedrigsten Klasse beginnend jeweils auf, so ergibt sich die Summenhäufigkeit (in %). *Tabelle 14.2* gibt ein Beispiel.
Die Ergebnisse lassen sich anschaulich graphisch darstellen (*Abb. 14.1* und *Abb. 14.2*)

14.6 Statistische Verfahren

14.6.1 Verteilungsformen
Die graphischen Darstellungen der Haufigkeitsverteilung bzw. der Summenhäufigkeit können bestimmte charakteristische Formen annehmen. Die Verteilungsform der Werte aus *Tabelle 14.2 (Abb. 14.1)* entspricht annähernd einer symmetrischen Glockenkurve,

Tabelle 14.2: Beispiel mit klassifizierten Daten

obere Klassengrenze	Klassenmitte	Anzahl	Häufigkeit	Summenhäufigkeit (%)
18	16,5	1	2,2	2,2
21	19,5	5,5	12,2	14,4
24	22,5	9,5	21,1	35,6
27	25,5	12	26,7	62,2
30	28,5	10	22,2	84,4
33	31,5	6	13,3	97,8
36	34,5	1	3,3	100

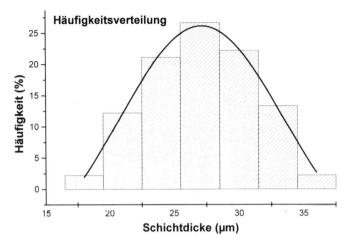

Abb. 14.1: Häufigkeitsverteilung von klassifizierten Meßwerten

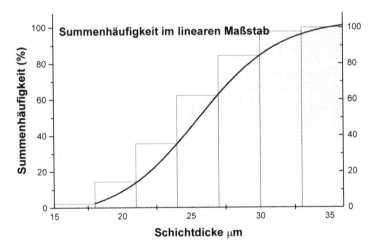

Abb. 14.2: Summenhäufigkeit von klassifizierten Meßwerten

die Summenhäufigkeit *(Abb. 14.2)* nimmt die Form einer S-förmigen Kurve an. Liegt eine derartige Verteilungsform vor, so spricht man von einer Zufallsverteilung oder *Gauß'schen* Verteilung. Sie tritt immer dann auf, wenn die Streuung der Werte – wie bereits beschrieben – durch sehr viele kleine Einflüsse verursacht wird (statistische Streuung). Die Form der Kurve kann mathematisch beschrieben werden.

Die Bestimmungsgleichung sei hier der Vollständigkeit halber wiedergegeben

$$\gamma = \frac{1}{\sigma \times \sqrt{2\pi}} \times e^{-\frac{1}{2} \times \left(\frac{x-\mu}{\sigma}\right)^2}$$

μ = Mittelwert
σ = Standardabweichung (s. u.)
e = 2.718282

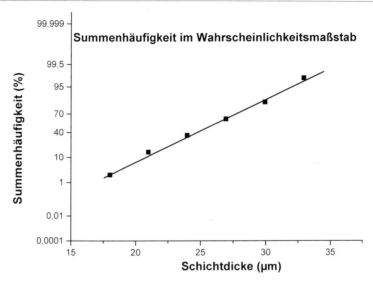

Abb. 14.3: Summenhäufigkeit einer *Gauß'schen* Verteilung im Wahrscheinlichkeitsmaßstab

Die Anwendung der meisten statistischen Test- und Auswerteverfahren setzt voraus, daß die Meßwerte der *Gauß'schen* Verteilung folgen. Meist wird ungeprüft angenommen, daß diese Bedingung zutrifft. Daraus ergeben sich dann sehr häufig Fehlinterpretationen.

Umfaßt eine Meßreihe nur wenig Werte, so ist eine Prüfung der Verteilungsform nur schwer möglich. Bei einer größeren Anzahl von Meßwerten kann die Prüfung rechnerisch vorgenommen werden *(Chiquadrat Test)*.

Einfacher und anschaulicher kann dies auch graphisch mittels eines sogenannten Wahrscheinlichkeitspapiers erfolgen. Es wird ähnlich wie bei der Darstellung der Summenhäufigkeit (vgl. *Abb. 14.2*) die Summenhäufigkeit über den oberen Klassengrenzen aufgetragen. Die senkrechte Achse (y-Achse) mit der Häufigkeit (meist in %) weist einen der *Gauß'schen* Verteilung entsprechenden Maßstab auf. Bei Vorliegen einer *Gauß'schen* Verteilung ergibt sich eine Gerade *(Abb. 14.3)*. Wenn immer möglich, sollte ein derartiger Test vorgenommen werden.

Die *Gauß'sche* Verteilung trifft zwar häufig zumindest angenähert zu, hat aber keine allgemeine Gültigkeit.

Eine wichtige Ausnahme ist z.B. die positive oder negative schiefe Verteilung. Als positiv schiefe Verteilung kann sie u. a. charakteristisch für Schichtdickenmessungen sein. Die Verteilung bricht zu geringeren Werten hin schroff ab und läuft nach höheren Werten flach aus *(Abb. 14.4)*.

Eine derartige Verteilung läßt sich meist in eine Normalverteilung überführen, wenn die Meßwerte logarithmiert werden (logarithmische Normalverteilung). Der Rechenaufwand für die Auswertung erhöht sich dadurch allerdings. Als ein weiterer Sonderfall soll die zwei- (oder mehr-) gipflige Verteilung erwähnt werden.

Es bestehen zwei oder mehrere, mehr oder weniger voneinander getrennte Maxima. Sie tritt oftmals auf, wenn Teile aus verschiedenen Anlagen oder Fertigungen zu einem Los

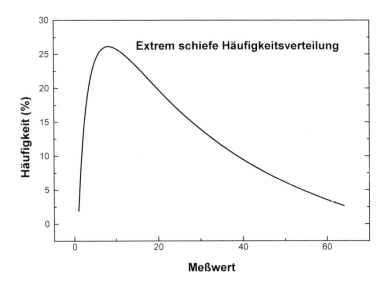

Abb. 14.4: Beispiel einer extrem positiv schiefen Verteilung

zusammengefaßt werden. Die Anwendung üblicher statistischer Auswertemethoden ist hier nicht möglich.

14.6.2 Primäre statistische Kennwerte

Normalerweise errechnet man für jede Stichprobe, die aus mehreren Einzelmessungen besteht, folgende Kennwerte:

a) *Mittelwert* ($\bar{x}$) als Maß für die Lage der Fertigung

$$\bar{x} = \frac{\text{Summe aller Meßwerte}(\sum x_i)}{\text{Anzahl der Meßwerte }(n)}$$

b) *Standardabweichung (s)* als Maß für die Streuung der Fertigung

$$s = \sqrt{\frac{\sum_{i=1}^{i=n}(x_i - \bar{x})^2}{n-1}}$$

$\sum_{i=1}^{i=n}(x_i - \bar{x})^2$ ist die Summe der Abweichungsquadrate der einzelnen Meßwerte vom Mittelwert

n ist die Anzahl der Meßwerte
f = n-1 ist die Anzahl der Freiheitsgrade.

c) *Spannweite*

Die Berechnung der Standardabweichung als Streuungsmaß sollte erst ab etwa 5 (besser 10) Messungen vorgenommen werden. Bei einer geringeren Anzahl von Messungen ergeben sich irreführende Ergebnisse. In diesem Fall ist die Angabe der Spannweite (R) zweckmäßiger:
R = Größtwert − Kleinstwert

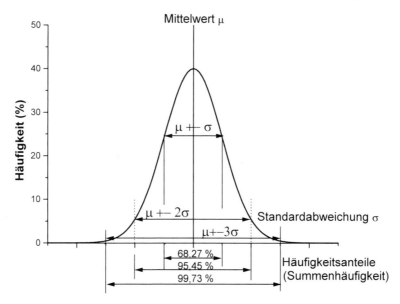

Abb. 14.5: Mittelwert, Standardabweichung und Toleranzbereich in der Normalverteilung

14.6.3 Mittelwert und Standardabweichung bei normalverteilten Meßwerten

Die Berechnung der beiden Kennwerte ist stets möglich. Ihre Aussagekraft ist jedoch abhängig von der Verteilungsform und von der Anzahl der erfaßten Meßwerte.

Im folgenden wird wieder von der Normalverteilung ausgegangen.

Wird (hypothetisch) der Mittelwert der Grundgesamtheit aller Meßwerte ermittelt, so wird der „wahre" Mittelwert (μ) der Fertigung erhalten. Es ist der zentrale und häufigste Wert, um den die Einzelwerte mit der ebenso errechneten „wahren" Standardabweichung (σ) zufällig streuen. Die Standardabweichung (σ) wird durch den Wendepunkt der Glockenkurve bestimmt (Abb. 14.5).

Innerhalb des Bereiches $\mu \pm \sigma$ sind 68,27 % der Werte zu erwarten. Weiter gilt innerhalb

$\mu \pm 2\,\sigma$ liegen 95,45 und innerhalb

$\mu \pm 3\,\sigma$ liegen 99,73 % der Meßwerte (Toleranzbereiche)

Die aus einer Stichprobe der Größe n ermittelten Kennwerte $\bar{x}$ bzw. s sind Schätzwerte für μ bzw. σ. Sie kommen den wahren Werten um so näher je größer n ist.

So gilt für den Mittelwert

$$\mu = \bar{x} \pm t \times \frac{s}{\sqrt{n}}$$

t = *Student*-Faktor.

Der wahre Mittelwert (Fertigungslage) ist zwar unbekannt, er ist aber mit der vorgegebenen Sicherheit im entsprechend der obigen Formel berechneten Bereich zu erwarten.

Oder:
Liegen die aus verschiedenen Stichproben ermittelten Mittelwerte im oben angegebenen Bereich, so dürften sie (unter Annahme der gleichen Streuung s) aus der gleichen Fertigung stammen bzw. die Fertigungslage hat sich nicht geändert.

Durch die den Schätzwerten $\bar{x}$ und s innewohnende Unsicherheit vergrößern sich auch die Toleranzbereiche. So beträgt der Toleranzbereich für 95 % aller zu erwartenden Meßwerte bei Auswertung einer Stichprobe von n = 10 und einer geforderten Aussagesicherheit von 95%:

$\bar{x} \approx 3{,}38\,s$ (anstelle von $\mu \pm 1{,}96\,\sigma$)

(Die entsprechenden Faktoren sind Tabellenwerken zu entnehmen). Bei großen Stichproben (n > 100) kann die Unsicherheit der Schätzwerte mit guter Näherung vernachlässigt werden.

$$(\mu \approx \bar{x}, \sigma \approx s)$$

14.7 Anwendung statistischer Verfahren in der Qualitätskontrolle

14.7.1 Kontrollkarten

Die einfachste Methode zur statistischen Qualitätskontrolle ist das Führen einer Kontrollkarte. Dazu werden je Produktionseinheit (pro Los, pro Schicht, pro Tag etc.) Stichproben gleicher Größe entnommen. Es werden Mittelwert und Standardabweichung (oder bei kleinerer Probenzahl die Spannweite) berechnet und in Diagramme eingezeichnet *(Abb. 14.6)*.

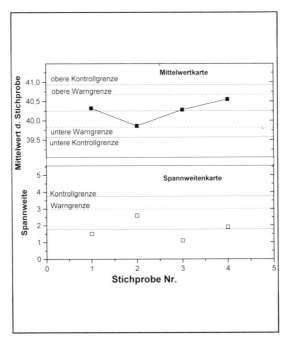

Abb. 14.6: Beispiel einer Kontrollkarte

Grundsätzlich sind immer die Lage der Fertigung (Mittelwert) und die Streuung (Standabweichung bzw. Standardabweichung) zu kontrollieren. Nur wenn beide innerhalb vorgegebener Grenzen liegen, ist die gewünschte Qualität gewährleistet.

Der *Student*-Faktor wird in Abhängigkeit von f = n-1 und der gewünschten Sicherheit S aus Tabellen der sogenannten *Student*verteilung entnommen, z. B. ist t = 2,262 für n = 10 (f = 9) und S = 95 %.

Zur Ermittlung der Grenzen werden zunächst bei ungestörter Fertigung, die der gewünschten Qualität entspricht, eine größere Anzahl von Stichproben entnommen („Vorlauf", Richtwert etwa 20 Stichproben). Aus den Mittelwerten der einzelnen Stichproben wird ein Gesamtmittelwert berechnet:

$$\overline{x}_q = \sum \overline{x}_j / k$$

$\sum \overline{x}$ = Summe der einzelnen Mittelwerte
k = Anzahl der Stichproben

Ebenso berechnet man eine mittlere Standardabweichung bzw. Spannweite

$$\overline{s} = \sum s_j / k$$

$$\overline{R} = \sum R_j / k$$

$\overline{x}_q$ ist in der Kontrollkarte der Bezugswert für die „Lage" der Fertigung.

Die Mittelwerte der einzelnen Stichproben sollen um diesen Wert zufällig („statistisch") streuen. Zeigen mehrere aufeinanderfolgende Stichproben Abweichungen in einer Richtung, womöglich mit zunehmender Tendenz („Trend"), so sollte dies ein Alarmzeichen sein. Um zu erkennen, ob eine Abweichung noch zufällig ist oder bereits auf eine gestörte Fertigung hinweist, werden Warngrenzen und Eingriffsgrenzen sowohl für den Mittelwert als auch für die Standardabweichung bzw. Spannweite berechnet. Dazu werden statistische Sicherheiten vorgegeben. Zu diesen Sicherheiten und für die vorgegebene Stichprobengröße werden aus Tabellen Faktoren entnommen, mit denen (vereinfacht dargestellt) die Grenzen berechnet werden können:

	Mittelwert	**Standardabweichung**
Warngrenze:		
obere	$\overline{x}_q + k_1 \overline{s}$	$F'_1 \cdot \overline{s}$ bzw. $W'_1 \cdot \overline{R}$
untere	$\overline{x}_q + k_1 \overline{s}$	$F'_2 \cdot \overline{s}$ bzw. $W'_2 \cdot \overline{R}$
Eingriffsgrenze:		
obere	$\overline{x}_q + k_2 \overline{s}$	$F''_1 \cdot \overline{s}$ bzw. $W''_1 \cdot \overline{R}$
untere	$\overline{x}_q + k_1 \overline{s}$	$F''_2 \cdot \overline{s}$ bzw. $W''_2 \cdot \overline{R}$

k, F und W sind Faktoren, die aus Tabellenwerken entnommen werden.
(Es gilt – $K_1 < K_2$; $F_1 > 1$, $F_2 < 1$ bzw. $W_1 > 1$, $W_2 < 1$)

Die Faktoren unterscheiden sich durch die vorgegebene statistische Sicherheit.
Für die Warngrenzen wählt man üblicherweise die Faktoren für eine statistische Sicherheit von 95 %, für die Eingriffsgrenzen von 99 %.

Dies bedeutet (am Beispiel der Warngrenze):
Über- oder unterschreitet ein Stichprobenmittelwert die für eine Sicherheit von 95 % berechnete Grenze, so kann mit eben dieser 95 %igen Sicherheit angenommen werden, daß die Abweichung nicht mehr zufällig ist, sondern daß die Produktion sich verändert (verschlechtert) hat. Nur mit 5 %iger Wahrscheinlichkeit tritt eine derartige Abweichung zufällig auf, ohne daß sich an der tatsächlichem Lage bzw. Streuung der Fertigung etwas geändert hat.

Bei Über- oder Unterschreitung der Warngrenzen kann zwar weiter gefertigt werden, eine Überprüfung der Fertigung und eventuell zusätzliche Kontrollen sind notwendig. (Das gleiche gilt für Trends innerhalb der Warngrenzen).

Bei Überschreitung der Eingriffsgrenze ist mit 99 %iger Sicherheit eine Verschlechterung der Fertigung eingetreten. Die Fertigung muß angehalten und die Fehlerursache gesucht und beseitigt werden.

Die im Beispiel angegebenen Sicherheiten werden üblicherweise verwendet, es können jedoch auch andere Werte gewählt werden (z.B. 90 % bzw. 95 %). Kleinere Werte verengen den Arbeitsbereich und führen zu frühzeitigem Eingreifen in die Fertigung. Zu kleine Werte sind zu vermeiden, da die Fertigung zu häufig bei lediglich zufälligen Schwankungen der Stichproben angehalten wird.

Zur Berechnung der Kontrollgrenzen sind weitere Verfahren möglich, auf die hier jedoch nicht weiter eingegangen werden soll. Es wird auf die Fachliteratur verwiesen.

Kontrollgrenzen und Toleranzgrenzen

Sind noch (wie üblich) technische Toleranzgrenzen (Mindest- bzw. Maximalwerte) vorgegeben, so müssen die Eingriffsgrenzen in jedem Fall vor diesen liegen, d. h. in die Fertigung muß eingegriffen werden, bevor die Toleranzgrenze überschritten wird.

Der Abstand zwischen Eingriffs- und Toleranzgrenzen wird ebenfalls mit statistischen Verfahren festgelegt. Dazu ist die Vorgabe einer statistischen Sicherheit, mit der eine bestimmte Ausschußrate nicht überschritten werden darf, notwendig.

14.7.2 Prüfpläne für eine Gut/Schlecht-Prüfung

Auch eine lediglich in „gut" und „schlecht" klassifizierende Prüfung ist mit statistischen Mitteln durchführbar. Es werden dazu entsprechende Prüfpläne aufgestellt. Die notwendigen Kenngrößen sind die zulässige Fehlerrate und die gewünschte statistische Sicherheit.

Es ist zu bemerken, daß eine Gut/Schlecht-Prüfung in manchen Fällen zwar einfacher durchzuführen ist. Für die Erlangung der gleichen Aussagesicherheit wie bei der messenden Prüfung ist jedoch eine sehr viel größere Stichprobenzahl notwendig.

14.8 Weitere Anwendungen statistischer Verfahren

14.8.1 Prüfverteilungen

Mittels statistischer Verfahren lassen sich nach vorgegeben Regeln auch verschiedene Kennwerte zur Prüfung von Hypothesen errechnen. Diese Kennwerte selbst folgen speziellen Verteilungen. Sie sind in Abhängigkeit von der Anzahl der Meßwerte und der statistischen Sicherheit in Tabellen aufgelistet.

Eine wichtige Prüfverteilung ist die *Student'sche (t-) Verteilung*. Sie dient zum Vergleich zweier Mittelwerte $\bar{x}_1$ und x_2. Mit ihr ist es möglich, z. B. zu prüfen, ob sich eine Änderung der Produktionsbedingungen tatsächlich auf die Qualität („Lage") der Fertigung ausgewirkt hat. Die Hypothese dafür lautet: Beide Mittelwerte von Stichproben unterscheiden sich nur zufällig. Tatsächlich hat sich nichts geändert.

Es wird folgende Prüfgröße berechnet:

$$t_b = \frac{\bar{x}_1 - \bar{x}_2}{s} \times \sqrt{(n-2)}$$

Dabei wird hier vereinfachend angenommen, daß sich die Streuungen (Standardabweichungen „s") beider Stichproben nicht signifikant unterscheiden und beide Mittelwerte aus Stichproben von jeweils gleicher Größe „n" errechnet wurden.

Sind diese Voraussetzungen nicht gegeben, so wird die Formel komplizierter.

Man entnimmt einer Tabelle der *Student-Verteilung* den Vergleichswert t_v zur vorgegebenen Sicherheit (z.B. 95 %) und der Anzahl der Freiheitsgrade $f = n - 2$.

Ist $t_b < t_v$ so kann mit 95 %iger Sicherheit angenommen werden, daß die Unterschiede zwischen beiden Mittelwerten nur zufällig sind. Die Wahrscheinlichkeit, daß diese Annahme falsch ist beträgt 5 %. Ist $t_b > t_v$ so muß die Hypothese („Gleichheit der Mittelwerte" mit S = 95 %) verworfen werden. Es kann davon ausgegangen werden, daß tatsächlich Unterschiede bestehen.

Auf ähnliche Weise läßt sich prüfen ob zwischen den Standardweichungen zweier Stichproben s_1 und s_2 gesicherte Unterschiede bestehen (F-Verteilung).

Es könnte z. B. geprüft werden, ob mit dem galvanischen Bad A ebenso gleichmäßige Ergebnisse erhalten werden wie mit Bad B. Die Hypothese lautet in diesem Falle:

Die beiden Standardabweichungen s_A und s_B von Stichproben der Größen n_A und n_B unterscheiden sich nur zufällig.

Es wird berechnet

$$F_b = \frac{s_A^2}{s_B^2}$$

Die jeweils größere Standardabweichung kommt in den Zähler.

Aus Tafeln mit Vergleichswerten der F-Verteilung wird zur vorgegebenen Sicherheit S und den Freiheitsgraden $f_A = n_A - 1$ und $f_B = n_b - 1$ ein Vergleichswert F_v entnommen. Ebenso wie beim Mittelwertsvergleich wird die Annahme, kein gesicherter Unterschied beibehalten, wenn

$$F_b < F_v$$

andernfalls wird sie verworfen.

14.8.2 Ausreißertests

Bei einzelnen Meßwerten, die auffallend weit außerhalb des üblichen Bereichs liegen, muß entschieden werden, ob sie bei weiteren Berechnungen berücksichtigt werden sollen oder als „Ausreißer" (grober Meßfehler etc.) unberücksichtigt bleiben.

Zur Prüfung auf Ausreißer gibt es eine Reihe von Verfahren. Das reine „gefühlsmäßige" Vernachlässigen von Meßwerten ist nicht erlaubt.

Werden mittels statistischer Methoden häufiger Ausreißer in Meßreihen gefunden, so ist die Ursache festzustellen.

14.8.3 Korrelation und Regression

Diese beiden Auswertemethoden dienen der Bestimmung der Abhängigkeit zweier Variablen voneinander und sind eng verwandt.

Es könnte beispielsweise geprüft werden, ob zwischen Badtemperatur und Stromausbeute (bzw. Abscheidungsgeschwindigkeit) bei einem bestimmten Badtyp ein gesicherter Zusammenhang besteht.

Das Ergebnis der Korrelationsrechnung ist der Korrelationskoeffizient R. Ist R = 0 so besteht keinerlei Zusammenhang zwischen beiden Variablen, ist R = 1 so besteht eine (ideale) vollkommene (lineare) Abhängigkeit. Die Korrelationsrechnung ist wichtig wenn sich aus der graphischen Darstellung kein zweifelsfreier Zusammenhang ersehen läßt.

Ist eine Abhängigkeit der Variablen klar ersichtlich oder mit Sicherheit zu erwarten, so kann der Zusammenhang mittels Regressionsrechnung quantifiziert werden.

Typische Beispiele sind die Kalibrierung eines Meßgerätes oder die Bestimmung des Einflusses der Konzentration eines Badzusatzes auf die Härte einer Schicht. Es werden Versuche mit steigenden Konzentrationen des Zusatzes durchgeführt (Konzentration: unabhängige Variable) und die zugehörigen Härten gemessen (abhängige Variable).

Mittels Regressionsrechnung werden (eine lineare Abhängigkeit vorausgesetzt) die Konstanten (a, b) der Gliederung

$$y = a + bx$$

bestimmt, wobei y z.B. die Härte oder das Signal eines Meßgerätes und x z.B. die Konzentration ist. Gleichzeitig wird auch der Korrelationskoeffizient bestimmt. Bei guten Kalibrierfunktionen kann er durchaus größer als 0,95 (aber immer kleiner als 1) sein.

Die Berechnung der Konstanten erfolgt so, daß die Summe der quadratischen Abweichungen der gemessen von den berechneten y-Werten ein Minimum ist (Methode der kleinsten Abweichungsquadrate).

Das Verfahren läßt sich auch anwenden, wenn die Abhängigkeit nicht linear ist (polynome Regression). Außerdem kann auch der gleichzeitige Einfluß mehrerer Faktoren berücksichtigt werden, sofern ihre Wirkung unabhängig voneinander ist (multiple Regression).

Zwei wesentliche Punkte müssen berücksichtigt werden:
- Obwohl eine (lineare) Regressionsrechnung bereits mit drei unterschiedlichen Stufen für die abhängige Variable durchgeführt werden kann, sollte mit einer größeren Stufenzahl gearbeitet werden;
- Die berechneten Konstanten gelten nur innerhalb des untersuchten Bereiches der unabhängigen Variablen, d. h. zwischen dem kleinsten und größten vorgegebenen Wert von x. Eine Extrapolation ist nicht zulässig.

14.8.4 Varianzanalyse

Als letzte der statistischen Methoden soll noch die Varianzanalyse erwähnt werden.

Sie leistet unschätzbare Dienste bei Versuchsdurchführungen und Untersuchungen zur Qualitätsverbesserung, wenn gleichzeitig der Einfluß mehrerer Faktoren berücksichtigt werden muß. Sie gibt mit einem Minimum an Versuchsaufwand Auskunft darüber, welche der Faktoren einen Einfluß haben und zeigt auch – was sehr wesentlich ist – Wechselwirkungen zwischen den einzelnen Faktoren auf.

Zur Durchführung einer Varianzanalyse ist eine entsprechende systematische Versuchsplanung notwendig. Eine eingehendere Beschreibung des Verfahrens würde den Rahmen dieses Buches sprengen und kann der einschlägigen Fachliteratur entnommen werden.

14.9 Schlußbemerkungen

Die Methoden der mathematischen Statistik sind aus der Qualitätsplanung, -kontrolle und -verbesserung heute nicht mehr wegzudenken. Die Möglichkeiten der modernen Rechner und Datenverarbeitungstechnik (vom Taschenrechner mit entsprechenden Funktionen bis zur vernetzten Datenverarbeitung) und die Verfügbarkeit von leistungsfähigen Programmen innerhalb der Statistiksoftware ermöglichen, die z.T. sehr aufwendigen Berechnungen ohne Schwierigkeit durchzuführen. Es muß jedoch dringend empfohlen werden, sich über Grundlagen und Grenzen der verwendeten Verfahren gründlich zu informieren. Die Ergebnisse sind aufgrund technischen Fachwissens immer kritisch zu beurteilen und zu interpretieren.

15 Anhang

15.1 DIN-, ISO- und ASTM-Normen zur Prüfung metallischer Schichten

Visuelle Prüfung, Glanz

DIN 50975	Galvanisierprüfung mit der Hullzelle
DIN 67530	Reflektometer als Hilfsmittel zur Glanzbeurteilung an ebenen Anstrich- und Kunststoff-Oberflächen
DIN 4519	Electrodeposited metallic coatings and related finishes; Sampling procedures for inspection by attributes

Schichtdickenmessung

DIN 50932	Prüfung metallischer Überzüge; Messung der Dicke von Zinküberzügen auf Eisenwerkstoffen durch örtliches anodisches Ablösen, Coulometrisches Verfahren
DIN 50933	Messung von Schichtdicken: Messung der Dicke von Schichten durch Differenzmessung mit einem Taster
DIN 50948	Messung von Schichtdicken; Lichtschnitt-Verfahren
DIN 50950	Messung von Schichtdicken; Mikroskopische Messung der Schichtdicke; Querschliff- Verfahren
DIN 50951	Prüfung galvanischer Überzüge; Messung der Dicke galvanischer Überzüge nach dem Strahlverfahren
DIN 50952	Prüfung metallischer Überzüge; Bestimmung des Flächengewichtes von Zinküberzügen auf Stahl durch chemisches Ablösen des Überzuges; Gravimetrisches Verfahren
DIN 50953	Prüfung galvanischer Überzüge; Bestimmung der Dicke von dünnen Chromüberzügen nach dem Tüpfelverfahren
DIN 50954	Prüfung metallischer Überzüge; Bestimmung des mittleren Flächengewichtes von Zinnüberzügen auf Stahl durch chemisches Ablösen des Überzuges
DIN 50955	Messung von Schichtdicken; Messung der Dicke von metallischen Schichten durch örtliches anodisches Ablösen: Coulometrisches Verfahren
DIN 50977	Messung von Schichtdicken; Berührungslose Messung der Dicke am kontinuierlich bewegten Meßgut

DIN 50981	Messung von Schichtdicken; Magnetische Verfahren zur Messung der Dicken von nichtferromagnetischen Schichten auf ferromagnetischem Werkstoff
DIN 50982 Teil 1	Messung von Schichtdicken; Allgemeine Arbeitsgrundlagen Begriffe über Schichtdicke und Oberflächenmeßbereiche
DIN 50982 Teil 2	Messung von Schichtdicken; Allgemeine Arbeitsgrundlagen; Übersicht und Zusammenstellung der gebräuchlichen Meßverfahren
DIN 50982 Teil 3	Messung von Schichtdicken; Allgemeine Arbeitsgrundlagen Auswahl der Verfahren und Durchführung der Messungen
DIN 50983	Messung von Schichtdicken; Betarückstreu-Verfahren zur Messung der Dicke von Schichten
DIN 50984	Messung von Schichtdicken; Wirbelstrom-Verfahren zur Messung der Dicke von elektrisch nichtleitenden Schichten auf nichtferromagnetischem Grundmetall
DIN 50985	Messung von Schichtdicken; Kapazitives Verfahren zur Messung der Dicke elektrisch nichtleitender Schichten auf elektrisch leitendem Grundwerkstoff
DIN 50987	Messung von Schichtdicken; Röntgenfluoreszenz-Verfahren zur Messung der Dicke von Schichten
DIN 50988 Teil 1	Messung von Schichtdicken; Bestimmung der flächenbezogenen Masse von Zink- und Zinnschichten auf Eisenwerkstoffen durch Ablösen des Schichtwerkstoffes; Gravimetrisches Verfahren
DIN 50988 Teil 2	Messung von Schichtdicken; Bestimmung der flächenbezogenen Masse von Zink- und Zinnschichten auf Eisenwerkstoffen durch Ablösen des Schichtwerkstoffes; Maßanalytisches Verfahren
DIN 50990	Messung von Schichtdicken; Messung der flächenbezogenen Masse von metallischen Schichten durch Atomabsorptionsspektrometrie
ISO 1460	Metallic coatings; Hot dip galvanized coatings on ferrous materials; Determination of the mass per unit area; Gravimetric methode
ISO 1460 DAM 1	Metallic coatings; Hot dip galvanized coatings on ferrous materials; Determination of the mass per unit area: Gravimetric methode, AMENDEMENT 1
ISO 1463	Metallic and oxide coatings; Measurement of coating thickness; Microscopical method
ISO 2064	Metallic and other non-organic coatings; Definitions and conventions concerning the measurement of thickness
ISO 2177	Metallic coatings; Measurement of coating thickness: Coulometric method by anodic dissolution
ISO 2178	Non-magnetic coatings on magnetic substrates: Measurement of coating thickness: Magnetic method
ISO 2360	Non-conductive coatings on non- magnetic basis metals; Measurement of coating thickness; Eddy current methode
ISO 2361	Electrodeposited nickel coatings on magnetic and nonmagnetic substrates; Measurement of coating thickness; Magnetic method

ISO/DIS 3497	Metallic coatings; Measurement of coating thickness; X-ray spectrometric method
ISO/DIS 3543	Metallic and non-metallic coatings; Measurement of thickness; Beta back-scatter method
ISO/DIS 3868	Metallic and other non-organic coatings; Measurement of coating thickness; Fizeau multiplebeam interferometry method
ISO/DIS 3882	Metallic and other non-organic coatings; Review of methods of measurement of thickness
ISO/DIS 3892	Conversions coatings on metallic materials; Determination of coating mass per unit area; Gravimetric methods
ISO/DIS 4518	Metallic coatings; Measurement of coating thickness: profilometric method
ISO/DIS 4522/1	Metallic coatings; Test method for electrodeposited silver and silver alloy coatings; Part 1: Determination of coating thickness
ISO/DIS 4524/1	Metallic coatings; Test methods for electrodeposited gold and gold alloy coating:Part l: Determination of coating thickness
ISO/DIS 9220	Metallic coatings; Measurement of coatings thickness; Scanning electronmicroscope method
ISO/DIS 10111	Metallic and other inorganic coatings; Measurement of mass unit per area; Review of gravimetric and chemical analysis methods
ASTM E376	Recommended practice for measuring by magnetic field and electromagnetic (eddy curent) testing
ASTM B487	Measurement by microscopical examination of cross section
ASTM B499	Measurement of coating ticknesses by the magnetic method: non-magnetic coatings on magnetic basis metals
ASTM B504	Measurement of metal electrodeposit, coulometric method
ASTM B507	Nickel, thickness distribution
ASTM B530	Measurement of coating thicknesses by the magnetic method: electrodeposited nickel coatings on magnetic and nonmagnetic substrates
ASTM B554	Measurement of thickness of metallic coatings on nonmetallic substrates
ASTM B555	Guidelines for measurement of electrodeposited metallic coating thicknesses by the dropping test
ASTM B556	Guidelines for rneasurement of thin chromium coatings by the spot test
ASTM B567	Measurement of coating thickness by the beta backscatter method
ASTM B568	Measurement of coating thickness by X-ray spectrometry
ASTM B588	Measurement of metal and oxide electrodeposit, with double-beam interference microscope
ASTM B659	Measuring thickness of electrodeposited and related coatings
ASTM C664	Measurement of diffusion coatings

Prüfung auf Rauheit

DIN 4760	Begriffe für die Gestalt von Oberflächen
DIN 4761	Oberflächencharakter; geometrische Oberflächentextur, Merkmale; Begriffe; Kurzzeichen
DIN 4762	Oberflächenrauheit; Begriffe; Oberflächen und ihre Kenngrößen
DIN 4763	Stufung der Zahlenwerte für Rauheitsmeßgrößen
DIN 4768	Ermittlung der Rauheitskenngrößen R_a, R_z, R_{max} mit elektrischen Tastschnittgeräten; Begriffe, Meßbedingungen
DIN 4768 Bbl. 1	Ermittlung der Rauheitskenngrößen R_a, R_z, R_{max} mit elektrischen Tastschnittgeräten; Umrechnung der Meßgröße R_a in R_z und umgekehrt
DIN 4771	Messung der Profiltiefe P_t von Oberflächen
DIN 4772	Elektrische Tastschnittmeßgeräte zur Messung der Oberflächenrauheit nach dem Tastschnittverfahren
ISO 1302	Angabe der Oberflächenbeschaffenheit in Zeichnungen
ISO 3140	Oberflächenzeichen in Zeichnungen
ISO 3141	Oberflächenzeichen (Dreiecke)
ISO 3142	Kennzeichnung der Oberflächen in Zeichnungen durch Rauheitsmaße
ISO 4760	Begriffe für die Gestalt von Oberflächen
ISO 4761	Oberflächencharakter, Begriffe
ISO 4762	Oberflächenrauheit, Begriffe
ISO 4764	Oberflächen an Teilen für Maschinenbau und Feinwerktechnik
ISO 4765	Flächentraganteil von Oberflächen
ISO 4768	Meßbedingungen zur Ermittlung der Rauheitsmaße R_a, R_z, R_{max}
ISO 4771	Messung der Profiltiefe P_t
ISO 4772	Elektrische Tastschnittgeräte zur Messung der Oberflächenrauheit nach dem Tastschnittverfahren
ISO 4774	Messen der Wellentiefe mit elektrischen Tastschnittgeräten
ISO 4775	Prüfen der Rauheit von Werkstückoberflächen
ISO 4776	Kenngrößen zur Beschreibung des Materialanteils im Rauheitsprofil
ISO 4777	Profilfilter zur Anwendung in elektrischen Tastschnittgeräten
ISO/DIS 1879	Instruments for measurement of surface roughness by the profile method, Vocabulary
ISO/DIS 1880	Instruments for the measurement of surface roughness by the profile method, Contact (stylus) instruments of progressive profile transformation; Profile recording instruments
ISO/DIS 3274	Instruments for the measurement of surface roughness by the profile method. Contact (stylus) instruments of consecutive profile transformation; Contact profile meters, system M

Messung der Porosität

DIN 50903	Metallische Überzüge; Poren, Einschlüsse, Blasen und Risse, Begriffe
DIN 50956	Porenprüfung von Überzügen auf Zink und Zinklegierungen – Kupfersulfatverfahren

DIN 53161	Prüfung von Anstrichstoffen, Bestimmung von Poren und Rissen in Anstrichen; Kupfersulfat-Verfahren, Cadmiumsulfat-Verfahren
DIN 57472	Entwurf-Prüfung an Kabeln und isolierten Leitungen; Porenfreiheit von metallenen Überzügen
DIN 65046	Entwurf - Luft- und Raumfahrt; Prüfverfahren für Oberflächenschutz, Übersicht
ASTM B545	Porosity of tin electrodeposit, sulfur dioxide and sodium polysulfide tests
ASTM B583	Porosity in gold coatings on metal substrates
ASTM B605	Porosity of tin-nickel electrodeposit, sulfur dioxide test

Prüfung der Korrosionsbeständigkeit

DIN 50016	Klimate und ihre technische Anwendung: Beanspruchung im Feucht - Wechselklima
DIN 50017	Klimate und ihre technische Anwendung: Kondenswasser - Prüfklimate
DIN 50018	Prüfung ins Kondenswasser-Wechselklima mit schwefeldioxidhaltiger Atmosphäre
DIN 50021	Sprühnebelprüfungen mit verschiedenen Natriumchloridlösungen
DIN 50900 Teil 3	Korrosion der Metalle; Begriffe; Begriffe der Korrosionsuntersuchung
DIN 50905 Teil 1	Korrosion der Metalle; Korrosionsuntersuchungen; Grundsätze
DIN 50905 Teil 2	Korrosion der Metalle; Chemische Korrosionsuntersuchungen; Korrosionsgrößen bei gleichmäßiger Flächenkorrosion
DIN 50905 Teil 3	Korrosion der Metalle; Chemische Korrosionsuntersuchungen; Korrosionsgrößen bei ungleichmäßiger Korrosion ohne zusätzliche mechanische Beanspruchung
DIN 50905 Teil 4	Korrosion der Metalle; Chemische Korrosionsuntersuchungen; Durchführung von Laborversuchen in Flüssigkeiten ohne zusätzliche mechanische Beanspruchung
DIN 50906	Korrosionprüfung in kochenden Flüssigkeiten (Kochversuch)
DIN 50907	Korrosionsprüfung auf Meerklima- und Meerwasserbeständigkeit
DIN 50928	Korrosion der Metalle;Prüfung und Beurteilung des Korrosionsschutzes beschichteter metallischer Werkstoffe bei Korrosionsbelastung durch wässrige Korrosionsmedien
DIN 50958	Prüfung galvanischer Überzüge; Korrosionsprüfung von verchromten Gegenständen nach dem modifizierten Corrodkote Verfahren
DIN 50959	Galvanische Überzüge; Hinweise auf das Korrosionsverhalten galvanischer Überzüge auf Eisenwerkstoffen unter verschiedenen Klimabeanspruchungen
DIN 50980	Prüfung metallischer Überzüge; Auswertung von Korrosionsprüfungen

ISO 1462	Metallic coatings; Coatings other than those anodic on the basis metal; Accelerated corrosion tests; Method of the evaluation of the results
ISO 3768	Metallic coatings; Neutral salt spray test (NSS test)
ISO 3769	Metallic coatings; Acetic acid salt spray test (ASS test)
ISO 3770	Metallic coatings; Thioacetamid corrosion test (TAA test)
ISO 4524/2	Metallic coatings; Test methods for electrodeposited gold and gold alloy coatings; Part 2: Environmental tests
ISO 4539	Electrodeposited chromium coatings; Electrolytic corrosion testing (EC test)
ISO 4541	Metallic and other organic coatings on metallic substrates; Saline droplet corrosion test (SD test)
ISO 4542	Metallic and other organic coatings; General rules for stationary outdoor exposure corrosion tests
ISO 6988	Metallic and non-organic coatings on metallic substrates; Sulphur dioxide test with General condensation of moisture
ISO/DIS 8403	Metallic coatings; Coatings anodic to the substrate; Rating of test specimens subjected to corrosion tests
ASTM G1	Laboratory test specimens, preparing, cleaning, and evaluating, recommended practice
ASTM G31	Laboratory immersion tests, recommended practice
ASTM G33	Corrosion of metallic-coated steel, recording data of atmospheric tests, recommended practice
ASTM B 117	Standard method of salt spray (fog) testing
ASTM B287	Standard method of copper-accelerated acetic acid-salt spray (fog) testing (CASS-test)
ASTM B368	Standard method of copper-accelerated acetic acid-salt spray (fog) testing (CASS-test)
ASTM B380	Corrodkote procedure for decorative chromium plating, test
ASTM B537	Corrosion of electroplated test panels after atmospheric exposure, recommended practice for rating
ASTM B627	Electrolytic corrosion resistance, copper/nickel/chromium (test)
ASTM B651	Corrosion site measure, on nickel-chromium/copper-nickel-chromium surfaces, by double-beam interference microscopy

Messung der Eigenspannungen

ASTM B636	Measurement of internal stress of plated metallic coatings with the spiral contractometer

Messung der Härte

DIN 50103	Prüfung metallischer Werkstoffe; Härteprüfung nach *Rockwell*
DIN 50133	Prüfung metallischer Werkstoffe; Härteprüfung nach *Vickers*
DIN/ISO 4516	Metallische und verwandte Schichten; Mikrohärtebestimmung nach *Vickers* und *Knoop*
ISO/DIS 4516	Metallic and related coatings; *Vickers* and *Knoop* microhardness test
ASTM E 92-72	Test for *Vickers* hardness of metallic materials

| ASTM B 678 | *Knoop* hardness of electrodeposited metal coatings, microhardness test |

Messung der Zugfestigkeit

| DIN/ISO 50160 | Ermittlung der Haft-Zugfestigkeit im Stirnzugversuch; Prüfung thermisch gespritzter Schichten |

Prüfung der Duktilität

DIN 50101 Teil 1	Prüfung metallischer Werkstoffe; Tiefungsversuche an Blechen und Bändern mit einer Breite von = 90 mm (nach *Erichsen*), Dickenbereich: 0,2 mm bis 2 mm
DIN 50 101 Teil 2	Prüfung metallischer Werkstoffe; Tiefungsversuche an Blechen und Bändern mit einer Breite von = 90 mm (nach *Erichsen*), Dickenbereich: 2 mm bis 3 mm
DIN 50102	Prüfung metallischer Werkstoffe; Tiefungsversuch an schmalen Bändern (nach *Erichsen*), Breitenbereich: 30 mm bis unter 90 mm
DIN 53 156	Prüfung von Anstrichstoffen und ähnlichen Beschichtungsstoffen; Tiefung (nach *Erichsen*) an Anstrichen und ähnlichen Beschichtungen mit optischer Beurteilung
ASTM E345	Standard methods of tension testing of metallic foil
ASTM B489	Ductility of electroplated metal coating on sheet or strip, bend test, recommended practice
ASTM B490	Ductility of electrodeposited foils, micrometer bend test, recommended practice

Prüfung der Haftfestigkeit

DIN/ISO 50978	Prüfung metallischer Überzüge; Haftvermögen von durch Feuerverzinken hergestellten Überzügen
DIN/ISO 53494	Galvanische Überzüge; Prüfung von galvanisierten Kunststoffteilen; Bestimmung der Abzugkraft
DIN/ISO 53496	Galvanische Überzüge; Prüfung von galvanisierten Kunststoffteilen; Temperaturwechselprüfung
ISO/DIS 2819	Metallic coatings on metallic substrates; Electrodeposited and chemically deposited coatings; Review of methods available for testing adhesion
ISO/DIS 4522/2	Metallic coatings; Test methods for electrodeposited silver and silver alloy coatings;Adhesion test ISO
ISO (TC107) SC2	Thermoschockmethode
ISO 2819	Metallische Überzüge auf metallischen Grundwerkstoffen - Galvanische und chemische Überzüge - Überblick über die Methoden der Haftfestigkeitsuntersuchung
ASTM B33	Adhesion soft, wrapping and immersion test
ASTM B246	Adhesion of tin-coated copper wire, for electrical use, hard and medium-hard drawn, wrapping and immersion test
ASTM B355	Adhesion of nickel-coated copper wire, for electrical use, soft, wrapping and immersion test

ASTM B456	Adhesion of nickel/chromium and copper/nickel/chromium electrodeposits, bend, file and quenching test
ASTM B520	Adhesion of tin-coated copper clad steel wire, for electronic use, wrapping and immersion test
ASTM B533	Adhesion of metallic electrodeposit to plastic, peel test
ASTM B545	Adhesion of tin electrodeposit, bend, burnishing quenching and reflow test
ASTM B605	Adhesion of nickel-coated copper clad steel wire, for electronic use, wrapping and immersion test
ASTM B571	Adhesion of metallic coatings
ASTM B579	Adhesion of tin-lead electrodeposit, bend, burnishing, quenching and reflow test
ASTM B605	Adhesion of tin-nickel electrodeposit, burnishing and quenching test
ASTM C633	Adhesion of flame-sprayed coatings, test

Prüfung der Verschleißfestigkeit

DIN 50281	Reibung in Lagerungen: Begriffe, Arten, Zustände, physikalische Größen
DIN 50320	Verschleiß, Begriffe, Systemanalyse von Verschleißvorgängen, Gliederung des Verschleißgebietes
DIN 50321	Verschleiß-Meßgrößen
DIN 50322	Verschleiß, Kategorien der Verschleißprüfung
DIN 50323	Tribologie, Begriffe (Teil 1)
DIN 50324	Tribologie, Prüfung von Reibungen und Verschleiß-Modellversuche bei Festkörpergleitreibung (Kugel-Scheibe-Prüfsystem)
DIN 52108	Prüfung anorganischer nichtmetallischer Werkstoffe, Verschleißprüfung mit der Schleifscheibe nach Böhme
DIN 53754	Prüfung von Kunststoffen, Bestimmung des Abriebs nach dem Reibrad-Verfahren
DIN 53516	Prüfung von Kautschuk und Elastomeren, Bestimmung des Abriebs
DIN ISO 7148	Gleitlager, Prüfung des tribologischen Verhaltens von Lagerwerkstoff-Gegenkörper-Öl-Kombinationen unter Grenzreibungsbedingungen
ISO/DIS 7784	Anstrichstoffe, Bestimmung des Abriebwiderstandes
ASTM D 658	Test Method for Abrasion Resistance of Organic Coating by Air Blast Abrasiv
ASTM D 2670	Measuring Wear Properties of Fluid Lubricants (Falex Pin and Vee Block Method)
ASTM D 2714	Test Method for Calibration and Operation of the Falex Block-on-Ring Friction and Wear Testing Machine

Prüfung von oberflächenbehandeltem Aluminium

DIN/ISO 50899	Prüfung der Qualität von verdichteten anodisch erzeugten Oxidschichten auf Aluminium und Aluminiumlegierungen; Bestimmung des Massenverlustes in Chromphosphorsäurelösung
DIN 50944	Prüfung von anorganischen nichtmetallischen Überzügen auf Reinaluminium und Aluminiumlegierungen; Bestimmung des Flä-

	chengewichtes von Aluminiumoxidschichten durch chemisches Ablösen
DIN/ISO 50946	Prüfung von anorganischen nichtmetallischen Überzügen auf Reinaluminium und Aluminiumlegierungen; Abschätzung der Anfärbbarkeit von anodisch erzeugten Oxidschichten durch den Farbtropfentest mit vorheriger Säurebehandlung
DIN/ISO 50949	Prüfung von anorganischen nichtmetallischen Überzügen auf Reinaluminium und Aluminiumlegierungen; Zerstörungsfreie Prüfung von anodisch erzeugten Oxidschichten durch Messung des Scheinleitwertes
ISO 2106	Anodizing of Aluminium and its alloys;Determination of mass per unit area (surface density) of anodic oxide coatings; Gravimetric method
ISO 2106 AMD 1	Anodizing of Aluminium and its alloys; Determination of mass per unit area (surface density) of anodic oxide coatings; Gravimetric method; AMENDEMENT 1
ISO 2128	Anodizing of Aluminium and its alloys; Determination of thickness of anodic oxide coatings; Nondestructive measurement by split-beam microscope
ISO/DIS 2085	Anodizing of Aluminium and its alloys; Check of continuity of thin anodic oxid coatings; Copper sulfate test
ISO/DIS 2135	Anodizing of Aluminium and its alloys; Accelerated test of light fastness of coloured anodic oxide coatings using artifical light
ISO/DIS 2143	Anodizing of Aluminium and its alloys; Estimation of loss of absorptive power of anodic coatings after sealing; Dy spot test with prior acid treatment
ISO/DIS 2376	Anodization (anodic oxidation) of Aluminium and its alloys; Insulation check by measurement of breakdown potential
ISO/DIS 2767	Surface treatment of metals; Anodic oxidation of Aluminium and its alloys; Specular reflectance at 45 degrees, Total reflectance; Image clarity
ISO/DIS 2931	Anodizing of Aluminium and its alloys; Assessment of quality of sealed anodic oxide coatings by measurement of admittance or impendance
ISO/DIS 3210	Anodizing of Aluminium and its alloys; Assessment of quality of sealed anodic oxide coatings by measurement of the loss of mass after immersion in phosphoric-chromic acid solution
ISO/DIS 7669	Anodized Aluminium and Aluminium alloys;Measurement of specular reflectance and specular gloss at angles of 20°, 45°, 60° and 85°

15.2 Rauheitsänderungen durch Aufbringen von Oberflächenschutzschichten

(nach *Czichos, H.; Habig, K.-H.*: Tribologisches Handbuch)

	Oberflächen-schutzschicht	Grundwerkstoff (Stahl)	Rz µm	Ra µm
	ohne	42 CrMo4	1,80 ± 28	0,27 ± 0,01
		X155CrVMo121	1,36 ± 0,35	0,22 ± 0,10
Galvanische Abscheidung	Cr	42CrMo4	0,97 ± 0,49	0,13 ± 0,10
	Ni-P	42CrMo4	1,16 ± 0,47	0,13 ± 0,08
	Ni-SiC	42CrMo4	11,05 ± 1,09	1,73 ± 0,18
	Ni-P-Diamant	42CrMo4	4,48 ± 0,45	0,69 ± 0,10
Thermochemische Behandlung	ε-Fe_xN	42CrMo4	3,36 ± 0,16	0,45 ± 0,02
		X155CrVMo121	5,05 ± 1,01	0,83 ± 0,19
	Fe2B(FeB)	42CrMo4	6,11 ± 1,55	0,97 ± 0,30
		X155CrVMo121	4,43 ± 2,01	0,71 ± 0,36
	(Cr, Fe)$_7$C$_3$	42CrMo4	2,75 ± 0,54	0,45 ± 0,10
		X155CrVMo121	3,04 ± 0,89	0,44 ± 0,13
	VC	42CrMo4	3,58 ± 0,54	0,49 ± 0,07
		X155CrVMo121	3,82 ± 0,52	0,54 ± 0,08
CVD	TiC	42CrMo4	2,51 ± 0,28	0,35 ± 0,05
		X155CrVMo121	5,31 ± 0,46	0,65 ± 0,09
	Cr7C3	42CrMo4	3,31 ± 0,18	0,44 ± 0,02
		X155CrVMo121	1,57 ± 0,13	0,18 ± 0,02
	TiN	42CrMo4	1,78 ± 0,24	0,23 ± 0,04
		X155CrVMo121	2,74 ± 0,35	0,35 ± 0,05
PVD (Sputtern)	TiC	X155CrVMo121	1,77 ± 0,16	0,15 ± 0,01
	TiN	42CrMo4	3,48 ± 0,70	0,38 ± 0,09
		X155CrVMo121	3,74 ± 1,29	0,41 ± 0,24
	CrN	42CrMo4	3,04 ± 0,46	0,37 ± 0,07
Plasmaspritzen	Mo	2CrMo4	63,17 ± 4,05	10,63 ± 0,90
	Cr2O2	2CrMo4	35,56 ± 2,10	5,38 ± 0,32
	Al2O3	2CrMo4	48,52 ± 3,85	7,62 ± 0,67
	WC-Co	2CrMo4	50,23 ± 1,49	7,75 ± 0,33

Rz = Gemittelte Rauhtiefe; Ra = Mittenrauhwert

15.3 Chemische Ablöseverfahren für Schichtmetalle von verschiedenen Grundmetallen

Nr.	Überzugsmetall	Grundmetall	Ablösemittel	Dichte Konz.	Zusatz	Bemerkung
1	Aluminium	Eisen	Natronlauge	10 %		warm
2			Eisessig	330 ml/l	Wasserstoff-peroxid (30 %) 50 ml/l	20 °C
3		Eisen	Salpetersäure	$\rho = 1,2$		
4	Blei		Vollmerlösung III			
5		Kupfer,	Vollmerlösung II			
6		Messing	Borflußsäure	15 %	120 g/l	70 bis 80 °C
7	Chrom	Aluminium	Salpetersäure	rauchend	Kaliumchlorat	
8		Eisen Kupfer Nickel	Salzsäure	1 : 1	33 ml/l Sparbeize	50 °C
9			Salzsäure	1 : 1	33 ml/l Sparbeize	
10			Ammoniumnitrat	120 g/l		
11	Cadmium	Eisen	Ammonium-persulfat	50 g/l	100 ml/l Ammoniak	
12			Vollmerlösung III			80 °C kurze Lebensdauer
13	Kupfer Messing	Aluminium	Salpetersäure	konz.	Kaliumchlorat	
14		Eisen	Chromsäure	500 g/l	5 g/l Schwefelsäure	heiß
15	Kupfer Messing	Eisen	Entmetallisierungs-Säure			80 °C kurze Lebensdauer
16			Kaliumcyanid	100 g/l		60 bis 70 °C
17			Ammonium-persulfat	5 %	15 ml/l Ammoniak	
18		Aluminium	Salpetersäure			20 °C
19			Salpetersäure	rauchend		vor dem Spülen in Wasser Zwischenspülen in 5 % iger Chrom-säurelösung
20		Eisen	Natronlauge	5 %	2,5 g/l Natriumperoxid	
21			Vollmerlösung II			
22	Nickel	Kupfer	Schwefelsäure	100 ml	Wasser 900 ml	80 bis 90 °C 2 μm Ni wird in 1 min gelöst. Cr muß vorher abgezogen werden
23		Messing	Schwefelsäure Salpetersäure 1 : 1	konz.		
24			Eisenchlorid		Kupfersulfat	s. DIN 50951 (Strahlverfahren)

Nr.	Überzugsmetall	Grundmetall	Ablösemittel	Dichte Konz.	Zusatz	Bemerkung
25		Eisen	Schwefelsäure	konz.	50 ml Salpetersäure	leicht angewärmt
26	Silber	Alpaka	Jod-Jodkalium			s. DIN 50951 (Strahlverfahren)
27		Aluminium	Salpetersäure	konz.		
28			Salzsäure	1 : 1	Sparbeize	20 °C, vgl. auch ASTM A 90 – 53
29	Zink	Eisen	Natronlauge	10 - 20 %		abkochen
32	Zink	Eisen	Schwefelsäure	2 %	2 g/l arsenige Säure	
33			Vollmerlösung III			
34		Kupfer Messing	Schwefelsäure	18 %		70 bis 80 °C
35		Blei	Ammoniumsulfid, gelb			20 °C
36		Eisen	Salzsäure	80 ml (ρ = 1,19) mit Wasser auf 1 l aufgefüllt	20 g Antimonoxid	20 °C
37		Messing	Salzsäure	1 : 1		60 bis 70 °C
38	Zinn		Salzsäure	15 %		70 bis 80 °C
39		Kupfer,	Trichloressigsäure			Siehe DIN 50951
40		Messing	Salzsäure	1 l (ρ = 1,19)	12 g Kupfer-(I)-Chlorid in 40 ml Wasser	
41			Eisen(III)-ammoniumsulfat	100 g/l	50 ml/l konz. Schwefel- und 50 ml/l konz. Phosphorsäure	
42	Zinn-Blei	Kupfer Messing	Borflußsäure	15 %	120 g/l Enstrip-N 165 S[1]	70 bis 80 °C
43	Zinn-Nickel	Kupfer Messing	Phosphorsäure	konz.		heiß
44	Aluminiumoxid (Eloxal)	Aluminium	Phosphorsäure 35 ml Chromsäure 20g Wasser 965 ml			90 °C, 10 min
45	Chromatierungsschicht	Zink Cadmium	Essigsäure	5 %		

15.4 Elektrolytische Ablöseverfahren für Schichtmetalle von verschiedenen Grundmetallen

Nr.	Überzugs-metall	Grundmetall	Ablösemittel	Konz.	Stromdichte A/dm²	Spannung V	Temperatur °C
1	Blei	Eisen	Natriumhydroxid Metasilikat Seignettesalz	100 g/l 75 g/l 50 g/l	2 bis 4	–	82
2			Natriumnitrat pH 6 bis 10	50 g/l	2 bis 20	–	21 bis 82
3		Aluminium	Schwefelsäure Glycerin	65 % 5%	–	6	20
4		Eisen	Natriumhydroxid	100 bis 150 g/l	4 bis 8	4 bis 6	30
5	Chrom	Kupfer	Natriumhydroxid	50 g/l		2 bis 4	20
6		Messing Nickel	Schwefelsäure Gycerin Wasser	1 l 8 ml 125 ml	–	6	20
7		Nickel	Trinatrium-phosphat Natriumsulfat	55 g/l 72 g/l	–	–	–
8		Eisen	Kaliumcyanid	100 g/l	0,5 bis 1	–	20
9	Gold	Kupfer	Schwefelsäure	80 %	–	–	40
10		Silber	Salzsäure	konz.	–	–	20
11	Cadmium	Eisen	Kaliumcyanid	100 g/l	0,5 bis 1	–	20
12		Aluminium	Salpetersäure	5 %	–	6	20
13			Kaliumcyanid + Natriumhydroxid bis pH 13 – 13,5	100 bis 200 g/l	0,5 bis 5	–	20
14	Kupfer	Eisen	Chromsäure + Schwefelsäure	100 – 400 g/l 10 – 50 g/l	1 bis 10	–	20
15			Natriumnitrat	180 g/l	2	–	20
16		Zink	Natriumsulfid	120 g/l	2	–	20
17	Messing	Eisen	Chromsäure Kieselflußsäure	130g/l 7 g/l	–	–	35
18			Kaliumcyanid	100 g/l	0,5 bis 1	–	20
19	Nickel		Schwefelsäure Wasser	1 l 0,5 l	–	4 bis 10	20
20		Eisen	Natriumnitrat	300 g/l	6 bis 10	–	90
21		Eisen	Chromsäure Borsäure	200 g/l 30g/l	–	–	85
22	Nickel	Kupfer	Salzsäure	10 Vol. %	2	–	20
23		Messing	Natriumrhodanid Natriumbisulfat	100 g/l 100g/l	2	–	20
24		Zink	Schwefelsäure	70 %ig	2	–	20
25		Messing	Kaliumcyanid	10 %	–	–	20
26	Silber	Alpaka	Schwefelsäure + 2 bis 3 % Salpetersäure	konz. konz.	–	–	warm
27	Zink	Eisen	Kaliumcyanid	10 %	0,5 bis 1	–	20
28	Zinn	Eisen	Natronlauge	10 %	0,5 bis 1	< 1	30

Nr.	Überzugs-metall	Grundmetall	Ablösemittel	Konz.	Stromdichte A/dm²	Spannung V	Temperatur °C
29		Messing	Natronlauge	10 %	–	6	20
30	Chromatierungs-schicht	Zink Cadmium	Natronlauge	2 %	kathodisch, 1 Minute		

15.5 Lineare Ausdehnungskoeffizienten einiger Metalle ($\times 10^{-6}$)

Gußeisen, grau	7,4	Silber	19,0
Chrom	8,1	Messing	17,4 bis 19,2
Stahl	12,0	Aluminium	25,7
Nickel	13,0	Zinkguß	27,7
Kulpfer	17,0	Blei	28,0
Bronze	18,8	Kadmium	30,0
		Indium	56,0

15.6 Umrechnung von Zoll (inch) in µm

Zoll	Mil	µm	Zoll	Mil	µm
0,00001	0,01	0,25	0,0005	0,5	12,7
0,000015	0,015	0,38	0,0006	0,6	16,2
0,00002	0,02	0,50	0,0007	0,7	17,8
0,00005	0,05	1,27	0,00075	0,75	19,1
0,0001	0,1	2,54	0,0008	0,8	20,4
0,00015	0,15	3,82	0,0009	0,9	22,9
0,0002	0,2	5,0	0,001	1,0	25,4
0,00025	0,25	6,36	0,00125	1,25	31,8
0,0003	0,3	7,62	0,0015	1,5	38,1
0,0004	0,4	10,2	0,002	2,0	50,8

15.7 Umrechnung von µm in g/m² für die wichtigsten Schichtmetalle

µm	Zink g/m²	Kad-mium g/m²	Nickel g/m²	Kupfer g/m²	Silber g/m²	Chrom g/m²	Zinn g/m²	Messing g/m²	Blei g/m²	Gold g/m²
1	7,14	8,64	8,85	8,93	10,5	6,95	7,28	8,1	11,34	19,3
2	14,28	17,28	17,70	17,86	21,0	13,90	14,56	16,2	22,68	38,6
3	21,42	25,92	26,55	26,79	31,5	20,85	21,84	24,3	34,02	57,9
4	28,56	34,56	35,40	35,72	42,0	27,80	29,12	32,4	45,36	77,2
5	35,70	43,20	44,25	44,65	52,5	34,75	36,40	40,5	56,70	96,5
6	42,84	51,84	53,10	53,58	63,0	41,70	42,68	48,6	68,04	105,8
7	49,98	60,48	61,95	62,51	73,5	48,65	50,96	56,7	79,38	135,1
8	57,12	69,12	70,80	71,44	84,0	55,60	58,24	64,8	90,72	154,4
9	64,26	77,76	79,65	80,37	94,5	62,55	65,52	72,9	102,06	173,7
10	71,40	86,40	88,50	89,30	105,0	69,70	72,80	81,0	113,40	193,0
11	78,54	95,04	97,35	98,23	115,5	76,45	80,08	89,2	124,74	212,3
12	85,68	103,68	106,20	107,16	126,0	83,40	87,36	97,3	136,08	231,6
13	92,82	112,32	115,05	116,09	136,5	90,35	94,64	105,3	147,42	250,9
14	99,96	120,96	122,90	123,02	147,0	97,30	101,92	113,4	158,76	270,2
15	107,10	129,60	132,75	133,95	157,5	104,25	109,20	121,5	170,10	289,5
16	114,24	138,24	141,60	142,88	168,0	111,20	116,48	129,6	181,44	308,8
17	121,38	146,88	150,45	151,81	178,5	118,15	123,76	137,7	192,78	328,1
18	128,52	155,52	159,30	160,74	189,0	125,10	131,04	145,8	204,12	347,4
19	135,66	164,16	168,15	169,67	199,5	132,55	138,32	153,9	215,46	366,7
20	142,80	172,80	177,00	178,60	210,0	139,00	145,60	162,0	226,80	386,0
25	178,50	216,00	221,25	223,25	262,5	173,75	182,00	202,5	283,50	482,5
30	214,20	259,20	265,50	267,90	315,0	208,50	218,40	243,0	340,20	579,0

15.8 Hersteller- und Lieferfirmen von Geräten zur Kontrolle metallischer Schichten

ampac GmbH, Büchelstr. 65, D-42855 Remscheid

Atotech Deutschland GmbH, Postfach 21 07 80, D-10507 Berlin

Automation Dr. Nix GmbH, Robert-Perthel-Str. 2, D-59739 Köln

BYK-Gardner GmbH, Postfach 970, D-82534 Geretsried

EG&G GmbH Princeton Applied Research, Hohenlindener Str. 12, D-81677 München

Elcometer Instruments GmbH, Albblick 18, D-73730 Esslingen

Elektro-Physik Hans Nix & Dr. Ing. B. Steingroever GmbH & Co. KG.
Pasteurstr. 15, D-50735 Köln

Erichsen GmbH & Co. KG, Am Isarbach 14, D-58675 Hemer

FHR Anlagenbau GmbH, Bergener Ring 41, D-01458 Ottendorf-Okrilla/Dresden

Helmut Fischer GmbH + Co, Institut für Elektronik und Meßtechnik, Industriestr. 2l, D-71069 Sindelfingen

GTL-Umwelt-Service- Leipzig GmbH, Torgauer Str. 76, D-04318 Leipzig

Institut für Korrosionsschutz Dresden GmbH, Postfach 80 02 28, D-01102 Dresden

I-Technik, Gartenstr. 2l, D-32105 Bad Salzuflen

JB Technology APS, William Andersenvej 1, DK-7120 Vejle

Christina Lau GmbH, Imerter Str. 29, D-58575 Hemer

Leybold AG, Bonner Str. 498, D-50968 Köln

Gebr. Liebisch, Eisenstr. 34, D-33649 Bielefeld

List-Magnetik GmbH, Max-Lang-Str. 56/2, D-70771 Leinfelden-Echterdingen

Multiline International Europa L. P., Industriestr. 27, D-61381 Friedrichsdorf

OTB- Oberflächentechnik in Berlin GmbH & Co., Motzener Str. 6, D-12277 Berlin

Rank Taylor Hobson GmbH, Kreuzberger Ring 6, D-65205 Wiesbaden

Röntgenanalytik Meßtechnik GmbH, Georg-Ohm-Str. 6, D-65232 Taunusstein

Simex GmbH, Meß- und Prüfgeräte, Nordstr. 32a, D-42781 Haan

Struers GmbH, Albert-Einstein-Str. 5, D-40699 Erkrath

Stichwortverzeichnis

A

Ablöseverfahren, chemische 280
Ablöseverfahren, elektrolytische 282
Abschältest 228
Abstrahlwinkel 123
Abzugsversuch 224
Ätzen 48
Anodische Schichten auf Al 244
Anreißversuch 220
ASTM -Normen 270
Ausdehnungskoeffizienten 221, 283
Außenbewitterungsversuche 155
Ausreißertests 267

B

Banane z. Schichtdickenmessung 60
Bedampfen 51
Berkovich - Diamant 175
Beta-Rückstreu-Verfahren 79
Biegeprüfung 219
Biegeversuch 188, 197
Bruchdehnungsmessung 200

C

Corrodkote- Verfahren 146
Coulometrische Schichtdickenmessung 99

D

Dehnbarkeitsmessung 206
Dichtemessung 25
Differenzdickenmessung 95
DIN - Normen 270
Doppel-T-Probe 226
Drahtkegelversuch 198
Duktilität 178, 193

E

Edelmetallkontakte, Korrosionsprüfung 147
Eigenspannungen, Messung 157
Einbetten v. Proben 44
Eindrucktest 222
Elektrischer Widerstand 235
Elektrolytisch Ätzen 48
Edelmetallkontakte, Korrosionsprüfung 147
Eigenspannung, Messung 157

F

Fahrzeuge , Korrosionsprüfung 153
Faltversuch 200
Farbtropfentest 249
Fehler des Grundmetalles 105
Feilprobe 220
Ferroxylprobe 131
Filterpapier - Porenbestimmung 134
Fotopapier - Porenbestimmung 135
Freibewitterung 153

G

Gasatmosphäre - Porenbestimmung 135
Gauß'sche Verteilung 261
Gestaltabweichungen 107, 114
Glanz 118
Glanzmessung 117
Glanzschleier 121, 124
Gravimetrische Schichtdickenmessung 97
Grundgesamtheit 258
Grundrauhtiefe 116
Gut/Schlecht- Prüfung 266

H

Hämmern 218
Härteprüfverfahren 166
Häufigkeitsverteilung 260
Haftfestigkeit, Prüfung 216
Haftkraftprinzip z. Schichtdickenbestimmung 59
Halleffekt 67

Haze 121, 124
Heißwasser-Porenbestimmung 132
Herstellerfirmen 284
Hydrostatische Waage 26

I

Identifizierung 20
Interferometer 93, 113
Irrtumswahrscheinlichkeit 258
ISO - Normen 270

K

Kapazitives Verfahren 76
Kathodische Beladung 223
Kernrauhtiefe 117
Klebeband-Test 222
Knoop - Härteprüfung 172
Kombinationsgeräte 71
Kombinierte Korrosionsprüfungen 150
Kompensationsverfahren 67
Kondenswasserklimate 141
Kondenswasser- Wechselklima 142
Kontrastieren 47
Kontrollkarten 264
Korrelation 268
Korrosion - Kurzzeitprüfungen 141
Korrosionsbeständigkeit 140
Korrosionsschutz, Grundlagen 138
Krümmungseffekte 73
Kugelpolieren 218
Kugelstrahlen 219
Kupfersulfatprobe 132

L

Längenkontraktometer 157
Laser-Fokus- Verfahren 111
Leiterplatten 42, 45
Leitfähigkeitsverfahren 74
Lichtechtheitsprüfung 252
Lichtmikroskop 32
Lichtmikroskopische Schichtdickenmessung 246
Lichtschnittverfahren 92, 245
Lieferfirmen 284

M

Magnetinduktives Verfahren 61
Maßanalytische Schichtdickenmessung 97
Masseverlust-Bestimmung 250
Materialtraganteil 116
Matthiessen -el. Widerstandsmessung 239

Meßokular 33
Methode d. biegsamen Streifens 157
Mikrorisse, Fortpflanzung 182
Mikroskopische Schichtdickenmessung 88
Mittelwert 262
Mittenrauhwert 116

O

Oberflächengestalt 106
Ollard- Probe 226
Orange Peel 121

P

Permeabilität 62, 64
Polieren v. Proben 46
Polysulfidlösung - Porenbestimmung 132
Poren, Definition 127
Porenbestimmung, Grundlagen 131
Porenbestimmung, mikroskopisch 51
Porennachweise, qualitative 136
Preßglänzen - Haftfestigkeitsprüfung 217
Probenvorbereitung z. Mikroskopie 40
Profilometrisches Verfahren 96
Profiltiefe 115
Prüfpapiere 22
Prüfverteilung, statistische 266
Pyknometer 28

R

Radioaktive Verfahren 78
Randeffekte 73
Rasterelektronenmikroskop 34
Rastersonden - Mikroskopie 112
Rauheitsänderungen d. Oberflächenschichten 279
Rauheitsprofil 115
Rauheitsprüfung 106
Rauhtiefe 116
Reflektometer 122, 123
Reflexion 119
Reflexion, diffuse 120
Reflexion, gerichtete 120
Reflexionsmessung 117
Reiben z. Haftfestigkeitsprüfung 217
Regression 268
Ritztest 231
Risse, Definition 128
Röntgenfluoreszenz- Verfahren 83

S

Salzsprühnebelprüfung, 144
Schadgase - Korrosionsprüfung 147
Scheinleitwert-Messung 247
Schertest 229
Schichtdickenbestimmung 54
Schichtdickenbestimmung, zerstörungsfreie, 58
Schichtdickenmessung von anodischen Oxidschichten auf Al 244
Schichtidentifizierung 20
Schleifprobe 220
Schwingquarz- Verfahren 86
Scotch tape - Test 222
Spannungs-Dehnungsdiagramm 184
Spiralkontraktometer 161
Sprühnebelprüfung 144
Stalzomat 162
Standardabweichung 262
Statistische Qualitätskontrolle 254, 257
Statistische Sicherheit 258
Statistische Verfahren 259, 264
Stichprobe 258
Stirnzugversuch, 225
Strahlverfahren z. Schichtdickenmessung 101
Streifendehnmethode 159
Streifenkontraktomter 162
Stressometer 160
Streulichtverfahren 113
Summenhäufigkeit 260

T

Taster z. Schichtdickenmessung 95
Tastschnitt 108
Tastschnittsysteme 108, 109, 110
Tauchverfahren z. Porenbestimmung 131
Thermoelektrische Schichtdickenbestimmung 77

Thermoschockversuch 221
Tiefungstest 222
Toleranzbereiche 258
Torsionsschertest 229
Triangulation 111
Tribologische Grundbegriffe 209
Tropfverfahren z. Schichtdickenmessung 101
Tüpfelanalyse 20
Tüpfelverfahren z. Schichtdickenmessung 101
Tunnelmikroskop 38

U

Umweltsimulation 152
Universalhärteprüfung 173

V

Varianzanalyse 268
Verschleißfestigkeit, Messung 209, 211, 213
Verteilungsformen 259
Vickershärteprüfung 169
Visuelle Schichtprüfung 104

W

Wägeverfahren z. Schichtdickenbestimmung 58
Wasserstoffperoxidprüfung z. Porenbestimmung 132
Wickeltest 219
Wirbelstromverfahren 70, 235, 244
Wölbungsversuch 188

Z

Zerreißfestigkeit 194
zerstörungsfreie Schichtdickenbestimmung 58
Zugfestigkeitsmessung 179, 186
Zugversuch 186, 196
Z-Werte für Schichtmetalle 241

Firmenverzeichnis
zum Anzeigenteil

Atotech Deutschland GmbH
  D-10507 Berlin   291

Automation Dr. Nix GmbH
  D-50739 Köln   290

GWP Gesellschaft für Werkstoffprüfung
  D-85604 Zorneding bei München   290

Ingenieurbüro Beyer
  D-90449 Nürnberg   294

Institut für Materialprüfung Glörfeld GmbH
  D-47877 Willich   290

Gebr. Liebisch
  D-33626 Bielefeld   293

Multiline International Europa L.P.
  D-61381 Friedrichsdorf   295

Röntgenanalytik Messtechnik GmbH
  D-65232 Taunusstein   292

Innere Spannungen
in galvanischen Schichten digital gemessen

- Wir liefern computergesteuerte Anlagen
- Wir vermessen kurzfristig Ihre Elektrolyte
- Anruf genügt: 08106-249097, Prof. Dr. Julius Nickl

GWP Gesellschaft für Werkstoffprüfung, Ringstraße 1
D-85604 Zorneding bei München, Fax 08106-297 40

Schichtdickenmessung ist Qualitätssache
QuaNix® 7500

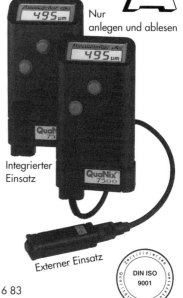

Nur anlegen und ablesen

Das modulare Meßsystem, ausbaubar vom einfachsten Handgerät bis zum Universalgerät

- Für Messungen auf Stahl (Fe) **und** Aluminium, Kupfer etc. (NFe)
- Mit integrierter Sonde, herausnehmbar für externen Einsatz
- Speicher und Schnittstelle nachrüstbar
- Alle Anwendungen mit demselben Grundgerät
- **QuaNix**® = **Qua**lity Control by Electro**Nix**

Ein Produkt der

ISO 9001 zertifiziert

Robert-Perthel-Str. 2
50739 Köln
Telefon ++49 (0) 221 - 17 16 83
Telefax ++49 (0) 221 - 17 12 21

Integrierter Einsatz

Externer Einsatz

DIN ISO 9001

Institut für Materialprüfung Glörfeld GmbH
Frankenseite 74-76, D-47877 Willich
Telefon 0 21 54 / 4 18 23, Fax 0 21 54 / 42 81 18

**Chemische Analytik, Werkstoffprüfung, Metallografie,
Korrosions- und Klimaprüfung,
Sachverständigenbüro
für Qualitäts- und Schadensuntersuchungen**

Wir arbeiten für Ihre Zukunft

Als einer der führenden Zulieferer der Galvanoindustrie bietet Atotech Ihnen die gesamte Produktpalette von Anlagen und Verfahren für die Leiterplattenherstellung sowie für die funktionelle und dekorative Oberflächenveredelung.

**Unsere Produkte
für Ihren Erfolg**

Galvanische Metallveredelung
- Vorbehandlung
- Zink/Chromatierungen
- Kupfer/Nickel/Chrom
- Hartchrom
- Chemisch Nickel
- Kunststoffgalvanisierung
- Edelmetalle
- Anlagentechnik
- Umwelttechnik
- Anoden

Leiterplattenfertigung
- Innenlagenherstellung
- Reinigung/Smear Removal
- klassische Durchkontaktierung
- Direktgalvanisierung
- Leiterbahnaufbau
- Strip Prozesse
- Selective Finishing
- Anlagentechnik
- Umwelttechnik
- Anoden

Wir arbeiten für Ihre Zukunft, damit Sie den Anforderungen Ihrer Kunden gerecht werden – heute und morgen.

Atotech Deutschland GmbH · Marketing Service · Postfach 21 07 80 · D-10507 Berlin · Tel.: (0 30) 3 49 85-8 80

Tabellenbuch Galvanotechnik

6. Auflage, neu bearbeitet (1985) von Ing. Chem. Walter Nohse. 368 Seiten in säuregeschütztem Kunststoffeinband. DM 98,- zuzüglich 7 % MwSt. in der BRD.

Das Buch ist ein tägliches Nachschlagwerk für die Praxis. Die erste Auflage erschien vor mehr als 25 Jahren.

Die Tabellen des Buches (gekürzte Angaben)

Gruppe 1 Größen, Größensysteme, Einheiten, Formelzeichen, physikalisch chemische Daten

Gruppe 2 Umrechnungen und Einheiten verschiedener Größensysteme

Gruppe 3 Abscheidung bestimmter Schichtdicken und Metallauflagen aus galv. Elektrolyten

Gruppe 4 Daten von Säuren, Laugen, Beizen, Chrom- und Kupferbädern, Herstellen von Lösungen bestimmter Konzentrationen

Gruppe 5 Deutsche, ausländische und internationale Normen

Gruppe 6 Ausgewählte Daten für den Betrieb galvanischer Anlagen

Gruppe 7 Chemische und metallographische Untersuchungsmethoden

Gruppe 8 Mathematische Tabellen, Formeln für die Flächen- und Körperberechnung

Gruppe 9 Wahrscheinlichkeitsrechnung und statistische Tests

Phosphatierfehler aus Zink- und Alkaliphosphatierungen

Von Prof. Dr. rer. nat. Sigurd Lohmeyer. 1. Auflage 1993, 68 Seiten mit 97 Abbildungen und 17 Tabellen DM 48,-, zuzüglich 7 % Mehrwertsteuer in der Bundesrepublik Deutschland.

Die Möglichkeiten der Entstehung von Fehlern in Phosphatschichten, die deren Funktion beeinträchtigen, sind sehr mannigfaltig. Das Buch erläutert die vielen Möglichkeiten in praxisnaher Weise. Es beruht auf über dreißigjähriger Erfahrung in Großbetrieben, in denen die Phosphatierung zur Vorbehandlung vor dem Lackieren eingesetzt wird.

Die vorliegende Arbeit ist vor allem für Anlagenplaner, Betriebsführer, Prüfer, Stoff- und Verfahrensentwickler sowie Kaufleute bestimmt, die mit dem Erstellen und Planen von Phosphatieranlagen, ihrem Betrieb und ihrer Kontrolle, mit der Abstimmung zwischen Metalloberfläche, Konversionsschicht und Lack, mit Fragen von Korrosion und Haftfestigkeit bzw. mit dem Einkauf der Bleche befaßt ist.

EUGEN G. LEUZE VERLAG
D-88348 Saulgau/Württ. - Karlstraße 4 -
Telefon 0 75 81 /76 17 - Telefax 0 75 81 /17 56

Schichten messen und analysieren

Unabhängig von Ihrer Meßaufgabe und Applikation – wir haben das richtige Analysensystem für Sie!

Unsere neuen **X-Ray Systeme** bestimmen nicht nur die Dicke, sondern analysieren auch deren Bestandteile, damit eröffnen sich viele neue Möglichkeiten in der täglichen Qualitätsprüfung. Produktion und Wareneingang profitieren gleichermaßen davon.

RFA-Schichtdickenanalysator
XRay maXXi

RFA-Schichtdickenanalysator
XRay ComPact

Testen Sie die neuen Möglichkeiten. Fordern Sie Unterlagen an!

 RÖNTGENANALYTIK MESSTECHNIK GMBH

D-65232 Taunusstein · Georg-Ohm-Straße 6
Telefon 0 61 28 - 7 10 80 · Fax 7 36 01

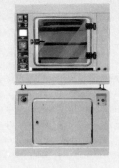

Die Nummer 1

Das ganze Spektrum der Korrosions-Prüfungen auf einen Blick

Fordern Sie **gratis** unseren Farbkatalog an

- Wechseltest-Prüfgeräte, handumschaltbar
- Wechseltest-Prüfanlagen, zeitplangesteuert
- Wechseltest-Prüfsysteme,
  rechnergestützt – Bildschirm-Dialog ● Salznebelprüfungen
- Kondenswasser-Klimate ● SO_2-Industrie-Atmosphäre
- Normalklimate ● Wechseltest-Prüfsysteme, vollklimatisiert
  für Prüfungen VWP 1210 und VDA 621-415

<u>DAS</u> Korrosions-Prüfgeräte-Programm mit der einmaligen Variantenvielfalt

Gebr. Liebisch Postfach 14 06 06
Kennz.: 395 Telefon 05 21/9 32 15-0
D-33626 Bielefeld Telefax 05 21/9 32 15-90

UNSERE DIENSTLEISTUNGEN

Unternehmensberatung
und
Sachverständigentätigkeit

◆ Galvano- und Oberflächentechnik
  einschl. Schadensuntersuchung

◆ Industrielle Abwasserbehandlung

◆ Qualitätsmanagement

◆ Umweltmanagement einschl.
  Umweltbetriebsprüfung

Planung und Durchführung
von Lehrgängen
und Inhouseschulungen

◆ Qualitätsmanagement - DIN EN ISO 9002

◆ Umweltmanagement - EG Verordnung

◆ Abwasser- und abfallarme Prozeß-
  technik in galvanischen Betrieben

◆ Umwelt-Analytik einschl. Qualitätssicherung

Sprechen Sie uns an:

Ingenieurbüro Beyer Felsenstraße 79 D-90449 Nürnberg ☎ 0911/692402 od. 676950 Fax 0911/6999828

Mitglied im Prüfungsgremium Bauchemie für öffentlich bestellte Sachverständige der IHK Nürnberg

---

Software für die Galvanotechnik
Galvanotechnische Berechnungen für die Praxis

Basierend auf den gängigen Grundgeometrien kann der Anwender die Oberflächen von vorhandenen oder selbst erstellte Formen mit den gewünschten Abmessungen im **Hauptmodul** berechnen. Die Werte können in einem Artikelstamm für die weitere Verwendung abgelegt werden. Unter Verwendung des **Zusatzmoduls** lassen sich galvanische Abscheidungswerte mit Hilfe der enthaltenen Standardtabellen ermitteln und zur Überprüfung der Kalkulation heranziehen. Damit stellt das Produkt ein unerläßliches Werkzeug für den Praktiker dar. Das auf $3^1/_2$ Zoll-Disketten lieferbare Programm läuft unter Windows 3.1 (und höheren Versionen) auf jedem handelsüblichen PC als Einzelplatzversion. Für Mehrplatzanwender ist auch eine Netzwerkversion für alle gängigen Systeme erhältlich.

Haupt- und Zusatzmodul als Einzelplatzversion: je DM 185.-

Haupt- und Zusatzmodul als Mehrplatzversion: je DM 255.-

Alle Peise zuzüglich gesetzl. MwSt. und Versandkosten.

Eugen G. Leuze Verlag · D-88348 Saulgau/Württ.
Karlstraße 4 · Telefon 07581/7617 · Telefax 07581/1756

Ein universelles Meßgerät für alle Bereiche der Oberflächenveredelung

Das MFX Gerät von CMI bietet spezielle Wirbelstrommeßverfahren für Zink-, Nickel- oder Chromschichten auf kleinen Stahlteilen

- Anwendungsspezifische Gerätekonfiguration
- Magnetinduktive Meßverfahren
- Wirbelstrommeßverfahren
- Messungen nach dem Beta-Rückstreuprinzip
- Spezielle Meßverfahren für Leiterplattenanwendungen
- Vielfältige Meßsonden auch für komplizierte Meßaufgaben
- Vollständige Statistik und SPC
- Datenübertragung zum Drucker oder PC

Speziell für die galvanotechnische Industrie geschaffen

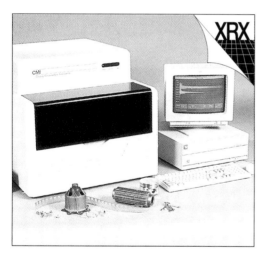

Meßkammer für große Testobjekte bis zu (B,H,T) : 559 x 152 x 680 mm

- Gerätesteuerung und Videobild vom Meßobjekt auf einem Monitor.
- Laserfocussystem für höchste Reproduzierbarkeit der Ergebnisse.
- Exklusive CMI Windows-Software zur Steuerung aller Funktionen.
- Große Vielfalt der möglichen Anwendungen.
- Programmierbarer XYZ-Tisch mit dem exklusiven Point & Shoot Positioniersystem.
- Softwarekontrollierte Justage zwischen Röntgenstrahl und Kameraposition.

Coating Measurement Instruments
Tel: 44(0)1202-474547 Fax: 44(0)1202-474555

Rufen Sie uns an !
Wir beraten Sie gerne und führen Ihnen alle Geräte unverbindlich vor.

Tel.: 49(0)6172-76070   Fax: 49(0)6172-760750

Fachbuch-Versand in alle Länder der Welt

Bestellkarte

____ Abonnement „Galvanotechnik" BRD
incl. Porto u. MwSt. .... DM 109,35
____ Abonnement Ausland incl. Porto .... DM 144,-
____ Tabellenbuch Galvanotechnik .... DM 98,-
____ Schleifen und Polieren, Handbuch .... DM 98,-
____ Branchenführer Galvanotechnik
(Neuheit) 1997/98 ....DM 64,-
____ **CD**-Branchenführer Galvanotechnik
(Neuheit) 1997/98 ....DM 64,-
____ Die Prüfung von Polier-, Läpp- und
Schleifmitteln .... DM 39,-
____ Schäden an galvanisierten Bauteilen
(incl. 1. Ergänzungslieferung) .... DM 90,-
____ Rezepte für die Metallfärbung .... DM 48,-
____ Die Untersuchung galvanischer Bäder
in der HULL-ZELLE .... DM 49,-
____ Abwasser-Analysen
für Betriebe der Metallindustrie .... DM 55,-
____ Galvanoformung mit Nickel
(Herstellung von Formen) .... DM 45,-
____ Die Phosphatierung von Metallen .... DM 142,-
____ Phosphatierfehler aus Zink und
Alkaliphosphatierungen .... DM 48,-
____ Die Entfettung
Grundlagen – Theorie – Praxis .... DM 66,-
____ Lexikon für Metalloberflächen-Veredlung . DM 97,-
____ Taschenwörterbuch
für die Metalloberflächenbehandlung .... DM 72,-
____ Kostenrechnung und Kalkulation
in der Galvanotechnik .... DM 39,-
____ Galvanische Legierungsabscheidung
und Analytik .... DM 152,-
____ Moderne Analysen für die Galvanotechnik . DM 132,-
____ Oberflächenbehandlung von Aluminium
(Neuheit) .... DM 168,-
____ Der PC im galvanischen Betrieb .... DM 48,-
____ **CD**-Datenbank Galvanotechnik **(Neuheit)**
6500 Abstracts in deutscher Sprache .... DM 64.-
____ **CD**-Datenbank – Surface Finishing **(Neuheit)**
30000 Referate in englischer Sprache ...... DM 690,-

Schriftenreihe Galvanotechnik

____ Die Geschichte der Galvanotechnik .... DM 44,-
____ Die galvanische Vernicklung .... DM 98,-
____ Das Tampongalvanisieren (Band 1) .... DM 72,-
____ Das Tampongalvanisieren (Band 2) .... DM 98,-
____ Galvanisches Verzinken .... DM 72,-
____ Arbeits- und Gesundheitsschutz
in der Galvanotechnik .... DM 98,-
____ Funktionelle chemische Vernicklung ...... DM 98,-
____ Pulse Plating .... DM 98,-
____ Kunststoff-Metallisierung .... DM 135,-
____ Wasser und Abwasser .... DM 145,-
____ Beizen von Metallen .... DM 145,-
____ Prüfung von funktionellen metallischen
Schichten **(Neuheit)** .... DM 98,-

Videofilme

____ Hohlschmuckfertigung durch Galvanoformung .DM 100,-
____ Grundlagen der Edelmetallgalvanotechnik .. DM 120,-

Lehrbuchreihe Galvanotechnik

____ Einführung in die Galvanotechnik (Grundlagen) .DM 46,-
____ Lehrbuch der Metallkorrosion .... DM 42,-
____ Praktische Galvanotechnik,
Lehr- und Handbuch .... **Neu** (Frühjahr 97)
____ Chemie für die Galvanotechnik .... DM 68,-
____ Galvanotechnik in Frage und Antwort ...... DM 62,-
____ Technische Mathematik für die Galvanotechnik DM 62,-
____ Technologie der Galvanotechnik **(Neuheit)** ... DM 95,-

Engineerung Coatings

____ Funktionelle Beschichtungen
in Konstruktion und Anwendung .... DM 143,-
____ Galvanische Schichten .... DM 74,-
____ Sprühätzen metallischer Werkstoffe ...... DM 74,-

Bestellkarte – Leiterplattentechnik/Elektronik

____ Abonnement „Galvanotechnik" BRD
incl. Porto u. MwSt. .... DM 109,35
____ Abonnement Ausland incl. Porto .... DM 144,-
____ Sammelmappe 19..... für die Zeitschrift . DM 28,-
____ Einführung in die Leiterplattentechnologie .... DM 63,-
____ Handbuch der Leiterplattentechnik
(Band 2) 1991 .... DM 168,-
____ Handbuch der Leiterplattentechnik
(Band 3) 1993 .... DM 188,-
____ Einführung in die Multilayer-Preßtechnik .... DM 63,-
____ Weichlöten in der Elektronik
zweite Auflage (1991) .... DM 188,-
____ Reinigen in der Elektronik .... DM 135,-
____ Gold als Oberfläche
technisches und dekoratives Vergolden .... DM 135,-
____ Die galvanische Abscheidung
von Zinn und Zinnlegierungen .... DM 145,-
____ The Electrodeposition of Tin and its Alloys ... DM 145,-
____ Korrosionsschutz in der Elektronik .... DM 95,-
____ Fertigungstoleranzen bei Multilayern ..... DM 85,-
____ OMB/SMD-Oberflächenmontierte Bau-
elemente in der Leiterplattentechnik ..... DM 43,-
____ Hochtechnologie-Multilayer .... DM 85,-
____ IPC – A-600 C
Qualitätskriterien für Leiterplatten ..... DM 52,-
____ ANSI/IPC-SM-815 B
Allgemeine Anforderungen an das Löten
von elektrisch leitenden Verbindungen .... DM 52,-

____ ANSI/IPC-SM-840 B
Eigenschaften und Anforderungen an permanente
Polymerbeschichtungen für Leiterplatten ... DM 52,-
____ Taschenwörterbuch Leiterplattentechnik
Englisch/Deutsch - Deutsch/Englisch
(2. Auflage neu) .... DM 72,-
____ **CD**-Taschenwörterbuch Leiterplattentechnik **(Neuheit)**
Englisch/Deutsch - Deutsch/Englisch ....DM 72,-
____ PERFAG 1 C (Deutsch/Englisch)
Spezifikation und Qualitätskriterien für
nicht durchmetallisierte Leiterplatten ... DM 52,-
____ PERFAG 2 D (Deutsch/Englisch)
Spezifikation und Qualitätskriterien für
doppelseitige durchmetallisierte Leiterplatten . DM 52,-
____ PERFAG 3 B (Deutsch/Englisch)
Spezifikation und Qualitätskriterien
für mehrlagige Leiterplatten .... DM 52,-
____ PERFAG 10 A (Deutsch/Englisch)
Die Erstellung von Daten für die Leiterplatten-
herstellung und -bestückung .... DM 62,-
____ Branchenführer Leiterplatten
8. Auflage 1996/97 .... DM 64,-
____ Leiterplattentechnik in Frage und Antwort .... DM 68,-
____ Einpreßtechnik .... DM 73,-
____ Oberflächenmontagetechnik
Eine praxisnahe Einführung in die SMT .... DM 57,-

Preise zuzüglich Porto und 7 % Mehrwertsteuer in der BRD

EUGEN G. LEUZE VERLAG

D-88348 Saulgau/Württ. • Karlstraße 4 • Telefon 07581/7617 • Telefax 07581/1756

Prüfung von funktionellen
met

9783874801195.4